高等院校信息技术课程精选系列教材

U0162537

大学计算机信息技术实验与测试教程

（第3版）

主　编　郑国平　彭志娟

副主编　顾卫江　陈晓红　张维薇

武卫翔　鲁　松

南京大学出版社

图书在版编目(CIP)数据

大学计算机信息技术实验与测试教程 / 郑国平,彭

志娟主编. —3 版. —南京：南京大学出版社，2022.8(2023.7 重印)

高等院校信息技术课程精选系列教材

ISBN 978 - 7 - 305 - 25979 - 1

Ⅰ. ①大…　Ⅱ. ①郑…　②彭…　Ⅲ. ①电子计算机—

高等学校—教材　Ⅳ. ①TP3

中国版本图书馆 CIP 数据核字(2022)第 135665 号

出版发行　南京大学出版社

社　　址　南京市汉口路 22 号　　　　　邮　　编 210093

出 版 人　王文军

书　　名　**大学计算机信息技术实验与测试教程**

主　　编　郑国平　彭志娟

责任编辑　苗庆松　　　　　　　　　编辑热线 025 - 83592655

照　　排　南京开卷文化传媒有限公司

印　　刷　南京新洲印刷有限公司

开　　本　787×1092　1/16　　印张 21　　字数 540 千

版　　次　2022 年 8 月第 3 版　　2023 年 7 月第 2 次印刷

ISBN　978 - 7 - 305 - 25979 - 1

定　　价　54.80 元

网　　址：http://www.njupco.com

官方微博：http://weibo.com/njupco

微信服务号：njuyuexue

销售咨询：(025)83594756

前　言

基于多年来在大学计算机信息技术课程教学中的有益探索，结合江苏省高校计算机等级考试的特点，编写了《大学计算机信息技术实验与测试教程》一书，作为与《大学计算机信息技术教程》配套使用的教材，旨在进一步提高学生的计算机等级考试通过率，同时进一步提升学生掌握计算机理论知识和操作技能的水平。

全书包括实验篇、测试篇(操作)、测试篇(理论)三大部分。第一部分共设 30 个实验，其中实验 1～16 是根据等级考试大纲常用软件部分的操作要求，并结合学生今后学习、工作的实际需要加以编写的。实验 17～30 是多媒体技术、程序设计、计算机网络、管理信息系统等方面的基本实验，一方面与理论教材对应，力求让学生通过动手实践领会书本理论，学以致用；另一方面让学生掌握入门知识，为将来进一步学习和应用打下良好基础。每个实验都设置了具体的操作指导，便于学生独立完成。实验所使用的计算机均如书中所述，备有相关实验素材(包括相对应的实验结果)及其软件环境。

第二部分安排了 6 套操作测试题，在内容、题型、难易程度等方面均与江苏省计算机等级考试的操作部分相当。

第三部分理论测试题目分 6 章进行组织，部分附有提示，便于学生巩固所学知识，做好等级考试的考前复习。

本书由郑国平、彭志娟主编，顾卫江、陈晓红、张维薇、武卫翔、鲁松副主编，华进、杨爱琴、袁佳祺、周洁、徐敏等参加编写。全书由郑国平副教授统稿。本书的出版得到了南京大学出版社和南通大学计算机基础教学老师们的鼎力支持，也参考了国内外诸多学者的相关成果，在此一并谨致谢忱。

鉴于编写时间仓促且水平有限，不足之处欢迎大家批评指正。

编者

2022 年 7 月

目　录

实验篇

测试篇(操作)

测试篇(理论)

实验篇

SHIYAN PIAN

第 1 章　Windows 7(10)操作系统[①]实验

实验 1　Windows 基本操作

一、实验目的

1. 熟悉 Windows 的启动与关闭。
2. 熟悉 Windows 桌面的基本组成及相关操作。
3. 掌握鼠标与键盘的基本操作。
4. 掌握 Windows 程序的启动与关闭。
5. 熟悉 Windows 程序窗口的组成与相关操作。

二、实验内容

1. 开机启动 Windows 操作系统。
2. 熟悉 Windows 桌面组成以及桌面图标。
3. 在桌面上添加系统图标——回收站、网络和控制面板。
4. 在桌面上创建"C:\学生文件夹"的快捷方式。
5. 在桌面上,新建一个文件夹,取名为"我的文件夹";在桌面上,新建一个文本文件,取名为 Text1. txt。
6. 在桌面上创建"写字板"程序(C: \ Program Files \ Windows NT \ Accessories \ wordpad. exe)的快捷方式。
7. 熟悉任务栏及任务栏设置。
8. Windows 的关机和重启以及睡眠、锁定和注销。
9. 熟悉鼠标与鼠标操作。
10. 熟悉键盘与键盘操作。
11. 熟悉键盘与鼠标的组合操作。
12. 以"写字板"程序为例,实践 Windows 程序的启动、使用与关闭。
13. 熟悉 Windows 程序窗口的组成,熟悉窗口大小调整、窗口移动、窗口排列、当前窗口切换等操作。

三、实验步骤

1. 开机启动 Windows 操作系统。
操作指导:
a. 首先打开显示器电源开关,再打开主机箱电源开关;计算机开始自检,如果自检正常,计算机则启动操作系统。

[①]　操作系统用于控制与管理计算机硬件和软件资源,方便用户有效地使用计算机,提高计算机系统的工作效率。

b. 如果计算机上安装了两个或两个以上的操作系统,用户将看到如图 1-1 所示的界面。按键盘上的上下箭头(↑、↓)键,选择"Microsoft Windows 7",按<Enter>键即可启动 Windows 7 操作系统。

c. 如果计算机只安装了 Windows 7 操作系统,则直接启动 Windows 7 操作系统。

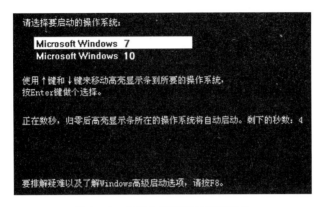

图 1-1　多操作系统的计算机启动

2. 熟悉 Windows 桌面组成与桌面图标。

Windows 正常启动后,出现在屏幕上的整个区域称为桌面,Windows 中大部分的操作都是在桌面上完成的。如图 1-2 所示,桌面由图标、桌面背景和任务栏组成。

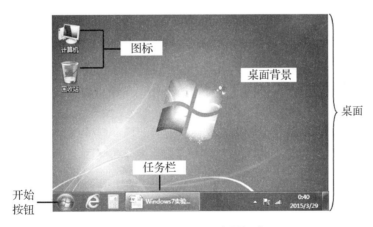

图 1-2　Windows 7 桌面组成

桌面图标有三种类型:一类是系统图标,如计算机、回收站等;一类是文件或文件夹图标,与文件和文件夹对应;还有一类为快捷图标,特征是在图标的左下角带有一个小箭头(📄),是执行程序的快捷方式,或访问文件和文件夹的快捷方式。

双击桌面上的图标,可以方便、快速地执行相应的程序,或打开相应的文件或文件夹。用户可以根据需要在桌面上添加各种类型的图标。

在桌面上创建快捷方式有四种方法,分别是:

① 右击桌面空白处,在弹出的快捷菜单中,依次单击"新建"→"快捷方式"命令;在"创建快捷方式"对话框中,单击"浏览"按钮,选定对象后单击"确定"按钮,然后单击"下一步"按钮,输入快捷图标名称,单击"完成"按钮。

② 用"资源管理器"找到对象,用鼠标右键将对象拖到桌面上,释放鼠标右键,在弹出的

"快捷菜单"中单击"在当前位置创建快捷方式"命令。

③ 复制需要创建快捷方式的对象，然后右击桌面空白处，在弹出的"快捷菜单"中单击"粘贴快捷方式"命令。

④ 右击需要创建快捷方式的对象，在"快捷菜单"中单击"发送到桌面快捷方式"命令。

3. 在桌面上添加系统图标——回收站、网络和控制面板。

操作指导：

a. 右击桌面空白处，在弹出的快捷菜单中单击"个性化"命令。

b. 在"个性化"窗口中，单击左侧窗格中的"更改桌面图标"（Win 10 中是：单击"主题"，再单击"更改桌面图标"），弹出"桌面图标设置"对话框，如图1-3所示。

c. 选中"回收站""网络"和"控制面板"复选框，单击"确定"按钮，则桌面上出现"回收站""网络"和"控制面板"图标。

d. 双击桌面上的"回收站"图标，则打开"回收站"窗口；双击"网络"图标，则打开"网络"窗口双击"控制面板"图标，则打开"控制面板"窗口。

图1-3 "桌面图标设置"对话框

4. 在桌面上创建"C:\学生文件夹"的快捷方式。

操作指导：

a. 双击桌面上的"计算机"图标，打开"计算机"窗口。

b. 在右窗格双击"本地磁盘(C:)"，打开"本地磁盘(C:)"窗口。

c. 在"本地磁盘(C:)"窗口中，右击"学生文件夹"，在弹出的快捷菜单中依次单击"发送到"→"桌面快捷方式"命令，桌面上即出现"学生文件夹—快捷方式"。

d. 双击桌面上的"学生文件夹—快捷方式"，则打开"C:\学生文件夹"窗口。

5. 在桌面上，新建一个文件夹，命名为"我的文件夹"；在桌面上，新建一个文本文件，取名为 Text1. txt。

操作指导：

a. 右击桌面空白处，在弹出的快捷菜单中依次单击"新建"→"文件夹"命令。

b. 将刚新建的"新建文件夹"更名为"我的文件夹"。

c. 采用同样的方法，新建一个文本文件，命名 Text1. txt。

6. 在桌面上创建"写字板"程序(C:\Program Files\Windows NT\Accessories\wordpad. exe)的快捷方式。如图1-4所示。

操作指导：

a. 双击桌面上的"计算机"图标，打开"计算机"窗口。

b. 在右窗格双击"本地磁盘(C:)"，打开"本地磁盘(C:)"窗口。

c. 在"本地磁盘(C:)"中，双击打开"Program Files"文件夹。

d. 在"Program Files"文件夹中，双击打开"Windows NT"文件夹。

e. 在"Windows NT"文件夹中，双击打开"Accessories"文件夹。在"Accessories"文件夹中，找出"wordpad. exe"文件。

图1-4 快捷方式

f. 右击"wordpad. exe"文件,在弹出的快捷菜单中,依次单击"发送到"→"桌面快捷方式"命令。

g. 桌面上出现"写字板"程序 wordpad. exe 的快捷方式图标,如图 1-4 所示。

7. 熟悉任务栏。

任务栏位于桌面最底部,如图 1-5 所示,分为多个区域,从左到右为"**开始**"按钮 📀、快速启动栏、任务按钮和托盘区(输入法图标、时间显示等)。

图 1-5　任务栏

① "开始"按钮用于打开"开始菜单"。"开始菜单"是 Windows 桌面的重要组成部分。用户对计算机进行的操作,大部分都是通过开始菜单进行的,其中的"所有程序"列出了系统中已经安装的全部程序,提供给用户选择执行。

② 快速启动栏中可以添加一些最常用的程序图标,以提高使用效率。单击快速启动栏中图标即可以打开对应的应用程序。

③ 任务按钮栏显示的是正在运行的任务窗口对应的任务按钮,其中高亮显示的任务按钮对应当前活动窗口。用户单击任务按钮栏中的任务按钮,可以实现当前活动窗口切换。

④ 托盘区包括输入法栏、运行中的程序图标、音量图标、网络图标、打印图标、时钟等。

8. Windows 的关机和重启以及睡眠、锁定和注销。

当用户需要长时间或短时间不使用计算机时,可以选择的相关操作有:关闭、睡眠、锁定和注销。

(1) 关闭计算机。注:熟悉者可以跳过本操作。

操作指导:

a. 单击"开始"按钮。

b. 在弹出的"开始"菜单中,单击"关机"按钮,关闭计算机。Win 10 中是:在"开始"菜单中,单击"电源",再单击"关机",关闭计算机。

(2) 设置睡眠。

操作指导:

a. 单击"开始"按钮。

b. 在"开始"菜单中,单击"关机"右侧的三角按钮,如图 1-6 所示;在下拉菜单中,单击"睡眠",计算机即进入睡眠状态。此时,显示器没有任何显示,计算机风扇停止转动,但计算机没有完全关闭,内存仍在工作状态,耗电量极小。若要唤醒计算机,可以按一下计算机的电源按钮,几秒钟就可以进入系统,比启动计算机要快得多。

图 1-6　"睡眠"选项

(3) 锁定。注:这里只做介绍不要求实际操作。

操作指导:

a. 单击"开始"按钮;在"开始"菜单中,单击"关机"右侧的三角按钮;在下拉菜单中,单击"锁定",计算机进入"锁定"状态。用户使用计算机时,如果有事需要临时离开,可以锁定计算机以保护自己的工作现场。Win 10 中是按 Ctrl + Alt + Delete,单击"锁定"。

b. 在锁定界面上,输入用户账户密码,即可解锁,继续使用计算机。

(4) 注销。注:这里只做介绍不要求实际操作。

操作指导:

a. 单击"开始"按钮;在"开始"菜单中,单击"关机"右侧的三角按钮;在下拉菜单中,单击"注销"命令。系统释放当前用户使用的所有资源,清除当前用户的所有状态设置。Win 10 中是按 Ctrl + Alt + Delete,单击"注销"。

b. 注销后可再次进行用户登录,这对于多个用户使用同一台计算机的情形非常有意义。

9. 熟悉鼠标与鼠标操作。

鼠标和键盘是计算机中最基本也是最重要的两个输入设备。在 Windows 中,几乎所有的操作都是通过鼠标和键盘来完成的。

现在流行的是光电鼠标,如图 1-7 所示,通常有两个按键、一个滚轮。正确使用鼠标的姿势如图 1-8 所示。

图 1-7　光电鼠标　　　　　　　　图 1-8　鼠标使用

对鼠标进行的基本操作有:移动、单击、双击、右击、拖动、向前/向后转动滚轮等。

① 移动。通过移动鼠标,移动屏幕上的鼠标指针。在 Windows 操作系统中,移动鼠标到不同位置,鼠标的指针形状不同。不同的鼠标指针形状代表不同的含义,可以进行不同的操作。鼠标的指针形状与可以进行的操作,如表 1-1 所示。

表 1-1　鼠标指针形状及可执行操作

↖	正常选择	I	文字选择
↔	水平调整	↖?	帮助选择
↕	垂直调整	↖⌛	后台运行
↗	对角线调整	⊘	不可用
↘	对角线调整	👆	链接选择
✛	移动对象	✏	手写
⌛	程序忙	＋	精确定位

② 单击。将鼠标的指针移动到某个位置(或某个对象上),单击左键。单击操作一般用于定位、选择对象、执行菜单项命令、执行按钮命令等。

③ 双击。将鼠标的指针移动到某个对象上,连续单击两次左键。"双击"一般用于启动一个程序,或启动运行文件关联应用程序打开文件。

④ 右击。将鼠标的指针移动到某个对象上,单击右键。"右击"对象时可打开对象的快捷菜单。

⑤ 拖动。将鼠标指针移动到某个位置(或所选对象上),按下鼠标左键并保持,拖到目标位置,再松开左键的操作。可用拖动操作选择文本,可用拖动选择多个连续对象,也可用拖动

操作移动或复制所选择的对象。

⑥ 向前/向后转动滚轮,可以显示窗口前面/后面的内容,实现滚屏。

10. 熟悉键盘与键盘操作。

常用键盘分为 4 个区域,分别为:打字键区、功能键区、光标控制键区和数字键区,如图
1-9所示。作为输入设备,键盘主要用于文字信息的输入。

图 1-9　键盘

除了使用鼠标对 Windows 进行操作外,还可以使用键盘的快捷键对 Windows 进行操作。
快捷键又称热键,通常是某个键或某几个键的组合,如"Alt + Tab"键,即按下 Alt 键并保持,再
按 Tab 键,可以实现 Windows 的多个任务窗口之间的当前窗口切换。Windows 中常用的快
捷键及其功能如表1-2所示。

表 1-2　键盘常用快捷键及其功能

快捷键	功　　能
Alt + Tab	在多个窗口之间实现当前窗口切换
PrintScreen	复制整个屏幕画面到剪贴板
Alt + PrintScreen	复制当前窗口到剪贴板
	显示或隐藏"开始"菜单
F10 或 Alt	激活菜单栏
Shift + F10	打开选中对象的快捷菜单
Ctrl + A	选中所有显示对象
Ctrl + X	剪切
Ctrl + C	复制
Ctrl + V	粘贴
Ctrl + Z	撤销
Del 或 Delete	删除选中对象
Ctrl +空格	中、英文输入法切换
Ctrl + Shift	输入法之间切换。用于输入法的选择

需要说明的是,很多应用程序中也定义有快捷键,但其快捷键及其功能与 Windows 的相比可能有所不同。

11. 熟悉键盘与鼠标的组合操作。

① Ctrl +鼠标单击,即按下 Ctrl 键并保持,再用鼠标逐个单击不同对象,使对象被选中或解除选中,实现某区域分散对象的选中。

② Shift +鼠标单击,即先单击一个对象,然后按下 Shift 键并单击另一对象,则可以选中这两个对象之间连续排列的所有对象。

③ Ctrl +鼠标拖动,即按下 Ctrl 键的同时拖动所选择的对象,此操作用于复制对象。

④ Shift +鼠标拖动,即按下 Shift 键的同时拖动所选择的对象,实现对象的移动。

12. 以"写字板"程序为例,实践应用程序的启动、使用与关闭。

在 Windows 中,提供了多种启动和关闭程序的方法,下面以使用"写字板"程序进行一次简单的文字编辑为例,熟悉程序的启动、使用和关闭。

(1) 启动"写字板"程序。

启动程序有多种方法。现采用下列四种方法启动"写字板",分别进行尝试。

操作指导:

a. 依次单击"开始"→"所有程序"→"附件"→"写字板"菜单命令,启动"写字板"程序。

b. 在桌面双击"写字板"快捷方式图标,启动"写字板"程序。如果桌面上没有"写字板"快捷方式图标,可使用第 6 步中学习的方法,在桌面上创建"写字板"程序的快捷方式。

c. 双击桌面图标"计算机",打开 C:\Program Files\Windows NT\Accessories 文件夹,找到 wordpad.exe,然后双击 wordpad.exe,启动"写字板"程序。

d. 依次单击"开始"→"所有程序"→"附件"→"运行"命令(Win 10 中,右击"开始",再单击"运行"),在"运行"对话框中,单击"浏览"按钮,参照上一种方式找到 wordpad.exe,然后单击"确定"按钮;或者直接输入"C:\Program Files\Windows NT\Accessories\wordpad.exe",然后单击"确定"按钮。

方便起见,多数用户习惯使用 a、b 方法启动程序。

(2) "写字板"程序的使用。

使用"写字板"程序,输入一段文字,如样张 1-1 所示,并以 first_file.rtf 为文件名,保存到"C:\学生文件夹"中。

样张 1-1

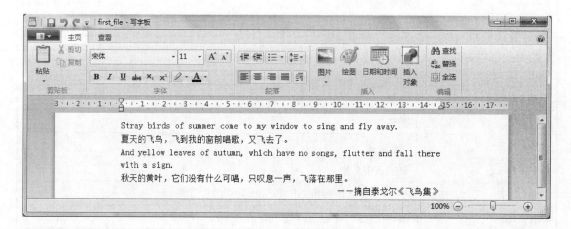

操作指导：

a. 在第一行直接输入英文"Stray birds of summer come to my window to sing and fly away."，然后按键盘上的"Enter"键进行换行，准备输入下一行中文文字。

b. 单击桌面右下角语言栏中的输入法图标，在输入法列表中，选择一种自己熟悉的中文输入法，如：微软拼音输入法；也可以使用快捷键"Ctrl + Shift"切换输入法。在"写字板"中接着输入第二行的中文"夏天的飞鸟，飞到我的窗前唱歌，又飞去了。"，然后再按"Enter"键换行，再准备输入下一行英文文字。

c. 按快捷键"Ctrl +空格"，切换成英文输入法；输入英文"And yellow leaves of autumn, which have no songs, flutter and fall there with a sign."，再按"Enter"键换行，准备输入下一行的中文文字。

d. 按快捷键"Ctrl +空格"，切换成中文输入法。输入两行中文：

秋天的黄叶，它们没有什么可唱，只叹息一声，飞落在那里。

——摘自泰戈尔《飞鸟集》

e. 选择"——摘自泰戈尔《飞鸟集》"；在写字板的【主页】选项卡中，单击"右对齐"按钮（▤），设置右对齐。

f. 保存文件，单击写字板左上方"快速访问工具栏"中的"保存"按钮（💾），在"保存为"对话框中，如图 1-10 所示，输入文件名：first_file，设置保存类型：RTF 文档（RTF），位置："C:\学生文件夹"，最后单击"保存"按钮。

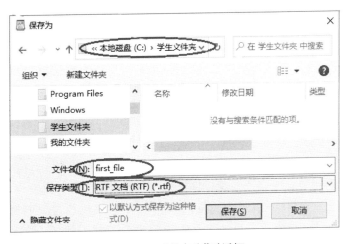

图 1-10　"保存为"对话框

(3) 关闭"写字板"程序。 关闭应用程序也有多种方法，下面列举了六种方法，任选一种关闭"写字板"程序。

操作指导：

a. 单击"写字板"窗口标题栏最右侧的关闭按钮（✖）。

b. 双击"写字板"窗口标题栏最左侧的图标（📖）。

c. 单击"写字板"文件按钮，在下拉列表中单击"退出"命令。

d. 使用组合键 Alt + F4。

e. 使用组合键 Ctrl + Alt + Del，打开"任务管理器"对话框，选中"Windows 写字板应用程序"选项，单击"结束任务"。

f. 右击任务栏上"写字板"对应的任务按钮,在快捷菜单中单击"关闭窗口"。

应用程序关闭后,任务栏上对应的"任务按钮"随之消失。

13. 熟悉 Windows 程序窗口组成及其相关操作。

在 Windows 中,通常每个正在运行的 Windows 程序都是表现为桌面上的一个窗口。当一个程序窗口被关闭时,计算机即终止了该程序的运行。一般而言,程序窗口的位置可以移动,大小可以调整,可以最大化、最小化。当窗口最小化时,程序仍然在后台运行,并没有被关闭,最小化窗口和关闭窗口是有区别的。

(1) Windows 程序窗口组成。

再次运行"写字板"程序,打开"first_file. rtf"文件。下面借助写字板窗口,如图 1 - 11 所示,大致了解应用程序窗口的组成。应用程序窗口通常包括:标题栏、菜单、选项卡、工作区、状态栏等。

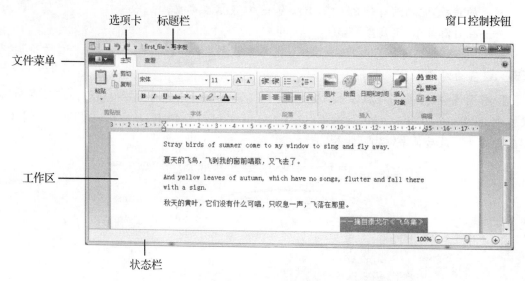

图 1 - 11　应用程序窗口

a. 标题栏。左端显示应用程序名称以及打开的文件名称,如"first_file -写字板",右端布置有窗口控制按钮。用鼠标左键按住窗口标题栏并拖动,可以在桌面上移动窗口位置。窗口控制按钮,有"最小化"(▬)、"最大化"(☐)、"还原"(❐)、"关闭"(✖)四种形式。

· 单击"最小化"按钮,窗口将最小化于任务栏,程序在后台运行,单击任务栏上该任务的按钮可以使窗口恢复到原来的位置和大小。

· 单击"最大化"按钮,程序窗口扩大至整个屏幕,最大化按钮(☐)变换成还原按钮(❐)。

· 单击"还原"按钮,窗口还原到最大化之前的窗口大小,还原按钮(❐)变换成最大化按钮(☐)。

· 单击"关闭"按钮,退出程序"写字板"。

b. "文件"菜单。单击"文件"按钮,打开"文件"菜单。在"文件"菜单中通常包含文件的"打开""保存""关闭"等菜单项以及结束程序运行的"退出"菜单项。

c. 选项卡。在"文件"按钮的右侧通常有多个选项卡。对于"写字板"包括【主页】和【查看】两个选项卡。可根据需要单击选项卡,使用选项卡中的命令按钮,对程序处理的对象进行设置。

d. 状态栏。状态栏位于程序窗口的下方,用于显示程序的状态以及处理对象的相关属性。

e. 工作区。工作区是程序的关键区域,用于显示程序的处理对象。

通常不同程序由不同人员编写,加上处理的对象不同,处理的程度不同,则程序窗口界面一般各不相同。但 Windows 环境下开发的程序大多都是窗口程序,程序窗口的风格基本相同,由上面列举的元素组成。

(2) 窗口大小的设置与调整。

默认情况下,打开的窗口大小和上次关闭时的大小一样。使用窗口时,用户可以根据需要调整窗口的大小。下面仍以写字板的窗口为例,介绍设置窗口大小的方法。

a. 利用"窗口控制按钮"设置窗口大小。

单击"最小化"按钮,窗口将最小化于任务栏。单击"最大化"按钮,程序窗口扩大至整个屏幕。此时,最大化按钮(□)变换成还原按钮(▣)。单击"还原"按钮,窗口还原到最大化之前的窗口大小。还原按钮(▣)变换成最大化按钮(□)。

b. 手动调整窗口的大小。

当窗口处于非最小化和最大化时,用户可以手动调整窗口的大小。操作方法是:将鼠标指针移动到窗口的边框上,指针变成双向箭头形状时,如图 1-12 所示,按住鼠标左键不放,上下拖曳边框到合适的位置。

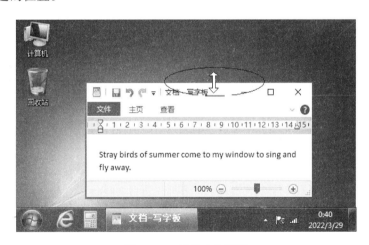

图 1-12 手动窗口调整

图 1-12 是拖曳上边框调整窗口大小的操作。拖曳窗口的其他三个边框以及拖曳窗口的四个角,都可调整窗口大小。

(3) 在桌面上移动窗口。

在 Windows 中,如果打开了多个窗口,则会出现窗口重叠现象,对此,用户可以调整窗口的大小,并移动各窗口到合适的位置,以避免重叠或减少重叠。

移动"写字板"的窗口。

操作指导:

a. 将鼠标指针移动到"写字板"窗口的标题栏上,此时指针为 ▲ 形状。

b. 按住鼠标左键不放,拖曳窗口到所需的位置,松开鼠标即完成窗口的移动操作。

（4）窗口的排列与显示。

利用窗口的移动维持桌面的条理性。与此相关的操作还有：

a. 右击任务栏，在任务栏的快捷菜单中，如图 1 - 13 所示，可以选择设置窗口的排列形式。可供选择的排列形式有："层叠窗口""堆叠显示窗口""并排显示窗口""显示桌面"。

b. 利用抖一抖清理桌面窗口。拖住需要保留窗口的标题栏"抖一抖"，其他窗口就自动最小化。再次拖住该窗口的标题栏"抖一抖"，又恢复其他窗口到原来的位置。

（5）活动窗口切换。

当用户运行了多个程序，打开了多个文档、多个文件夹时，桌面上将同时存在多个窗口。其中接收用户输入的窗口只有一个，称为当前窗口（也称活动窗口），通常位于所有窗口的最前面。

图 1 - 13　任务栏快捷菜单

可以将需要操作的窗口变成当前窗口。切换成当前窗口有多种方式，最常用的有以下三种。

操作指导：

a. 使用任务栏。任务栏上列出了所有打开程序的任务按钮。若要切换当前窗口，只需单击任务栏上对应的任务按钮即可。

b. 使用快捷键 Alt + Tab。按住 Alt 键不放，然后按 Tab 键，即在桌面上弹出一个窗口，该窗口中排列着各程序窗口的缩微窗口，每按一次 Tab 键，就可以按顺序选择下一个窗口图标，反复按 Tab 键，直到出现需要的窗口。

c. 直接在桌面上单击窗口，被单击的窗口立即成为当前窗口。

实验 2　文件以及文件夹操作

一、实验目的

1. 掌握文件浏览技术。
2. 掌握文件或文件夹搜索技术。
3. 新建文件、文件夹。
4. 重命名文件、文件夹。
5. 掌握文件、文件夹的复制、删除技术。

二、实验内容

1. Windows 文件浏览方法及其实践。
2. Windows 文件和文件夹搜索方法及其实践。
3. 文件和文件夹选定。
4. 新建文件、文件夹实践。
5. 文件、文件夹重命名实践。
6. 复制文件、文件夹实践。
7. 移动文件、文件夹实践。
8. 删除文件、文件夹实践。
9. 文件、文件夹属性设置实践。
10. 文件、文件夹操作综合练习。

三、实验步骤

计算机中的信息都是以文件形式存储在外存储器中。为了方便查找和使用文件,总是把所有文件分门别类地组织在若干文件夹中。文件夹采用树状结构进行组织。在这种结构中,每个磁盘(或磁盘上的分区)有一个根文件夹,它包含若干文件和文件夹,文件夹中不但可以包含文件,而且还可以包含下一级文件夹,从而形成多级的树状文件夹结构。

文件用文件名进行标识,文件名通常由文件主名和扩展名组成,格式为: <文件主名>[.扩展名],文件主名必须有,扩展名可以没有。文件名中不能出现　\　/　:　*　?　"　<　> 和 | 这些英文字符,最多可以有 255 个字符。一个文件夹中不能有相同名称的文件和文件夹。

1. Windows 文件浏览方法及其实践。

浏览文件是最常用的基本操作。计算机用户可以通过"计算机"窗口,或"Windows 资源管理器"(Win 10 中称"文件资源管理器")窗口,来浏览计算机中的文件和文件夹。

① 通过"计算机"窗口浏览文件。

双击桌面上的"计算机"(Win 10 中"此电脑")图标,或依次单击"开始"→"计算机"命令,可以打开"计算机"窗口。"计算机"窗口如图 2 - 1 所示。

图 2-1　"计算机"窗口

② 通过"Windows 资源管理器"窗口浏览文件。

右击"开始"按钮,在快捷菜单中,单击"打开 Windows 资源管理器",可以打开 Windows 资源管理器。也可以,依次单击"开始"→"所有程序"→"附件"→"Windows 资源管理器",打开"Windows 资源管理器"窗口,如图 2-2 所示。

图 2-2　"Windows 资源管理器"

比较"计算机"窗口和"Windows 资源管理器"窗口,不难发现,他们应该是同一程序。

下面进行 Windows 文件浏览实践,回答问题。

(1) 在 C:\学生文件夹\myfiles 文件夹中,包含_____个文件夹;包含_____个文件。

(2) 进一步完成下列填空。

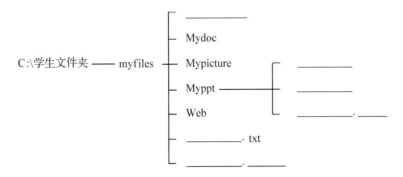

操作指导：

a. 双击桌面上的"计算机"图标，打开"计算机"窗口；在"计算机"窗口右窗格中，双击"本地磁盘(C:)"，右窗格切换为"本地磁盘(C:)"的内容；找出"学生文件夹"并双击，右窗格切换为"C:\学生文件夹"的内容。

b. 再找出 myfiles 文件夹并双击，右窗格显示"C:\学生文件夹\myfiles"中的内容。查看"C:\学生文件夹\myfiles"中的内容，进行填空。

c. 如果浏览文件时不显示文件的扩展名，则请选择执行文件夹窗口的"工具"→"文件夹选项"命令，在弹出的"文件夹选项"对话框"查看"选项卡的"高级设置"列表框中，取消选中"隐藏已知文件类型扩展名"复选框，则显示所有文件的扩展名。再浏览"C:\学生文件夹\myfiles"中的内容，完成填空。

当然也可以在计算机窗口左窗格中，单击"计算机"图标前的三角箭头" ▷"，展开"计算机"的下一级文件夹的内容，展开后原图标前的" ▷"变为" ◢"，再层层展开文件夹；单击需要浏览的文件夹；在右窗格列表框中浏览文件夹中的内容。

(3) 设置"文件夹选项"(Win 10 中称"文件资源管理器选项")。通过文件夹选项设置，可以更改对文件和文件夹的操作方式及其在"计算机"窗口中的显示方式。

操作指导：

a. 在"控制面板"类别视图中，单击"外观和个性化"，然后单击"文件夹选项"，或在"计算机"窗口中，依次单击"工具"→"文件夹选项"菜单命令，打开"文件夹选项"对话框，如图 2-3 所示。

b. 如果要在不同文件夹窗口中打开不同的文件夹，就在"常规"选项卡中，如图 2-3(a)所示，选择"在不同窗口中打开不同的文件夹"。

c. 如果想要鼠标单击就可以打开文件和文件夹，就在"常规"选项卡中，选择"通过单击打开项目(指向时选定)"。

d. 如果要查看文件夹中标记为"隐藏"的文件、文件夹和驱动器，就在"查看"选项卡的"高级设置"中，选择"显示隐藏的文件、文件夹和驱动器"，如图 2-3(b)所示。

e. 如果要查看文件夹中作为文件名一部分的文件扩展名，就在"查看"选项卡的"高级设置"中，如图 2-3(b)所示，取消"隐藏已知文件类型的扩展名"复选框。

f. 如果希望指向文件夹时看到文件夹大小的显示提示，就在"查看"选项卡的"高级设置"中，选中"在文件夹提示中显示文件大小信息"复选框。

g. 如果希望在工具栏上方始终显示菜单，就在"查看"选项卡的"高级设置"中，选中"始终显示菜单"复选框。

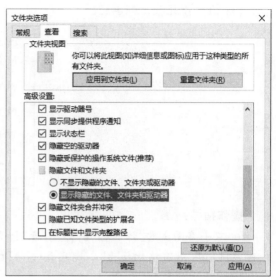

a. "常规"选项卡   b. "查看"选项卡

图 2-3 "文件夹选项"对话框

h. 如果要在文件夹列表的文件或文件夹图标前添加复选框,如图2-4所示,以便于一次选择多个文件和文件夹,就在"查看"选项卡的"高级设置"中,选中"使用复选框以选择项"复选框。

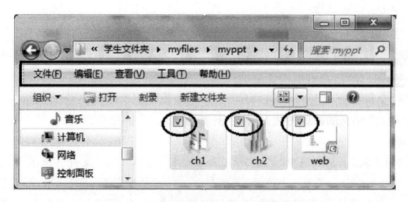

图 2-4 文件或文件夹图标前添加复选框

2. Windows 文件和文件夹搜索方法及其实践。

Windows 文件和文件夹常用搜索方法。

① 使用"开始"菜单上的搜索框(Win 10 中,右击"开始",再单击"搜索",出现搜索框),如图2-5所示,输入搜索内容,搜索存储在计算机上的文件、文件夹、程序和电子邮件。

② 使用文件夹窗口中的搜索框,如图2-6所示,在打开的文件夹中搜索文件和文件夹。

图 2‒5　开始菜单的搜索框

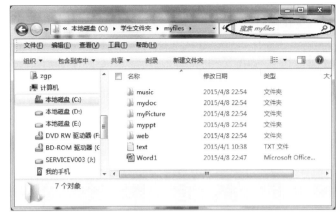

图 2‒6　文件夹窗口中的搜索框

下面进行 Windows 文件和文件夹搜索实践，并回答问题。

(1) 在"C:\学生文件夹"下，有_____个 web. ppt 文件

(2) 在"C:\学生文件夹"下，有_____个 my 开头的文件，有_____个 my 开头的文件夹。

操作指导：

a. 打开"C:\学生文件夹"窗口，如图 2‒7 所示。

b. 在搜索框中键入"web. ppt"，键入后将自动对"C:\学生文件夹"进行搜索，将看到如图 2‒8 所示的内容，根据搜索结果进行填空。

图 2‒7　"学生文件夹"窗口

图 2‒8　搜索结果

c. 在搜索框中输入"my"，键入后系统将自动对"C:\学生文件夹"进行筛选，筛选出文件名包括"my"的文件，内容包括"my"的文件、标记以及其他文件属性包括"my"的文件。根据搜索结果进行填空。

3. 文件和文件夹选定。

(1) 选择单个文件或文件夹。

操作指导：

在文件夹窗口中，用鼠标单击某个文件或文件夹，即可将该文件或文件夹选中。选中的文件或文件夹呈浅蓝色。

(2) 选择连续的多个文件或文件夹。

操作指导:

a. 在窗口空白处按住鼠标左键,拖出浅蓝色的矩形框,拖动范围覆盖的文件和文件夹即被全部选中,如图2-9所示。

图2-9 选择连续的多个文件或文件夹

b. 也可以先选择第一个文件或文件夹,然后按住 Shift 键,再选择最后一个文件或文件夹。则在它们之间的所有文件和文件夹都会被选中。

(3) 选择不连续的多个文件或文件夹。

操作指导:

按住 Ctrl 键,再逐个选择单个的文件或文件夹以及连续的文件和文件夹,如图2-10所示。

图2-10 选择不连续的多个文件或文件夹

(4) 选取全部文件和文件夹。

操作指导：

在文件夹窗口中，依次单击"编辑"→"全选"菜单命令(Win 10 中是在【主页】选项卡【选择】组单击"全部选择")，即可选中当前窗口中的全部文件和文件夹。

(5) 使用复选框选择文件。

操作指导：

用鼠标单击选中文件或文件夹图标前的复选框，即可选中该文件或文件夹。单击选中多个文件或文件夹前的复选框，则实现多个文件或文件夹的选取。

4. 新建文件和文件夹实践。

(1) 在"C:\学生文件夹"下的"DAO"文件夹中，新建一个名为"SU"的文件夹。

操作指导：

a. 打开"C:\学生文件夹\DAO"文件夹。

b. 右击"DAO"文件夹的空白处；在快捷菜单中，依次单击"新建"→"文件夹"菜单命令，输入文件夹名"SU"，按 Enter 键。

(2) 在"C:\学生文件夹"下的"DAO"文件夹中，建立一个名为"ex. txt"空文本文件。

操作指导：

a. 打开"C:\学生文件夹\DAO"文件夹。

b. 右击"DAO"文件夹的空白处，在快捷菜单，依次单击"新建"→"文本文档"菜单命令，输入文件名"ex"，按 Enter 键。

5. 文件、文件夹重命名实践。

重命名文件、文件夹的常用方法。

① 右击要重命名的文件或文件夹；在快捷菜单中，单击"重命名"，重命名文件、文件夹名。

② 单击选中需要重命名的文件或文件夹，然后再单击一次，此时选中的文件或文件夹名处于可编辑状态，输入新名，按回车键。

下面进行重命名文件、文件夹实践。

(1) 将"C:\学生文件夹\GO\ZHANG"文件夹中的文件 SHA. exe 重命名为 SHA1. exe。

操作指导：

a. 打开"C:\学生文件夹\GO\ZHANG"文件夹。

b. 右击"SHA. exe"文件；在快捷菜单中，单击"重命名"命令；修改文件名为 SHA1. exe。

(2) 将"C:\学生文件夹\GO\LI"文件夹中的所有". jpg"类型的文件，批量重命名为：My(1). jpg、My(2). jpg、My(3). jpg。

操作指导：

a. 打开"C:\学生文件夹\GO\LI"文件夹。

b. 选择所有". jpg"类型的文件。

c. 右击选中的文件；在快捷菜单中，单击"重命名"；将第一个文件名改为"My. jpg"，按"Enter"键，即实现批量重命名。

6. 复制文件、文件夹。

复制文件、文件夹的常用方法。

① 选择要复制的文件，按住"Ctrl"键并拖曳到目标位置。

② 选择要复制的文件，用鼠标右键拖动到目标位置，在弹出的快捷菜单中单击"复制到当

前位置"。

③ 选择要复制的文件,按 Ctrl + C,然后在目标位置按 Ctrl + V 即可。

下面进行文件、文件夹复制实践。

(1) 将"C:\学生文件夹\GO\ZHANG"文件夹中的 SHB. exe 文件,复制到"C:\学生文件夹\FN"文件夹中。

操作指导:

a. 打开"C:\学生文件夹\GO\ZHANG"文件夹。

b. 右击"SHA. exe"文件,在快捷菜单中选择"复制"命令,返回 C:\学生文件夹,双击打开 FN 文件夹,在空白处右击,在快捷菜单中选择"粘贴"命令。

(2) 将"C:\学生文件夹\GO\ZHANG"文件夹中的所有文件,复制到"C:\学生文件夹\GO\LI\FN"文件夹中。

操作指导:

a. 打开"C:\学生文件夹\GO\ZHANG"文件夹。

b. 全选"C:\学生文件夹\GO\ZHANG"文件夹中的所有文件;右击选中的文件,在快捷菜单中选择"复制"命令。

c. 打开"C:\学生文件夹\GO\LI\FN"文件夹,在空白处右击,在快捷菜单中选择"粘贴"命令。

7. 移动文件、文件夹实践。

移动文件、文件夹的常用方法。

① 通过剪切(Ctrl + X)与粘贴(Ctrl + V)方式移动文件。

② 选中要移动的文件和文件夹,按住"Shift"键,拖动选中的对象到目标位置。

③ 对于同一磁盘,可选中要移动的文件和文件夹,用鼠标直接拖动选中的对象到目标位置。

下面进行文件、文件夹移动实践。

将"C:\学生文件夹\LING"文件夹中的 EO. din 文件移动到"C:\学生文件夹\PAN"文件夹中。

操作指导:

a. 打开"C:\学生文件夹\LING"文件夹。

b. 右击"EO. din"文件,选择"剪切"命令,返回"C:\学生文件夹",双击打开"PAN"文件夹,在空白处右击,在快捷菜单中单击"粘贴"。

8. 删除文件、文件夹实践。

删除文件、文件夹的常用方法。

① 选择要删除的文件和文件夹(可以多选),按键盘上的 Delete 键。

② 选择要删除的文件和文件夹,执行计算机窗口的"文件"→"删除"菜单命令。

③ 选择要删除的文件和文件夹,右击选中的对象,在弹出的快捷菜单中选择"删除"命令。

④ 选择要删除的文件和文件夹,直接拖动选中的对象到"回收站"中。

下面进行删除文件、文件夹实践。

(1) 将"C:\学生文件夹\JUNE"文件夹中的 KU. docx 文件删除。

操作指导:

a. 打开"C:\学生文件夹\JUNE"文件夹。

b. 在"JUNE"文件夹中,右击 KU. docx;在快捷菜单中,单击"删除",在弹出的确认对话框中,选择"是"。

(2) 删除"C:\学生文件夹\JUNE\BAK"文件夹中所有 ser 开头的文件。

操作指导：

a. 打开"C:\学生文件夹\JUNE\BAK"文件夹。

b. 全选所有 ser 开头的文件；右击选中的文件；在快捷菜单中，单击"删除"，在弹出的确认对话框中，选择"是"。

对于删除文件、文件夹，需要注意。

① 删除硬盘文件操作并没有真正地把文件从硬盘中去除，而是放入了系统的"回收站"中。

② 如果要恢复"回收站"中的文件，可以打开"回收站"，右击需要恢复的文件，单击"还原"即可。

③ 如果要真正删除文件，可在删除文件时，用 Shift + Del 键；或者在删除文件后，打开"回收站"，找出并选择该文件，再按"Del"键。

9. 文件、文件夹属性设置实践。

(1) 将"C:\学生文件夹\UN\SING"文件夹中的 KOO. din 文件设置为"隐藏"。

操作指导：

a. 打开"C:\学生文件夹\UN\SING"文件夹。

b. 右击"KOO. din"，单击"属性"命令，在"KOO. din 属性"对话框中设置"隐藏"。

c. 如果仍然能看到"KOO. din"文件，可进一步做如下设置：在任何一个文件夹窗口中，执行"工具"→"文件夹选项"菜单命令；在"文件夹选项"对话框"查看"选项卡中，选择"不显示隐藏的文件、文件夹或驱动器"，单击"确定"按钮。

d. 至此"KOO. din"文件被隐藏。

(2) 将"C:\学生文件夹\UN\SING"文件夹中的 K 文件夹及其子文件夹和文件都设置为"隐藏"。

操作指导：

a. 打开"C:\学生文件夹\UN\SING"文件夹。

b. 在"C:\学生文件夹\UN\SING"文件夹中，右击"K"文件夹，单击"属性"命令，在"K 属性"对话框中设置"隐藏"属性。

c. 在弹出的"确认属性更改"对话框中，选择"将更改应用于此文件夹、子文件夹和文件"。

(3) 将"C:\学生文件夹\UN\SING"文件夹中的 TOO. txt 文件设置为"只读"。

操作指导：

a. 打开"C:\学生文件夹\UN\SING"文件夹。

b. 在"C:\学生文件夹\UN\SING"文件夹中，右击"TOO. txt"文件，选择"属性"命令，在弹出的对话框中设置"只读"属性，单击"确定"按钮。

10. 文件、文件夹操作综合练习。

(1) 将"C:\学生文件夹\BNPA"文件夹中的 RONGHE. COM 文件复制到"C:\学生文件夹\EDZK"文件夹中，文件名改为 SHAN. COM。

(2) 在"C:\学生文件夹"中搜索 HAP. TXT 文件，然后将其删除。

(3) 为"C:\学生文件夹\MPEG"文件夹中的 DEVAL. EXE 文件建立名为 KDEV 的快捷方式，并存放在"C:\学生文件夹"中。

(4) 在"C:\学生文件夹"中搜索 FUNC. xlsx 文件，然后将其设置为"只读"属性。

(5) 将"C:\学生文件夹"下"PQNE"文件夹中的 PHEA. TMP 文件复制到"C:\学生文件夹"下的"XDM"文件夹中，文件名为 AHF. TMP。

（6）在"C:\学生文件夹"下，创建一个文件夹"Student"，然后在此文件夹内再创建一个"T1"文件夹。

（7）在"T1"文件夹内创建一个新的文本文件 S_T1. txt，并为该文件创建一个桌面快捷方式。

（8）复制文件 S_T1. txt 存放到"Student"文件夹中，改名为 T1_S. txt。

实验 3　Windows 控制面板

一、实验目的

1. 熟悉"鼠标属性"设置。
2. 熟悉"显示"设置。
3. 熟悉"系统日期和时间"设置。
4. 熟悉用户账户管理与应用。
5. 远程桌面连接实践。

二、实验内容

1. 利用控制面板,设置鼠标属性。① 调换鼠标左、右键的功能,使用户像用右手一样,用左手操作鼠标;② 加快双击速度;③ 加快鼠标指针的移动速度。

2. 设置桌面背景。将图片"C:\学生文件夹\desk\IBM_01.jpg"设置成为桌面背景。

3. 设置屏幕保护程序。设置屏幕保护为"变幻线",等待时间为 2 分钟。

4. 设置显示器的分辨率,若原先为 $1280 \times 800(760)$ 则设置为 1024×768,否则设置为 $1280 \times 800(760)$。

5. 校准系统日期和时间。

（1）手动校准系统日期和时间。

（2）设置日期和时间为"与 Internet 时间服务器同步"。

6. 创建用户账户。

（1）创建一个标准用户账户,用户名为 XX,密码为 12345。

（2）创建一个管理员用户账户,用户名为 Adminx,密码为 54321。

7. 登录及相关操作实践,注销当前用户、切换用户、"锁定"计算机。

8. 远程桌面连接实践。分别配置计算机 A 和计算机 B,使计算机 B 能远程访问计算机 A。

三、实验步骤

控制面板是专门用于 Windows 外观设置和系统设置的工具。Windows 的控制面板提供"类别"分类查看方式,以及"大图标"和"小图标"查看方式。Windows 控制面板默认"类别"查看方式。在桌面上单击"控制面板"图标,将打开"类别"查看方式的"控制面板"窗口,如图 3 - 1a 所示,内容按"类别"分组。在"控制面板"窗口中,选择查看方式为"小图标",则切换成小图标查看方式,如图 3 - 1b 所示,显示"所有控制面板项"窗口。

a. "类别"查看方式   b. "小图标"查看方式

图 3-1 "控制面板"窗口

1. 利用控制面板,设置鼠标属性。① 调换鼠标左、右键的功能,使用户像用右手一样,用左手操作鼠标;② 加快双击速度;③ 加快鼠标指针的移动速度。

操作指导:

a. 在"控制面板"小图标查看模式中双击"🖱️鼠标"项,显示"鼠标属性"对话框,如图 3-2 所示。

b. 在"鼠标键"选项卡中的"鼠标键配置"栏,如图 3-2a 所示,选中"切换主要和次要的按钮"复选按钮,即可设置鼠标成左手习惯,调换左、右键的功能。

c. 在"双击速度"栏,向右拖动滑块,加快鼠标"双击速度"。

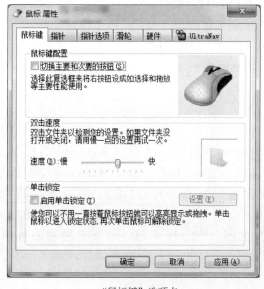 

a. "鼠标键"选项卡   b. "指针选项"选项卡

图 3-2 "鼠标属性"对话框

d. 在"指针选项"选项卡中,如图 3-2b 所示,可以进行鼠标指针的相关设置。在"移动"栏中,向右拖动滑块,加快鼠标指针的移动速度。

2. 设置桌面背景。将图片"C:\学生文件夹\desk\IBM_01.jpg"设置成为桌面背景。

操作指导：

a. 右击桌面的空白处；在弹出的快捷菜单中，单击"个性化"命令。

b. 在"个性化"窗口中，选择"桌面背景"选项。

c. 在"桌面背景"窗口中，如图 3-3 所示，单击图片位置右侧"浏览"按钮。

d. 在"浏览文件夹"对话框中，选择"C:\学生文件夹\desk"文件夹，单击"确定"按钮，如图 3-4 示。

图 3-3　"桌面背景"窗口　　　　　　　　　图 3-4　"浏览文件夹"对话框

e. 所选文件夹中的图片被加载到"图片位置"下的图片列表框中，如图 3-5 所示。

f. 从图片列表框中选择 IBM_01.jpg 图片作为桌面背景图片，单击"保存修改"按钮，返回到"桌面背景"窗口，在"我的主题"列表框中，保存主题，取名 My1。

g. 返回桌面，即可看到设置桌面背景后的效果，如图 3-6 所示。

图 3-5　图片列表框　　　　　　　　　　　图 3-6　设置效果图

3. 设置屏幕保护程序。设置屏幕保护为"变幻线"，等待时间为 2 分钟。

使用 Windows 时，如果指定的一段时间内没有任何操作，系统可自动启动设置的屏幕保护程序，从而减少 Windows 静止画面长时间点亮导致显示屏的损坏，对显示器进行保护。

操作指导:

a. 在桌面的空白处右击,在弹出的快捷菜单中选择"个性化"菜单命令。

b. 在"个性化"窗口中,直接单击"屏幕保护程序"图标,Win 10 是单击"锁屏界面",再单击"屏幕保护程序设置"。

c. 在"屏幕保护程序设置"对话框中,设置屏幕保护程序为"变幻线",等待时间为 2 分钟,如图 3-7 所示。设置完成后,单击"确定"按钮。

d. 如果用户在 2 分钟内没有对电脑进行任何操作,系统会自动启动屏幕保护程序。

4. 设置显示器的分辨率,若原先为 1280×800(760)则设置为 1024×768,否则设置为 1280×800(760)。

图 3-7 屏幕保护程序设置

操作指导:

a. 在桌面的空白处右击,在快捷菜单中单击"屏幕分辨率"(Win 10 中是单击"显示设置")。

b. 在"屏幕分辨率"对话框中,单击"分辨率"下拉按钮,调整分辨率为 1280×800。

c. 单击"确定"按钮,保存设置。

5. 校准系统日期和时间。

(1) 手动校准系统的日期和时间。

操作指导:

a. 在"控制面板"小图标查看方式窗口中,双击" 日期和时间"选项。

b. 在弹出的"日期和时间"对话框中,选择"日期和时间"选项卡,如图 3-8 所示,查看当前日期和时间;单击"更改日期和时间"按钮。

c. 在"日期和时间设置"对话框中,如图 3-9 所示,设置当前日期和时间。

d. 设置完成后,单击"确定"按钮。

图 3-8 "日期和时间"对话框

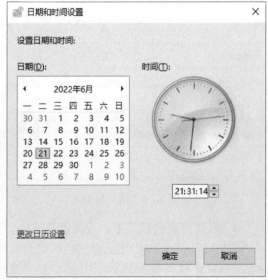

图 3-9 "日期和时间设置"对话框

（2）设置日期和时间为"与 Internet 时间服务器同步"。

操作指导：

a. 在"控制面板"小图标查看方式窗口中，双击" 日期和时间"选项。

b. 在弹出的"日期和时间"对话框（如图 3-10 所示）中，选择"Internet 时间"选项卡，单击"更改设置"按钮。

c. 在弹出的"Internet 时间设置"对话框中，如图 3-11 所示，选择"与 Internet 时间服务器同步"复选框；单击"服务器"下拉列表框，选择"time.windows.com"，单击"确定"按钮。

图 3-10 "日期和时间"对话框

图 3-11 Internet 时间设置

6. 创建用户账户。

Windows 系统允许管理员设定多个账户，从而使各个用户在使用同一台计算机时做到互不干扰。账户类型有多种，系统中不同类型账户的权限差别很大。

① "管理员"类型的用户账户是系统内置的权限等级最高的账户，拥有对系统的完全控制权限。只有管理员类型账户的计算机用户才有添加或删除用户账户、更改用户账户类型、更改用户登录或注销方式等权限。Administrator 是系统自建的管理员账户。

② "标准用户"类型账户的用户可以使用系统中的大多数软件以及更改不影响其他用户或计算机安全的系统设置。

（1）创建一个标准用户账户，用户名为 XX，密码为 12345。

操作指导：

a. 在"控制面板"小图标查看方式窗口中，单击"用户账户"，打开"用户账户"窗口。

b. 在"用户账户"窗口，单击"管理其他账户"。如果系统提示您输入管理员密码或进行确认，请键入密码或提供确认。

c. 在"管理账户"窗口，单击"创建一个新账户"。

d. 在"创建新账户"窗口，键入新账户名 XX，确定新账户类型，然后单击"创建账户"。返回"管理账户"窗口。

e. 在"管理账户"窗口，单击新创建的"XX"账户，以进行更改。

f. 在"更改账户"窗口中，单击"创建密码"。

g. 在"创建密码"窗口中，输入两次新密码 12345，单击"创建密码"按钮。

（2）创建一个管理员用户账户，用户名为 Adminx，密码为 54321。参考上面的指导，自行创建 Adminx 账户。

新账户创建后，还可以对新账户重新设置，可以进行的操作有"更改账户类型""更改账户名称""更改账户图标""更改账户密码""删除账户密码"，不需要时甚至可以"删除账户"。可以自行练习。

7. 登录及相关操作实践，注销当前用户、切换用户、"锁定"计算机。

在启动计算机时，用户是选择某账户登录计算机，成为当前用户。此后，需要时还可以用其他账户登录，实现多用户同时登录，可以切换当前用户、注销当前用户、"锁定"计算机。

（1）切换用户。

一台计算机可以创建若干个用户账户。另外，Windows 也允许多个用户账户同时登录系统，但只能显示一个用户桌面。"切换用户"操作可以实现不同用户账户同时登录，实现不同用户账户之间的桌面切换。

操作指导：

a. 单击"开始"按钮，弹出"开始"菜单，单击"关机"按钮右侧的三角按钮，从弹出的菜单中选择"切换用户"命令。Win 10 中是按 Ctrl + Alt + Delete，单击"切换用户"。

b. 返回"用户登录"界面，选择单击相应的用户名 XX，输入密码 12345，则登录或切换到 XX 用户界面，XX 成为当前用户。

（2）"锁定"计算机。

短时间离开计算机，则不必注销，可以选择"锁定"计算机。

操作指导：

a. 单击"开始"按钮，弹出"开始"菜单，单击"关机"按钮右侧的三角按钮，在弹出的菜单中，单击"锁定"命令，出现"锁定界面"。Win 10 中是按 Ctrl + Alt + Delete，单击"锁定"。

b. 计算机锁定后，可以在"锁定界面"中输入账户密码解除锁定。锁定期间，其他用户可以单击"锁定界面"中的"用户切换"按钮，切换到其他已登录的账户界面，或用未登录账号登录计算机。

（3）注销当前用户。

注销是指结束当前所有用户进程，并退出当前账户的桌面环境。当关闭 Windows 操作系统时，屏幕上首先出现注销当前账户的信息，先注销当前用户，然后才关闭 Windows 操作系统。

操作指导：

a. 单击"开始"按钮，弹出"开始"菜单，单击"关机"右侧的三角按钮；在弹出的菜单中，单击"注销"命令，如图 3-12 所示。Win 10 中是按 Ctrl + Alt + Delete，单击"注销"。

b. Windows 结束当前账户 XX 的所有进程，退出当前账户 XX 的桌面环境，返回用户登录界面。可以选择切换到原来账户。

c. 当遇到无法结束的应用程序时，也可以使用"注销"功能强行退出应用程序。

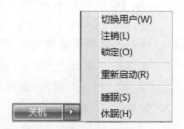

图 3-12 注销

8. 远程桌面连接实践。

远程桌面是 Windows 集成的一个程序，它允许用户将本地计算机连接到远程的其他计算机。例如用户可以将家中的电脑连接到办公室的电脑,在家中访问办公室电脑中的程序、文件和资源,从而实现远程办公。下面分别配置计算机 A 和计算机 B,使计算机 B 能远程访问计算机 A。

(1) 配置本地计算机为 A,作为服务器,能接受计算机 B 的远程访问。按如下要求进行配置。

① 在计算机 A 上添加一个"标准用户"账户,用户名为 KKK,密码 55555,也可以使用前面添加的账户 XX、Adminx。

操作指导:

a. 打开"控制面板"。

b. 添加一个"标准用户"账户,用户名为 KKK,密码 55555。

② 查看计算机 A 的 IP 地址。

操作指导:

a. 打开"控制面板"小图标查看方式窗口,单击"网络和共享中心"选项。

b. 在"网络和共享中心"窗口中,单击"本地连接"链接。

c. 在打开的"本地连接状态"对话框中,单击"属性"按钮。

d. 在弹出的"本地连接属性"对话框中,选择"Internet 协议版本 4(TCP/IPv4)"选项。单击"属性"按钮。

e. 在弹出的"Internet 协议版本 4(TCP/IPv4)属性"对话框中,查看并记录 IP 地址:_____。

③ 在计算机 A 上启动远程协助,并为远程桌面连接添加用户。

操作指导:

a. 打开"控制面板"小图标查看方式窗口,单击"系统"选项。

b. 在"系统"窗口中,单击左边窗格中的"远程设置"链接。

c. 在弹出的"系统属性"对话框中,单击选中"允许远程协助连接这台计算机"复选框;选中"仅允许运行使用网络级别身份验证的远程桌面的计算机连接(更安全)"单选按钮。单击"确定"按钮。

d. 继续在"系统属性"对话框中单击"选择用户"按钮。

e. 在弹出的"远程桌面用户"对话框中,单击"添加"按钮。

f. 在打开的"选择用户"对话框中,单击"高级"按钮。

g. 在弹出的"选择用户"对话框中,单击"立即查找"按钮;在"搜索结果"列表框中选择用户名 KKK;单击"确定"按钮,如图 3-13 所示。

h. 返回选择用户对话框,在对话框中将显示所添加的远程桌面用户(可以多个),单击"确定"按钮。

i. 返回"远程桌面用户"对话框,如图 3-14 所示,显示已添加的远程桌面用户,单击"确定"按钮,完成操作。

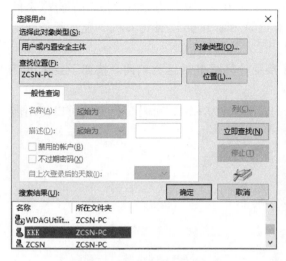

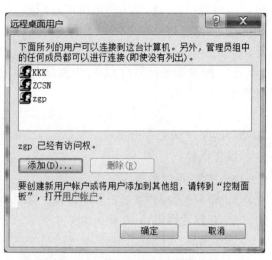

图3-13 "选择用户"对话框　　　　　　　图3-14 "远程桌面用户"对话框

(2) 在计算机 B 上创建远程桌面连接,并远程桌面连接到计算机 A。

操作指导:

a. 在计算机 B 上,执行"开始"→"所有程序"→"附件"→"远程桌面连接"菜单命令(Win 10 中,执行"开始"→"Windows 附件"→"远程桌面连接"菜单命令)。

b. 在弹出的远程桌面连接对话框中,如图3-15所示,输入计算机 A 的 IP 地址。

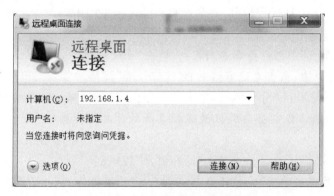

图3-15 "远程桌面连接"对话框

c. 单击"选项",保存设置的远程桌面连接;单击"连接"按钮,弹出"Windows 安全"对话框,输入用于连接的用户名 KKK 和密码 12345;单击"确定"按钮。

d. 计算机 B 向计算机 A 发起远程桌面连接。

e. 连接成功后,计算机 B 上将出现远程计算机 A 的 KKK 账号桌面。此时,在计算机 B 上可以以 KKK 用户身份对计算机 A 进行远程访问。

f. 远程访问完毕,可退出远程桌面连接。

第 2 章　Word 文字处理

实验 4　文本准备与编辑

一、实验目的

1. 熟悉 Word 2016 工作环境。
2. 掌握文档创建、保存及打开方法。
3. 熟悉文本内容准备方式。
4. 掌握文本编辑技术。
5. 掌握文本查找、替换技术。
6. 使用"拼写和语法"工具,检查、更正文本。
7. 熟悉文字、段落和页面加框技术。

二、实验内容

1. 新建"word1.docx"文档;用键盘录入文档第 1 段内容;然后插入文件"CPU 简介.txt"包含的文本,作为第 2～5 段内容;再复制文档"CPU 性能指标.docx"的全部内容,作为第 6～11 段内容。保存"word1.docx"文档。

2. 打开"word2.docx"文件,添加标题"微处理器简介";从"随着……"开始重分新段,并与其后的两个段落合并;移动段落"字长指的是微处理器……"到文末,作为最后一段;用"拼写和语法"工具,检查、更正文档中的中、英文拼写和语法错误;将文中"CPU"全部替换为"中央处理器";设置所有段落首行缩进 2 字符。保存"word2.docx"文档。

3. 打开"word3.docx"文档。设置第 2 段文字加边 0.5 磅、红色方框,底纹填充"浅绿色";第 3 段文字加边 1 磅、红色方框,底纹填充"白色,背景 1,深色 15%";第 10 段段落加边 3 磅、红色、带阴影方框,底纹填充"茶色,背景 2,深色 10%";页面加 1.5 磅、双线、蓝色边框,页面颜色为主题颜色"橙色,个性色 6,淡色 80%"。第 4 段落分栏,两栏,栏间加分隔线,间距为"3 字符";文末段落分栏,两栏,栏间加分隔线。保存"word3.docx"文档。

三、实验步骤

1. 新建 Word 文档 word1.docx,准备文本内容,具体要求如下。

(1) 启动 Word 2016,新建空白文档,并以 word1.docx 为文件名保存于"C:\学生文件夹"中。
操作指导:

a. 执行"开始"→"所有程序"→"Microsoft Office 2016"→"Word 2016"菜单命令(Win 10,执行"开始"→"Word 2016"菜单命令),启动 Word 2016 应用程序。

b. 单击"空白文档"模板,新建空白文档。

c. 单击【文件】选项卡,再单击"另存为",再单击"浏览";在"另存为"对话框中,设定保存位置为"C:\学生文件夹",保存类型:Word 文档(＊.docx),输入文件名:word1,(输入文件名时无须输入表示文件类型的扩展名),如图4-1所示,单击"保存"按钮。

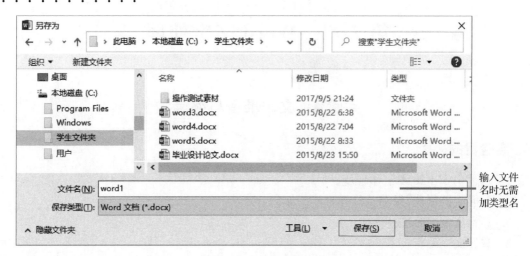

右侧标注：输入文件名时无需加类型名

图4-1 "另存为"对话框

(2) 按样张4-1所示,顶格(段首不留空格)输入文档的第一段内容,要求文本使用中文标点符号和半角英文字母。

样张4-1

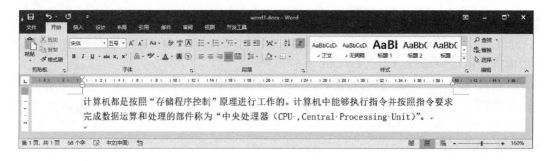

操作指导:

a. 在空白文档编辑状态,选择一种汉字输入法,按照样张4-1所示,段首不留空,输入文档的第一段内容。

b. 在"快速访问工具栏"上,单击"保存"按钮(💾),保存文档 word1. docx。

(3) 在 word1. docx 文档中,添加"C:\学生文件夹\CPU简介. txt"文件包含的内容,作为文章的 2~5 段,如样张4-2 所示。

样张4-2

计算机都是按照"存储程序控制"原理进行工作的。计算机中能够执行指令并按照指令要求完成数据运算和处理的部件称为"中央处理器(CPU ,Central Processing Unit)"。
微型计算机的中央处理器习惯上称为微处理器(Microprocessor),是微型计算机的核心。由运算器和控制器组成。运算器,也称算术逻辑部件 ALU, Arithmetic Logic Unit,是微机的运算部件;控制器是微机的指挥控制中心。随着大规模集成电路的出现,微处理器的所有组成部分都集成在一块半导体芯片上,目前广泛使用的微处理器有:
Intel 公司的 Core 2、Core i3/i5/i7,以及新奔腾、新赛扬和新志强处理器,还有 AMD 公司的 Athlon Ⅱ(速龙), Opteron(皓龙)、Phenom(羿龙)和最新的 Fusion(AMD APU)等多种系列。
微处理器的型号常常代表主机的基本性能水平,决定微机的型号和速度。
字长指的是微处理器中整数寄存器和定点运算器的宽度(即二进制整数运算的位数)。它体现了一条指令的数据处理能力。字长越长,性能越高。多年来 PC 机使用的微处理器大多是 32 位处理器,近些年使用的 Core 2 和 Core i3/i5/i7 则是 64 位处理器。

操作指导:

a. 在【插入】选项卡【文本】组中,单击"对象"的下拉箭头,单击"文件中的文字"。在"插入文件"对话框中,设置查找范围为:C:\学生文件夹,文件类型为:所有文件(＊.＊),如图 4-2 所示,在文件列表中选择"CPU 简介.txt",单击"插入"按钮,插入文件内容。

图 4-2 "插入文件"对话框

b. 在"快速访问工具栏"上,单击"保存"按钮 🖫,保存 word1.docx 文档。

(4) 打开"C:\学生文件夹\CPU 性能指标.docx"文档,复制其中的全部内容,粘贴到"word1.docx"文档末尾,作为 6～11 段。

操作指导:

a. 单击【文件】选项卡,单击"打开"命令,再单击"浏览"。

b. 在"打开"对话框中,设定查找范围为 C:\学生文件夹,在文件列表中双击"CPU 性能指标.docx",打开该文档。

c. 在【开始】选项卡【编辑】组中,单击"选择",再单击"全选",选定全文;【剪贴板】组中,单击"🖺复制",将选定内容复制到剪贴板中。

d. 在任务栏上,单击"word1.docx"文档窗口,切换之为当前窗口;将插入点定位到文档尾部,按<Enter>键,产生一个新的段落。在【开始】选项卡【剪贴板】组中,单击"🖺粘贴",将剪贴板内容粘贴到文档的最后,如图 4-3 所示。

e. 在"快速访问工具栏"上,单击"保存"按钮(🖫),保存 word1.docx 文档。单击"word1.docx-Word"窗口的"关闭"按钮(✖),关闭 word1.docx 的 Word 窗口。单击"CPU 性能指标.docx-Word"窗口的"✖"按钮,关闭"CPU 性能指标.docx"的 Word 窗口。

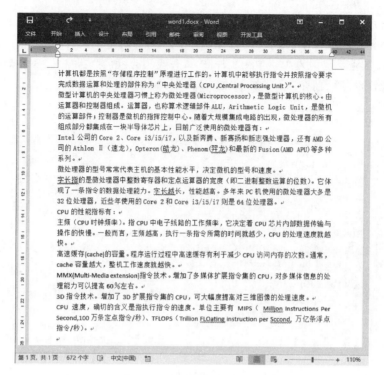

图 4-3 复制粘贴后的文档

2. 打开"C:\学生文件夹\word2. docx"文件,进行文本增、删、改等基本编辑,结果如样张 4-3 所示。

样张 4-3

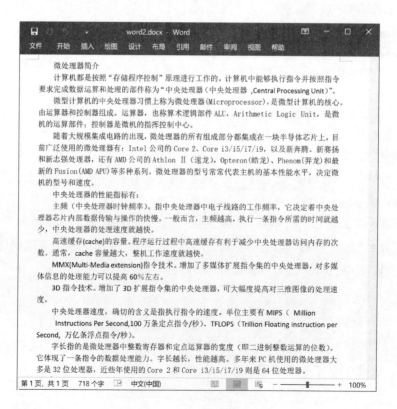

具体要求如下。

(1) 打开"word2. docx"文件,给文章添加标题"微处理器简介"。

操作指导:

a. 双击桌面上的"计算机"图标,通过"计算机"窗口,打开"C:\学生文件夹"。

b. 在"学生文件夹"文件列表框中,右击"word. docx",在快捷菜单中,选择打开方式为 Word,打开该文档。

c. 在 word2. docx 文档窗口中,将插入点定位到第一行行首,按<Enter>键,插入一空行,在空行上输入标题:微处理器简介。

(2) 使用"查找"工具查找文字"随着";并从此句开始,分出一新的段落。

操作指导:

a. 在【开始】选项卡【编辑】组,单击"查找"旁的下拉箭头,在下拉列表中单击"高级查找"。

b. 在"查找和替换"对话框的"查找"选项卡中,输入查找内容"随着",如图 4－4 所示,单击"查找下一处",进行查找。

c. 在文档中找到"随着"后,单击"取消";将插入点定位在"随"之前,按下<Enter>键,将该段分成两段,如图 4－5 所示。

微型计算机的中央处理器习惯上称为微处理器(Microprocessor),是微型计算机的核心。由运算器和控制器组成。运算器,也称算术逻辑部件 ALU, Arithmetic Logic Unit,是微机的运算部件;控制器是微机的指挥控制中心。↙

随着大规模集成电路的出现,微处理器的所有组成部分都集成在一块半导体芯片上,目前广泛使用的微处理器有:↙

图 4－4　"查找和替换"对话框　　　　　　图 4－5　分段效果

(3) 将段落"Intel 公司……"与上一段落合并;再将合并的段落与下一段合并。

操作指导:

a. 将插入点定位在段落"Intel 公司……"的段首。

b. 按 Backspace 键删去上一段的段落标记,与上一段合成一段。

c. 再将插入点定位到合并段落的段尾,按 Delete 键删去合并段的段落标记,与下一段合并。如图 4－6 所示。

> 随着大规模集成电路的出现,微处理器的所有组成部分都集成在一块半导体芯片上,目前广泛使用的微处理器有:Intel 公司的 Core 2、Core i3/i5/i7,以及新奔腾、新赛扬和新志强处理器,还有 AMD 公司的 Athlon Ⅱ(速龙),Opteron(皓龙)、Phenom(羿龙)和最新的 Fusion(AMD APU)等多种系列。微处理器的型号常常代表主机的基本性能水平,决定微机的型号和速度。↙

图 4－6　合段效果

(4) 将段落"字长指的是微处理器……"移动到文档的最后,作为文档末段落。

操作指导:

a. 选中段落"字长指的是微处理器……↙"(连同段末的段落标记一起选定)。

b. 将选中段落拖曳到文档末尾释放,实现段落位置调整。

(5) 用"拼写和语法"工具,检查、更正文档中的中、英文拼写和语法错误。

操作指导:

a. 在【审阅】选项卡【校对】组中,单击 拼写和语法",打开"拼写检查"窗格,如图 4－7 所示。

b. 将 Milljon、FLOating、Sccond 等错误单词更改为 Word 建议的 Million、Floating、Second。

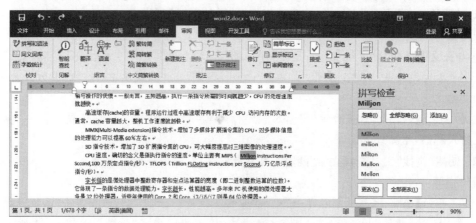

图 4 - 7 "拼写检查"窗格

(6) 用"查找和替换"工具,将文中"CPU"全部替换为"中央处理器"。

操作指导:

a. 在【开始】选项卡【编辑】组中,单击"替换"。

b. 在"查找和替换"对话框的"替换"选项卡中,输入查找内容:CPU,"替换为":中央处理器。如图 4 - 8 所示。

c. 单击"全部替换"按钮,将文档中的"CPU"全部替换为"中央处理器"。

(7) 设置所有段落首行缩进 2 字符。

操作指导:

图 4 - 8 "查找和替换"对话框

a. 在【开始】选项卡【编辑】组中,单击"选择",在下拉列表中单击"全选",选中全文。

b. 在【段落】组的右下角,单击"对话框启动"按钮(⌐),如图 4 - 9 所示。

c. 在"段落"对话框"缩进和间距"选项卡中,设置首行缩进 2 字符,如图 4 - 10 所示,单击"确定"按钮。

图 4 - 9 "段落"→"对话框启动"按钮

图 4 - 10 "段落"对话框

（8）单击"保存"按钮(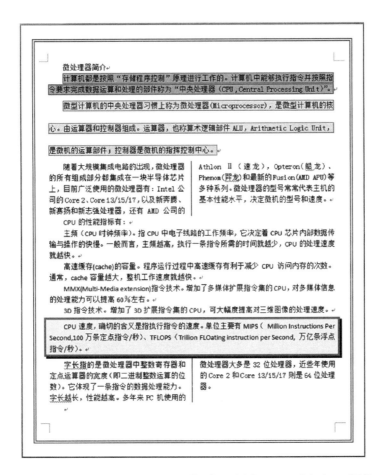)，保存文件；单击"关闭"按钮(✖)，关闭 Word 窗口。

3. 打开 C:\学生文件夹\word3. docx 文件；为指定的不同级别内容添加边框和底纹；对指定段落分栏。效果如样张 4－4 所示。

样张 4－4

（1）打开 C:\学生文件夹\word3. docx 文件，参照样张 4－4 进行如下操作。

（2）设置第 2 段文字加边 0.5 磅、红色方框，底纹填充"浅绿色"。

操作指导：

a. 选中文档的第 2 段。

b. 在【开始】选项卡【段落】组中，单击" ▦ ▾ "中的下拉箭头；单击"边框和底纹"。

c. 在"边框和底纹"对话框的"边框"选项卡中，选择"设置"为"方框"，样式为"实线"，颜色为"红色"，宽度为 0.5 磅。由于是文字加框，再设置"应用于""文字"。

d. 单击"底纹"选项卡，在"填充"样式列表中选择标准色——浅绿色，设置"应用于""文字"，单击"确定"按钮。

（3）设置第 3 段文字加边 1 磅、红色方框，底纹填充"白色，背景 1，深色 15%"。

（4）设置第 10 段段落加边 3 磅、红色、带阴影方框，底纹填充"茶色，背景 2，深色 10%"。

操作指导：

a. 选中文档的第 10 段。

b. 在【开始】选项卡【段落】组中，单击 ▦ ▾ 的下拉箭头；再单击"边框和底纹"。

c. 在"边框和底纹"对话框的"边框"选项卡中,设置"阴影",样式为"实线",颜色为"红色",宽度为 3 磅;由于是段落加框,再设置"应用于""段落"。

d. 选择"底纹"选项卡,设置填充主题颜色"茶色,背景 2,深色 10%",设置"应用于"为"段落",单击"确定"按钮。

(5) 设置页面加 **1.5 磅、双线、蓝色边框,页面颜色为主题颜色"橙色,个性色 6,淡色 80%"。**

操作指导:

a. 在【设计】选项卡【页面背景】组中,单击"页面边框"按钮;在"边框和底纹"对话框的"页面边框"选项卡中,设置"方框",样式为"双实线",宽度为 1.5 磅,颜色为"蓝色","应用于"为"整篇文档",单击"确定"按钮。

b. 在【设计】选项卡【页面背景】组中,单击"页面颜色"按钮;在下拉选项中,选择主题颜色"橙色,个性色 6,淡色 80%"。

(6) 设置第 **4** 段分栏,两栏,栏间加分隔线,间距为"**3** 字符"。

操作指导:

a. 选中文档的第四段。

b. 在【布局】选项卡【页面设置】组中,单击"分栏",在下拉列表中单击"更多分栏"。

c. 在"分栏"对话框中,设置"两栏",间距"3 字符",加"分隔线",单击"确定"。

(7) 设置最后一段分栏,两栏,栏间加分隔线。

操作指导:

a. 选中最后一段的文字部分,不要包括段落标记。

b. 在【布局】选项卡【页面设置】组中,单击"分栏",单击"更多分栏"。

c. 在"分栏"对话框中,设置"两栏",加"分隔线",单击"确定"按钮。

注意:文档最后一段分栏,应只选中最后一段的文字部分,不要包括段落标记,否则分栏后两边的文字不对称,左边栏的文字多,右边栏的文字少或没有文字。

(8) 保存 **C:\学生文件夹\word3. docx 文件,关闭 word3. docx-Word 窗口。**

实验5 文档排版

一、实验目的

1. 掌握文字格式化方法。
2. 掌握段落格式化方法。
3. 掌握项目符号和编号的使用。
4. 掌握分栏技术。
5. 掌握页面排版技术。
6. 掌握样式的创建和使用。

二、实验内容

打开 word4.docx 文件,如样张 5-1 所示,对文档进行排版,具体要求如下。

样张 5-1

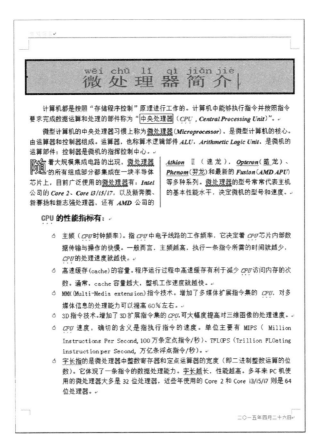

1. 页面设置:A4 纸,上、下、左、右页边距分别为 2.8、2.5、2、2 厘米,每页 38 行。
2. 设置文档所有文字为宋体、小四号字;所有段落首行缩进 2 字符,单倍行距。
3. 设置"微处理器简介"为"标题 1"样式、居中,小一号字、蓝色,字符间距加宽 6 磅,字符缩放 150%;设置"微处理器简介"加拼音标注,拼音对齐方式为居中,字体为宋体、16;设置标题段落加 3 磅边框,底纹填充"白色,背景 1,深色 15%"。

4. 设置第 2、3、4 段中的英文及数字字体为 Times New Roman、加粗倾斜、小四号;设置第 2 段中的"中央处理器"加单线字符边框。

5. 将第 3 段中的首个"微处理器"加"下划双波浪线";然后用该格式,建立名为"我的样式"的样式,并将样式应用到第 4 段所有"微处理器"。

6. 设置文中所有"CPU"为红色、加粗、倾斜、加着重号。

7. 设置第 5 段"CPU 的性能指标有:"为黑体、加粗、四号字,段前和段后间距分别为 1、0.5行,首行缩进 0.75 厘米。

8. 设置第 6~11 段,首行无缩进,添加红色、加粗、小四的手形项目符号。

9. 第 4 段分成等宽两栏,中间加分隔线。

10. 再设置第 4 段首行无缩进;首字下沉 2 行、距正文 0.1 厘米、字体为黑体;设置首字文字效果,文本填充为"无填充",文本边框为"实线",带"外部-向右偏移"阴影。

11. 设置页眉为"微处理器",仿宋体、五号、加粗、橙色、左对齐;设置页脚为当天日期,形式为"××××年×月×日",右对齐。

12. 保存"word4.docx"文档。

三、实验步骤

打开 C:\学生文件夹\word4.docx 文档,对照样张 5-1,进行各步实验。

1. 页面设置:A4 纸,上、下、左、右页边距分别为 2.8、2.5、2、2 厘米,每页 38 行。

操作指导:

a. 在【布局】选项卡【页面设置】组,单击"对话框启动"按钮(⌐)。

b. 在"页面设置"对话框的"页边距"选项卡中,如图 5-1 所示,设置上、下、左、右页边距分别为 2.8、2.5、2 和 2 厘米;在"纸张"选项卡中,设置纸张大小为 A4。

c. 在"文档网格"选项卡中,如图 5-2 所示,选择"只指定行网格",设置"行数"为每页 38 行;单击"确定"按钮。

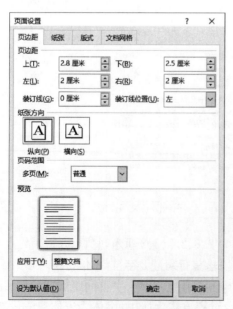

图 5-1 "页面设置"→"页边距"

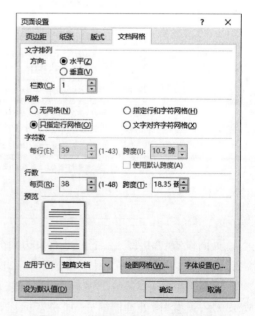

图 5-2 "页面设置"→"文档网格"

2. 设置文档所有文字为宋体、小四号字；所有段落首行缩进 2 字符，单倍行距。

操作指导：

a. 在【开始】选项卡【编辑】组中，单击"选择"，在下拉列表中单击"全选"，选中全文。

b. 在【字体】组中，设置字体为宋体、字号为小四号字。

c. 右击已选中的全文，在快捷菜单中单击"段落"。

d. 在"段落"对话框的"缩进和间距"选项卡中，设置"特殊格式"为"首行缩进"，缩进值为"2 字符"，行距为"单倍行距"，如图 5-3 所示；单击"确定"按钮。

3. 设置"微处理器简介"为"标题 1"样式，居中，小一号字、蓝色，字符间距加宽 6 磅，字符缩放 150%；设置"微处理器简介"加拼音标注，拼音对齐方式为居中，字体为宋体、16；设置标题段落加 3 磅边框，底纹填充"白色，背景 1，深色 15%"。

图 5-3 "段落"对话框

操作指导：

a. 选中"微处理器简介"。

b. 在【开始】选项卡【样式】组中，单击"标题 1"，在【段落】组中，单击"居中"按钮（≡）。

c. 右击选中的文字；在快捷菜单中，单击"字体"；在"字体"对话框的"字体"选项卡中，如图 5-4 所示，设置字号为小一号、字体颜色为蓝色；在"高级"选项卡中，如图 5-5 所示，设置字符"间距"为"加宽"，"磅值"为 6 磅，"缩放"为 150%，单击"确定"按钮。

图 5-4 "字体"对话框"字体"选项卡

图 5-5 "字体"对话框"高级"选项卡

d. 选定标题文字；在【字体】组中，单击"拼音指南"按钮（🔤）；在"拼音指南"对话框中，如图 5-6 所示，设置拼音对齐方式为"居中"，字体为"宋体"，字号为 16，单击"确定"按钮。

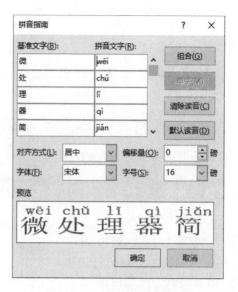

图 5-6 "拼音指南"对话框

e. 选定标题段落(包括段落标记);在【开始】选项卡【段落】组中,单击 中的下拉箭头,单击"边框和底纹";在"边框和底纹"对话框的"边框"选项卡中,如图 5-7a 所示,设置方框、线宽 3 磅;在"底纹"选项卡中,如图 5-7b 所示,设置底纹填充主题颜色"白色,背景 1,深色 15%",应用于"段落";单击"确定"按钮。

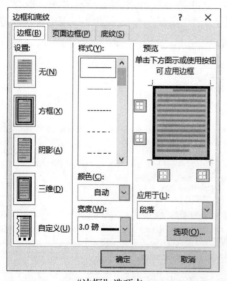

a. "边框"选项卡

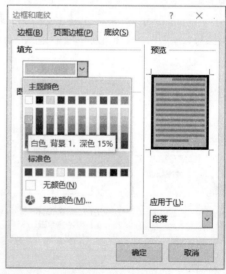

b. "底纹"选项卡

图 5-7 "边框和底纹"对话框

4. 设置第 2、3、4 段中的英文及数字字体为 Times New Roman、加粗倾斜、小四号;设置第 2 段中的"中央处理器"加单线字符边框。

操作指导:

a. 选中第 2 段落中的"CPU"。

b. 在【开始】选项卡【字体】组中,设置字体为 Times New Roman,字号为小四号,字形为

"加粗 倾斜"。

c. 保持"CPU"为选定状态,在【剪贴板】组中,双击①"格式刷"按钮( ),复制刚刚设置的 CPU 格式,用"格式刷"逐个刷第 2、3、4 段中的其他英文文字和数字。

d. 刷完后,在【剪贴板】组中单击"格式刷"按钮,取消格式刷。

e. 选中第 2 段中的"中央处理器";在【字体】组中,单击"字符边框"按钮(**A**),为选中文字添加单线字符边框。

5. 将第 3 段中的首个"微处理器"加"下划双波浪线";然后用该格式,建立名为"我的样式"的样式,并将样式应用到第 4 段所有"微处理器"。

操作指导:

a. 选定第 3 段中的"微处理器";在【字体】组中,单击"对话框启动"按钮( );在"字体"对话框的"字体"选项卡中,设置下划线线型为:下划双波浪线,单击"确定"按钮。

b. 保持选定"微处理器"。

c. 在【开始】选项卡【样式】组中,单击"对话框启动"按钮( );在"样式"窗格中,单击"新建样式"按钮 ;在"根据格式设置创建新样式"对话框中,设置名称为"我的样式",样式类型为"字符",单击"确定"按钮。

d. 逐个选定第 4 段中的"微处理器"文字,在【样式】组中单击"我的样式",设置选定字符格式。

6. 设置文中所有"CPU"为红色、加粗、倾斜、加着重号。

操作指导:

a. 在【开始】选项卡【编辑】组中,单击"替换"。

b. 在"查找和替换"对话框"替换"选项卡中,输入查找内容为:CPU,"替换为"为:CPU。

c. 单击"更多"按钮,扩展对话框,如图 5-8 所示。

d. 选定"替换为"的"CPU";单击"格式(O)",再单击"字体";在"替换字体"对话框中,设置字体颜色为红色,字形为加粗倾斜,加着重号,如图 5-9 所示,单击"确定"按钮。

图 5-8 "查找和替换"对话框

图 5-9 "替换字体"对话框

① 用双击的方式选中"格式刷",可用"格式刷"刷多个位置,用完后需要再次单击格式刷,以取消格式刷。若用单击的方式选中"格式刷",则只能刷一次,刷完一次后自动取消格式刷。

e. 设定"替换字体"后,"查找和替换"对话框,如图 5-8 所示;单击"全部替换"按钮,文中所有"CPU"变成红色、加粗、倾斜,有着重号。

f. 关闭"查找和替换"对话框。

7. 设置第 5 段"CPU 的性能指标有:"为黑体、加粗、四号字,段前和段后间距分别为 1、0.5行,首行缩进 0.75 厘米。

操作指导:

a. 选中第 5 段"CPU 的性能指标有:"。

b. 设置其格式为黑体、加粗、四号。

c. 在【开始】选项卡【段落】组中,单击"对话框启动"按钮( );在"段落"对话框中,设置段前、段后间距分别为 1、0.5 行;设置"首行缩进",输入缩进值 0.75 厘米。

8. 设置第 6~11 段,首行无缩进,添加红色、加粗、小四号手形项目符号。

操作指导:

a. 选中 6~11 段落;在【开始】选项卡【段落】组中,单击 按钮;在"段落"对话框"缩进和间距"选项卡中,设置特殊格式为"无"。

b. 保持选中 6~11 段落;在【段落】组中,单击" "中的下拉箭头,再单击下拉列表中的"定义新项目符号"。

c. 在"定义新项目符号"对话框中,如图 5-10 所示,单击"符号"按钮;在"符号"对话框中,如图 5-11 所示,选择"字体"为"Windings 2",在符号阵列中选择手形符号☞,单击"确定"按钮。

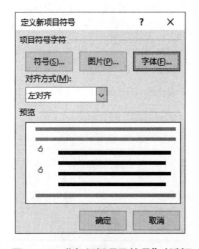

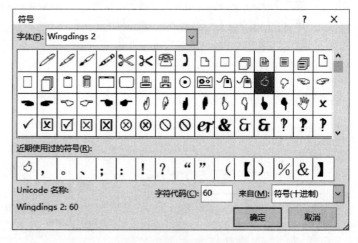

图 5-10 "定义新项目符号"对话框   图 5-11 "符号"对话框

d. 在"定义新项目符号"对话框中,单击"字体"按钮;在"字体"对话框中,如图 5-12 所示,设置红色、加粗、小四号,单击"确定"按钮。

e. 在"定义新项目符号"对话框中,单击"确定"按钮,完成新项目符号定义。

f. 右击选定的 6~11 段,在快捷菜单中单击"调整列表缩进…";在"调整列表缩进量"对话框中,如图 5-13 所示,设置项目符号位置 0.7 厘米、文本缩进 1.4 厘米。

图 5 - 12 "字体"对话框　　　　　　　图 5 - 13 "调整列表缩进量"对话框

9. 设置第 4 段分等宽两栏,中间加分隔线。

操作指导:

a. 选定第 4 段,包含段落标记。

b. 在【布局】选项卡【页面设置】组中,单击"分栏",再单击"更多分栏"。

c. 在"分栏"对话框中,设置"两栏",加"分隔线"。

10. 再设置第 4 段首行无缩进;首字下沉 2 行、距正文 0.1 厘米、字体为黑体;设置首字文字效果,文本填充为"无填充",文本边框为"实线",带"左下斜偏移"阴影。

操作指导:

a. 右击第 4 段落;在快捷菜单中,单击"段落";在"段落"对话框的"缩进和间距"选项卡中,设置"缩进"—"特殊格式"为"无"。

b. 选中第 4 段;单击【插入】选项卡【文本】组,单击"首字下沉",再单击"首字下沉选项";在"首字下沉"对话框中,设置"位置"为"下沉","字体"为"黑体","下沉行数"为"2 行"、距正文 0.1 厘米,如图 5 - 14 所示;单击"确定"按钮。

c. 右击首字"随";在快捷菜单中,单击"字体";在"字体"对话框中,单击"文字效果";在"设置文本效果格式"对话框"文本填充与轮廓"卡中,如图 5 - 15a 所示,设置文本填充为"无填充",文本边框为"实线",在"文字效果"卡中,如图 5 - 15b 所示,预设"左下斜偏移"阴影。

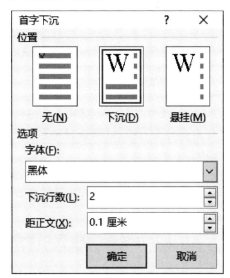

图 5 - 14 "首字下沉"对话框

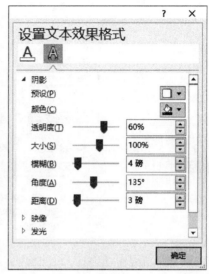

a. "文本填充与轮廓"卡   b. "文字效果"卡

图5-15 "设置文本效果格式"对话框

11. 设置页眉为"微处理器",仿宋体、五号、加粗、橙色,左对齐;设置页脚为当天日期,形式为"××××年×月×日",右对齐。

操作指导:

a. 在【插入】选项卡【页眉和页脚】组中,单击"页眉",再单击"编辑页眉"。

b. 在文档页眉位置输入"微处理器";选中并右击"微处理器";在快捷菜单中,单击"字体";在"字体"对话框中,设置仿宋体、五号、加粗、橙色。在【开始】选项卡【段落】组中,单击"≣"按钮,实现页眉左对齐。

c. 在【页眉和页脚工具|设计】选项卡【导航】组中,单击"转至页脚",进行页脚编辑。

d. 在【插入】选项卡【文本】组中,单击"日期和时间";在"日期和时间"对话框中,选择"××××年×月×日"格式,如图5-16所示,单击"确定"按钮。

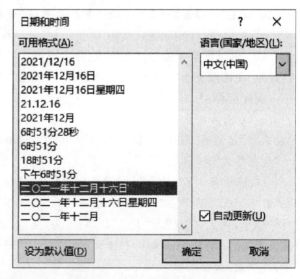

图5-16 "日期和时间"对话框

e. 在【开始】选项卡【段落】组中,单击"≣"按钮,使日期右对齐。

12. 将操作结果和样张5-1对照。保存"word4.docx"文档。

实验 6　图形的使用(实现图文混排)

一、实验目的

1. 掌握图片插入及其格式设置方法。
2. 掌握艺术字使用技术。
3. 掌握文本框使用技术。
4. 熟悉公式编辑器使用。
5. 掌握图形使用技术。

二、实验内容

打开"C:\学生文件夹\word5.docx"文件,对文档进行编辑、排版,如样张 6 - 1 所示。

样张 6 - 1

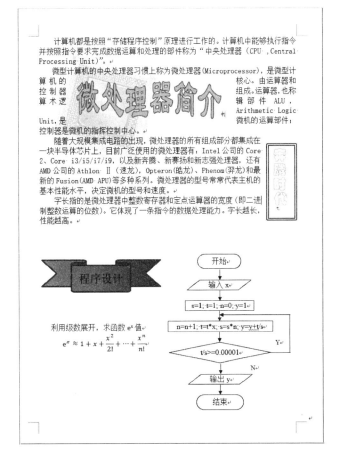

具体要求如下:

1. 设置全文为"小四号"字。

2. 插入艺术字"微处理器简介",设置"四周型"文字环绕,隶书、40 磅,"文本填充"改为"橙色","文本轮廓"改为"蓝色","文字效果"转换为弯曲的"双波形 1"。

3. 在文档中插入"C:\学生文件夹\CPU.GIF"图片,设置"文字环绕"方式为"衬于文字下方",冲蚀,高度、宽度均缩放 50％,拖动图片到相应的位置。

4. 插入竖排文本框,添加文字"奔腾时代",设置其字体为华文彩云、二号、橙色;设置文本框框线为深红色、4.5 磅、双线;设置文本框为"紧密型"文字环绕,在页面中"右对齐"。

5. 在页面空白区域,新建绘图画布;在画布中,绘制一条 3 磅、黄色水平直线。

6. 在绘图画布中,插入文本框;在文本框中,第 1 段输入"利用级数展开,求函数 e^x 的值"。

7. 再在文本框中,增加第 2 段,输入公式: $e^x \approx 1 + x + \dfrac{x^2}{2!} + \cdots + \dfrac{x^n}{n!}$ 。

8. 设置文本框边框为"无线条"。

9. 参照样张 6-1,选择插入形状列表中的相关"流程图"和"线条"形状,制作程序流程图。

10. 插入"星与旗帜"的"前凸带形"形状,添加文字"程序设计",设置其格式为三号字,居中;设置形状填充绿色,线性向左渐变。

11. 将操作结果和样张 6-1 对照;保存文档"word5.docx",关闭 Word。

三、实验步骤

1. 打开"C:\学生文件夹\word5.docx"文件,设置全文为"小四号"字。
操作指导:

a. 打开"C:\学生文件夹\word5.docx"文件。

b. 将全文字号设定为小四号。

2. 插入艺术字"微处理器简介",设置其"四周型"文字环绕;设置艺术字为隶书、40 磅,"文本填充"改为"橙色","文本轮廓"改为"蓝色","文字效果"转换为弯曲的"双波形 1"。
操作指导:

a. 在【插入】选项卡【文本】组中,单击"艺术字";在下拉列表中,任选一种艺术字样式;在"艺术字"编辑框中,删除提示内容,输入"微处理器简介"。

b. 在【绘图工具│格式】选项卡【排列】组中,单击"环绕文字";在下拉列表中,单击"四周型"。

c. 选中艺术字,设置字体为隶书,字号为 40。

d. 在【绘图工具│格式】选项卡【艺术字样式】组中,单击"A 文本填充"按钮,设置文本填充"橙色";单击"A 文本轮廓"按钮,设置文本轮廓为"蓝色";单击"A 文本效果"按钮,将文字效果转换为弯曲的"双波形 1"。

e. 参考样张 6-1,拖动艺术字到相应位置。

f. 在"快速访问工具栏"上,单击"保存"按钮(💾),保存"word5.docx"文档。

3. 在文档中插入"C:\学生文件夹\CPU.GIF"图片,设置"文字环绕"方式为"衬于文字下方",冲蚀,高度、宽度均缩放 50％,拖放到样张 6-1 所示位置。
操作指导:

a. 在【插入】选项卡【插图】组中,单击"图片"按钮。

b. 在"插入图片"对话框中,完成"C:\学生文件夹\CPU.GIF"图片插入。

c. 右击 CPU 图片;在快捷菜单中,单击"大小和位置";在打开的"布局"对话框中,设置高度、宽度均缩放 50％;设置"文字环绕"方式为"衬于文字下方";单击"确定"按钮。

d. 在【图片工具│格式】选项卡【调整】组中,单击"颜色",选择"重新着色"中的"冲蚀"。

e. 参考样张 6-1,拖动图片到相应的位置。

4. 插入竖排文本框,添加文字"奔腾时代",设置其字体为华文彩云、二号、橙色;设置文本框框线为深红色、4.5 磅、双线;设置文本框文字环绕方式为"紧密型",在页面中"右对齐"。

操作指导:

a. 在【插入】选项卡【文本】组中,单击"文本框",再单击"绘制竖排文本框";在页面上,用鼠标绘制一个竖排文本框。

b. 在文本框中输入"奔腾时代";选定文字,设置其格式为华文彩云、二号、橙色。

c. 右击竖排文本框框线;在快捷菜单中,单击"设置形状格式";在"设置形状格式"窗格中,设置"线条"为深红色、4.5 磅、双线。

d. 右击竖排文本框框线;在快捷菜单中,单击"其他布局选项";在"布局"对话框中,设置"文字环绕"方式为"紧密型"。

e. 参考样张 6-1,将文本框拖动到文档右下角;在【绘图工具 | 格式】选项卡【排列】组中,设置对齐为"右对齐"。

5. 在页面空白区域,新建绘图画布;在画布中,绘制一条 3 磅、黄色水平直线。

操作指导:

a. 将插入点定位到文档最后;在【插入】选项卡【插图】组中,单击"形状";在下拉列表中,单击"新建绘图画布",则在页面空白区域,出现绘图画布。

b. 在【插图】组中,单击"形状";在下拉列表中,单击"线条"中的"直线"按钮(╲);在按下 Shift 键的同时(以确保水平),在绘图画布中拖出一条水平直线。

c. 右击水平直线;在快捷菜单中,单击"设置形状格式";在"设置形状格式"窗格中,设置水平直线为 3 磅、黄色、实线。

6. 在绘图画布中,插入文本框;在文本框中,第 1 段输入"利用级数展开,求函数 e^x 的值"。

操作指导:

a. 在【插入】选项卡【文本】组中,单击"文本框",再单击"绘制文本框";在画布中,用鼠标拖出一个文本框。

b. 在文本框中,输入文字:利用级数展开,求函数 ex 的值;选中"x",在【开始】选项卡【字体】组中,单击"上标"按钮(x^2),将其设置成"上标",为 e^x。

7. 再在文本框中,增加第 2 段,输入公式:$e^x \approx 1 + x + \dfrac{x^2}{2!} + \cdots + \dfrac{x^n}{n!}$。

操作指导:

a. 将插入点定位在文本框的第 2 段;在【插入】选项卡【符号】组中,单击"公式"→"插入新公式",随即显示【公式工具 | 设计】选项卡,如图 6-1 所示,并在文档中插入公式框。

图 6-1 【公式工具 | 设计】选项卡

b. 将插入点定位到公式编辑框中,使用【公式工具 | 设计】选项卡中提供的模板结构以及特殊符号,输入公式 $e^x \approx 1 + x + \frac{x^2}{2!} + \cdots + \frac{x^n}{n!}$。

8. 设置文本框边框为"无线条"。

操作指导:

a. 用鼠标拖曳文本框边框上的操作点,调整文本框大小至适中。

b. 右击"文本框"框线;在快捷菜单中,单击"设置形状格式";在"设置形状格式"窗格中,设置文本边框为"无线条"。

9. 参照样张6-1,选择插入形状列表中的相关"流程图"和"线条"形状,制作程序流程图。

操作指导:

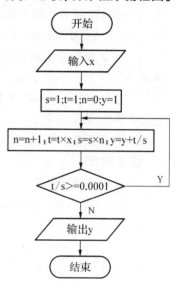

图6-2 程序流程图

a. 在【插入】选项卡【插图】组中,单击"形状",再单击"流程图"中的"终止"图形;在画布上,绘制出"开始"框。按住<Ctrl>键不放,去拖"开始"框,复制出"结束"框。

b. 用同样的方法,产生两个"过程"框(即两个矩形框),两个"数据"框(两个平行四边形框),一个"决策"框(菱形框)。

c. 按住<Ctrl>键不放,分别单击7个形状的边框,同时选中7个形状;在【开始】选项卡【字体】组,设置字体颜色为"黑色",在【绘图工具|格式】选项卡【形状样式】组,单击对话框启动按钮,在"设置形状格式"窗格的"形状选项"—"填充与线条"选项卡中,设置"无填充",边框为黑色、0.75磅实线;在"形状选项"—"布局属性"选项卡中,设置文本框垂直对齐方式为"中部对齐",选择"根据文字调整形状大小",内部上、下、左、右边距均为0厘米。

d. 参照图6-2,大体上排列插入的形状图形。

e. 分别右击各个形状;在快捷菜单中,单击"添加文字",在其中输入文字;为节省时间,可从"C:\学生文件夹\文字与素材.docx"文件中复制文字。

f. 在【插入】选项卡【插图】组中,单击"形状",单击"线条"中的"箭头";在画布中,按下Shift键(在画垂直、水平或45°等线时用),绘制向下箭头;按住<Ctrl>键不放,去拖向下箭头,拖出其他向下箭头。用同样方法,绘出其他形式的箭头以及直线。

g. 增加两个无填充颜色、无线条的文本框,分别输入Y和N。

h. 参照图6-2,调整各对象的大小和位置,使流程图紧凑、整齐、美观。

i. 选中程序流程图包括的所有对象;在【绘图工具 | 格式】选项卡【排列】组中,选择"组合"操作,将流程图所有对象组合为一体。

10. 插入"星与旗帜"的"前凸带形"形状,添加文字"程序设计",设置其格式为三号字,居中;设置形状填充绿色,线性向左渐变。效果为 。

操作指导:

a. 在【插入】选项卡【插图】组中,单击"形状",再单击"星与旗帜"中的"前凸带形"。

b. 在绘图画布上,绘制"前凸带形"形状图形。

c. 右击绘出的前凸带图形,单击"添加文字";在前凸带图形中,输入"程序设计"。

d. 选定"程序设计",设置三号字、居中。

e. 在【绘图工具 | 格式】选项卡【形状样式】组中,单击"形状填充",在下拉选项中选择"绿色";再次单击"形状填充",在下拉选项中,单击"渐变",单击"线性向左"。

11. 将操作结果和样张6-1对照;保存文档"word5.docx",关闭Word。

实验 7　表格处理

一、实验目的

1. 熟悉表格创建方法。
2. 掌握表格内容输入与编辑技术。
3. 掌握表格格式化技术。
4. 掌握表格计算与排序方法。
5. 了解由表格生成图表的方法。

二、实验内容

1. 新建 word6.docx 文档。参照表 7-1，创建 7 行 4 列的表格，输入学生成绩。
2. 为表格添加第 5 列，输入列标题"平均分"；添加第 8 行，输入行标题"最高分"。
3. 计算学生三科成绩平均分，保留一位小数；计算各科成绩的最高分。
4. 将表中学生数据按平均分从高到低排序。
5. 设置第 1 行行高为 1.2 厘米。设置 1～4 列列宽为 2.3 厘米，第 5 列列宽为 1.7 厘米。
6. 设置第 1 行和第 8 行文字格式为加粗、倾斜。
7. 设置整个表格，在页面上，水平居中；除 A1 单元格外，设置其他所有单元格内容，在单元格中，水平居中、垂直居中。
8. 设置表格"外框线"为 1.5 磅、双线，"内框线"为 1 磅、单线；再设置表格第 1 行的"下框线"以及表格第 1 列的"右框线"为 0.5 磅、双线。
9. 设置第 1 行填充"白色，背景 1，深色 15％"，第 8 行填充浅绿，第 5 列填充黄色。
10. 保存、关闭 word6.docx 文件。
11. 打开 word7.docx 文件；在表 1 中，合并第 2 行的 2、3、4 列单元格，6、7、8 列单元格；合并第 3 行 2～8 列单元格，再拆分为 18 列；合并第 4 行 2～8 列单元格。
12. 将 word7.docx 的表 2 拆分为两个表格，并将 word7.docx 的表 3 的两个表格合并成一个表格。
13. 在 word7.docx 的表 4 中，删除第 1 行第 6 列单元格，选择"右侧单元格左移"；删除 4、5 两空行；删除第 2 列。删除 word7.docx 的表 5 整个表格。
14. 将 word7.docx 的表 6 转换成文本。
15. 将接下来的"学生信息"转换为表格，并设置表格采用内置样式"网格表 4-着色 2"。在新表下的空行位置，根据"学生信息"表，生成"身高对比"簇状柱形图。
16. 将接下来的"地质灾害伤亡统计数据"转换为表格，自行设置表格采用某一内置样式。根据地质灾害伤亡统计数据，在表格的下方生成三维饼图。
17. 设置跨页表格——word7.docx 的表 7，每页都有标题行。
18. 保存、关闭 word7.docx 文件。

三、实验步骤

1. 新建 word 空白文档,另存为"C:\学生文件夹\word6. docx";参照表 7 - 1,创建 7 行 4 列的表格,输入学生成绩。

操作指导:

a. 新建空白 Word 文档,另存为"C:\学生文件夹\word6. docx"。

b. 在【插入】选项卡【表格】组中,单击"表格";在下拉选项中,单击"插入表格";在"插入表格"对话框中,设置 4 列、7 行,如图 7 - 1 所示;单击"确定"按钮。

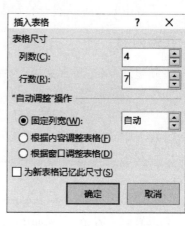

图 7 - 1 "插入表格"对话框

表 7 - 1 学生成绩表

课程 姓名	数学	语文	英语
郑峰	65	77	77
李丽	78	66	78
吴岚	67	78	67
肖雄飞	68	78	89
张家汉	89	79	68
钱程	89	91	99

c. 在 A 列第 1 行单元格中,即 A1 单元格中(对于表格单元格用字母进行列编号,用数字进行行编号),输入"课程",按回车键换行,再输入"姓名";设置"课程"右对齐,"姓名"左对齐。在【表格工具 | 布局】选项卡 — 【绘图】组中,单击"绘制表格";在 A1 单元格中,画出斜线。

d. 如表 7 - 1 所示,在第 1 行其他单元格中,分别输入数学、语文、英语。为节省时间,可从"C:\学生文件夹\文字与素材. docx"文件中复制相关内容,粘贴到 2～7 行中,完成表格学生成绩录入。

e. 按 Ctrl + S,保存 word6. docx。

2. 为表格添加第 5 列,输入列标题"平均分";添加第 8 行,输入行标题"最高分"。

操作指导:

a. 右击第 4 列;在快捷菜单中,单击"插入",再单击"在右侧插入列"。

b. 在新列中,输入列标题"平均分"。

c. 右击第 7 行;在快捷菜单中,单击"插入",再单击"在下方插入行"。

d. 在新行上,输入行标题"最高分"。

3. 计算学生三科成绩平均分,保留一位小数;计算各科成绩的最高分。

操作指导:

a. 计算第 1 个平均分。将插入点定位于 E2 单元格中,即第 5 列第 2 行单元格中。

b. 在【表格工具 | 布局】选项卡【数据】组中,单击"f_x公式"。

c. 在"公式"对话框中,清除默认公式"=SUM(LEFT)",键入"=",在"粘贴函数"下拉列表中选择函数"AVERAGE",将公式编辑成"= AVERAGE(LEFT)"(或者"= AVERAGE(B2,C2,D2)",或者"=AVERAGE(B2:D2)");在"编号格式"框中输入 0.0,如图 7 - 2 所示;

单击"确定"按钮,得出平均分 73.0。

　　d. 选定平均分 73.0,按 Ctrl + C,复制到剪贴板;选择 E3:E7 单元格区域,按 Ctrl + V 粘贴复制的平均分。此时,选择区域 E3:E7 的各单元格都是 73.0。

　　e. 分别右击粘贴的平均分;在快捷菜单中,如图 7-3 所示,单击"更新域",更新相应的平均分。

图 7-2 "公式"对话框

图 7-3 "平均分"快捷菜单

　　f. 计算第 1 个最高分。将插入点定位于 B8 单元格中,即第 2 列第 8 行单元格中。

　　g. 在【表格工具 | 布局】选项卡【数据】组中,单击"fx 公式"。

　　h. 在"公式"对话框中,将公式改成"=MAX(ABOVE)",单击"确定"按钮,得到数学最高分 89。

　　i. 选定 89,按 Ctrl + C;选择 C8:D8 单元格区域,按 Ctrl + V。

　　j. 保持选择 C8:D8,按 F9 键,更新最高分。

　　k. 单击"保存"按钮,保存 word6.docx。

4. 将表中学生数据按平均分从高到低排序。

操作指导:

　　a. 选定表格的 1~7 行,即标题行和 6 个学生的成绩行,不包括最高分。

　　b. 在【表格工具 | 布局】选项卡【数据】组中,单击"排序"。

　　c. 在"排序"对话框中,如图 7-4 所示,设置列表为"有标题行",主要关键字为"平均分","类型"为"数字",顺序为"降序",单击"确定"按钮,完成排序,结果如表 7-2 所示。

　　d. 保存文件 word6.docx

表 7-2 学生成绩表(排序后)

课程 姓名	数学	语文	英语	平均分
钱程	89	91	99	93.0
张家汉	89	79	68	78.7
肖雄飞	68	78	89	78.3
李丽	78	66	78	74.0
郑峰	65	77	77	73.0
吴岚	67	78	67	70.7
最高分	89	91	99	

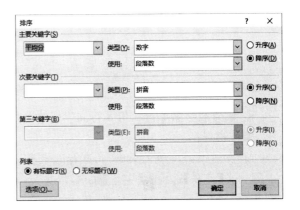

图 7-4 "排序"对话框

5. 设置第 1 行行高为 1.2 厘米;设置 1~4 列列宽为 2.3 厘米,第 5 列列宽为 1.7 厘米。
操作指导:

a. 单击 A1 单元格。

b. 在【表格工具 | 布局】选项卡【表】组中,单击"属性",打开"表格属性"对话框。

c. 在"表格"选项卡中,如图 7-5a 所示,取消"指定宽度"。

d. 在"行"选项卡中,如图 7-5b 所示,指定第 1 行的高度为 1.2 厘米。

e. 在"列"选项卡中,如图 7-5c 所示,通过"前一列""后一列"按钮,分别为 1 至 4 列指定宽度 2.3 厘米,为第 5 列指定宽度 1.7 厘米。

a. "表格"选项卡

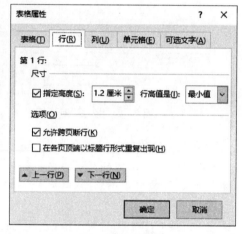
b. "行"选项卡

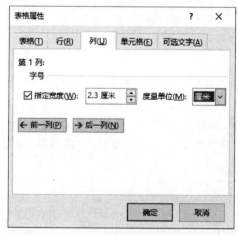
c. "列"选项卡

图 7-5 "表格属性"对话框

6. 设置表格第 1 行和第 8 行文字格式为加粗、倾斜。
操作指导:

a. 按下 <Ctrl> 键的同时,用鼠标选定表格第 1 行和最后 1 行。

b. 在【开始】选项卡【字体】组中,单击"加粗"按钮,单击"倾斜"按钮。

7. 设置整个表格,在页面上,水平居中。设置除 A1 外的所有单元格内容,在单元格中,水平居中、垂直居中。

操作指导:

a. 单击表格左上方"移动控点"(✥),选定全表;在【开始】选项卡【段落】组中,单击"居中"按钮(≡),整个表格相对页面水平居中。

b. 选择 A1 单元格下方的所有单元格,在【表格工具│布局】选项卡【对齐方式】组中,单击"水平居中"按钮(☰),如图 7-6 所示,实现所选单元格水平、垂直都居中。

图 7-6 【表格工具│布局】—【对齐方式】组

c. 用同样的方法,设置第 2~5 列的单元格内容,水平、垂直居中。

8. 设置表格"外框线"为 1.5 磅、双线,"内框线"为 1 磅、单线;再设置表格第 1 行的"下框线"以及表格第 1 列的"右框线"为 0.5 磅、双线。

操作指导:

a. 选定整个表格。

b. 在【表格工具│设计】选项卡【边框】组中,如图 7-7 所示,设置线型"样式"为双线、宽度为 1.5 磅,单击"边框"下拉箭头,在下拉列表中,选择设置"外侧框线"(⊞),外侧框线改成 1.5 磅双线。

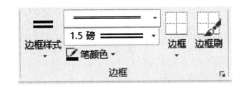

图 7-7 【表格工具│设计】→【边框】组

c. 重新设置线型"样式"为单线、宽度为 1 磅,然后在下拉"边框"列表中,选择设置"内部框线"(⊞),内部框线改为 1 磅单线。单击"边框刷",用边框刷去刷表格中的斜线,将斜线刷成 1 磅单线。

d. 再重新设置线型"样式"为双线、宽度为 0.5 磅;然后用"边框刷"去刷第 1 行的"下框线",第 1 列的"右框线",都被刷成 0.5 磅双线。再次单击"边框刷",取消其功能。

9. 设置第 1 行填充"白色,背景 1,深色 15%",第 8 行填充浅绿,第 5 列填充黄色。

课程\姓名	数学	语文	英语	平均分
钱程	89	91	99	93.0
张家汉	89	79	68	78.7
肖雄飞	68	78	89	78.3
李丽	78	66	78	74.0
郑峰	65	77	77	73.0
吴岚	67	78	67	70.7
最高分	89	91	99	

图 7-8 表格效果

操作指导：

a. 选定表格第1行；在【表格工具｜设计】选项卡【边框】组中，单击对话框启动按钮，打开"边框和底纹"对话框，设置"底纹"填充"白色，背景1，深色15％"。

b. 用同样的方法，设置第8行"底纹"填充"浅绿"；第5列"底纹"填充"黄色"。

c. 至此，表格效果如图7-8所示。

10. 保存文件 word6.docx，关闭 Word 程序。

11. 打开 C:\学生文件夹\word7.docx 文件；在表1中，如图7-9所示，合并第2行的2、3、4列单元格，第2行的6、7、8列单元格；合并第3行2～8列单元格，再拆分为18列；合并第4行2～8列单元格。结果如图7-10所示。

姓名		性别		年龄		民族	
毕业学校				学历			
身份证号							
家庭住址							

图7-9 原表表1

姓名		性别		年龄		民族	
毕业学校				学历			
身份证号										
家庭住址							

图7-10 单元格合并、拆分后的表1

操作指导：

a. 打开 C:\学生文件夹\word7.docx 文件。

b. 在表1中，选中第2行的2～4列单元格；右击选中的单元格，在快捷菜单中，单击"合并单元格"，3个单元格即合并成1个单元格。

c. 用同样的办法，合并"学历"右侧的3个空单元格，合并"身份证号"右侧的7个空单元格，合并"家庭住址"右侧的7个空单元格。

d. 右击"身份证号"右侧刚合并的单元格；在快捷菜单中，单击"拆分单元格"；在"拆分单元格"对话框中，输入列数为18，行数为1，单击"确定"按钮。

e. 单击"保存"按钮(📁)，保存"word7.docx"。

12. 将 word7.docx 的表2，如图7-11a 所示，拆分为两个表格，如图7-11b 所示；将"表3学生成绩表"的两个表格合并成一个表格。

操作指导：

a. 单击表2第4行；在【表格工具｜布局】选项卡【合并】组，单击"拆分表格"。表2即拆分成两个表格，前三行一个表格，第4行开始一个表格，如图7-11b所示。

课程＼姓名	数学	语文	英语
郑峰	65	77	77
李丽	78	66	78
吴岚	67	78	67
肖雄飞	68	78	89
张家汉	89	79	68
钱程	89	91	99

a.拆分前

课程＼姓名	数学	语文	英语
郑峰	65	77	77
李丽	78	66	78

吴岚	67	78	67
肖雄飞	68	78	89
张家汉	89	79	68
钱程	89	91	99

b.拆分后

图7-11 表2拆分前、后

b. 选中 word7.docx 的表 3 的两表格之间的空行段落标记，按“Delete”键，两个表格将合并成一个表格。

13. 在表 4 中，如图 7－12(a)所示，删除第 1 行第 6 列单元格，即 F1 单元格，右侧单元格左移；删除第 4、5 两空行；删除第 2 列。删除表 5 整个表格。

操作指导：

a. 删除表 4 的 F1 单元格。在表 4 中，右击 F1 单元格；在快捷菜单中，单击“删除单元格”；在“删除单元格”对话框中，选择“右侧单元格左移”，单击“确定”。

b. 删除表 4 第 4、第 5 两空行。选择 4、5 两空行；在【表格工具｜布局】选项卡【行和列】组中，单击“删除”，在下拉列表中，单击“删除行”。

c. 删除表 4 的第 2 列。单击第 2 列；在【表格工具｜布局】选项卡【行和列】组，单击“删除”，在下拉列表中，单击“删除列”，此时表 4 如图 7－12(b)所示。

姓名		性别		年龄		民族	
毕业学校				学历			
身份证号							
家庭住址							

表4原表

姓名	性别		年龄	民族		
毕业学校			学历			
身份证号						
家庭住址						

b. 删除后的表4

图 7－12 表 4 删除操作前、后

d. 删除表 5 整个表格。单击表 5，表 5 成为当前处理对象；在【表格工具｜布局】选项卡【行和列】组，单击“删除”，在下拉列表中，单击“删除表格”。

14. 将表 6 转换成文本。

操作指导：

a. 单击表 6，表 6 成为当前处理对象。

b. 在【表格工具｜布局】选项卡【数据】组中，单击“转换成文本”；在“表格转换成文本”对话框中，选择“文字分隔符”为“制表符”，将表格转换为文本。

15. 将接下来的“学生信息”转换为表格，并设置表格采用内置样式“网格表 4-着色 2”。在新表下的空行位置，生成“身高对比”簇状柱形图，如图 7－13 所示。

操作指导：

a. 选中要转换为表格的学生信息；在【插入】选项卡【表格】组中，单击“表格”；在下拉列表中，单击“文本转换成表格”；在“将文字转换成表格”对话框中，设置文字分隔符为“逗号”，单击“确定”按钮；文本随即转换成表格。

b. 单击新转换成的学生信息表；在【表格工具｜设计】选项卡【表格样式】组中，设置表格采用内置样式“网格表 4-着色 2”，快速设置表格格式。

c. 将插入点定位在新表下的空行上；在【插入】选项卡【插图】组中，单击“图表”；在“插入图表”对话框中，选择“柱形图”→“簇状柱形图”，单击“确定”按钮，弹出 Excel 窗口；复制“学生信息”表中的“姓名”与“身高”两列内容；在 Excel 窗口中，右击 A1 单元格，在快捷菜单中，选择“匹配目标格式”粘贴；拖拽原数据区域右下角的蓝色区域标记，将数据区域调整为新粘贴的数据区域；删除区域外的内容，如图 7－14 所示；关闭 Excel 窗口；编辑图表标题为“身高对比”；图表效果如图 7－13 所示。

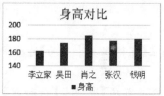

学号	姓名	身高
001	李立家	162
002	吴田	174
003	肖之	185
004	张汉	177
005	钱明	180

图 7-13　学生信息表与"身高对比"柱形图　　　图 7-14　学生身高数据—Excel 窗口

16. 将接下来的"地质灾害伤亡统计数据"转换为表格,自行设置表格采用某一内置样式。根据地质灾害伤亡统计数据,在表格的下方生成三维饼图,如图 7-15 所示。

操作指导:

a. 用同样的方法,将接下来的"地质灾害伤亡统计数据"转换为表格。自行设置表格采用某一内置样式。

b. 同样,根据地质灾害死亡人数比例,参考图 7-14 和图 7-15,在表格下方生成饼图。

c. 选择整个饼图;在【图表工具│设计】选项卡【图表布局】组中,单击"添加图表元素",在下拉选项中单击"数据标签",在下拉子菜单中单击"最佳匹配";再单击"添加图表元素",在下拉选项中单击"图例",在下拉子菜单中单击"右侧";数据标签和图例效果如图 7-14 所示。

地质灾害伤亡统计数据。

灾害类别	死亡人数	失踪人数	死亡人数比例
地面塌陷	165	5	3.75%
滑坡	333	7	7.56%
泥石流	3283	931	74.53%
山体崩塌	624	123	14.17%
总计	4405	1066	

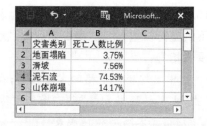

图 7-14　伤亡统计与死亡人数比例饼图　　　图 7-15　Excel 窗口—伤亡统计

17. 设置跨页表格——word7. docx 的表 7,每页都有标题行。

操作指导:

a. 选择 word7.docx 的表 7 的标题行(表格第 1 行)。

b. 在【表格工具│布局】选项卡【数据】组中,单击"重复标题行",(注意设置后"重复标题行"要在选中状态),使跨页的表格每页都有标题行。检查表 7,每页是否都有了标题行。

18. 保存并关闭 C:\学生文件夹\word7. docx 文件。

实验 8　毕业论文排版

一、实验目的

1. 掌握样式的应用、修改和复制。
2. 掌握多级列表的设置。
3. 掌握文档分节以及每节的页面设置。
4. 掌握目录生成方法。
5. 掌握题注和交叉引用设置。
6. 掌握脚注和尾注使用。

二、实验内容

1. 打开"C:\学生文件夹\毕业设计论文.docx"文档。

2. 浏览全文,了解论文结构。论文前两行是毕业设计题目、设计人、专业及其指导教师;论文中的紫色文字是论文辅助内容的标题,有"摘要""ABSTRACT""参考文献"和"致谢";红色文字是"章标题",绿色文字是"节标题",蓝色文字是"小节标题"。

3. 页面设置,纸张为 A4,上、下、左、右页边距均为 2 cm,装订线宽为 0.5 cm,装订线位置为左,页眉距边界 1.5 厘米,页脚距边界 1.2 厘米。

4. 修改"标题 1"样式,小三、黑体、加粗、居中,段前分页等。用于设置"章标题"。

5. 修改"标题 2"样式,为四号、宋体、加粗等。用于设置"节标题"格式。

6. 修改"标题 3"样式,小四、宋体、加粗等。用于设置"小节标题"格式。

7. 设置"红色"文字(章标题)为"标题 1"样式;设置"绿色"文字(节标题)为"标题 2"样式;设置"蓝色"文字(小节标题)为"标题 3"样式。

8. 选择章标题"绪论",定义新多级列表,第 1 级编号格式为"第█章",与"标题 1"样式链接;第 2 级编号格式为"█.█",与"标题 2"样式链接;第 3 级编号格式为"█.█.█",与"标题 3"样式链接。设置后,文中章、节和小节标题将自动编号。

9. 新建"摘要等"样式,设置小三、黑体、Time New Roman、加粗,居中,"大纲级别"为 1级,"段前分页"等。设置文中 4 个地方的紫色文字为"摘要等"样式。

10. 在论文前端,依次插入"毕业设计封面.docx""诚信承诺书.docx";并将封面加入封面库。在封面中添加题目等内容,设置封面题目格式为小二、黑体、居中;自行设置封面上的其他内容格式。

11. 将文档分成 3 节,封面、承诺书为第 1 节,中、英文摘要为第 2 节,论文部分为第 3 节。

12. 为第 2、3 节添加页眉"毕业设计报告",并设置成宋体、小五、居中;第 2 节页脚居中插入"Ⅰ,Ⅱ,…"格式的页码,从Ⅰ开始编号;第 3 节页脚居中插入"1,2,…"格式的页码,从 1 开始编号。

13. 在第 2 节的中、英文摘要后,插入空白页,输入标题:目　录,并设置格式为小三、黑体、加粗,居中,2 倍行距。

14. 在"目　录"的下一行,插入论文目录。采用"自定义目录",格式为"正式",显示级别为 3;设置"选项""标题 1"和"摘要等"都为"1"级目录,"标题 2"为"2"级目录,"标题 3"为"3"级目录,设置完成,即生成三级目录。设置生成的整个目录格式为宋体、小四、常规字形,1.5 倍行距。

15. 给文中的图插入题注,形如"图 3.1",再交叉引用"图"题注,形如"如图 3.1 所示",以实现图自动编号,引用自动更新;修改"题注"样式,为五号、宋体、居中。

16. 用同样的方法,设置文中所有表格题注,交叉引用表格题注。

17. 给"摘要"添加脚注,内容为"摘要内容不少于 250 个字"。

18. 给封面上的题目"企业职工管理系统的设计与实现"添加尾注,内容为"《企业职工管理系统》为一横向项目"。

19. 设置页面背景,添加"斜式、半透明"文字水印,内容为"严禁复制",字体颜色为"黑色文字 1 淡色 50%"。

20. 保存并关闭"毕业设计论文.docx"。

三、实验步骤

1. 用 word 打开 C:\学生文件夹\毕业设计论文.docx。

2. 浏览全文,了解论文结构。论文前两行是毕业设计题目、设计人、专业及其指导教师;文中的紫色文字是论文各辅助内容的标题,有"摘要""ABSTRACT""参考文献"和"致谢";红色文字是论文各章"章标题",绿色文字是各章下的"节标题",蓝色文字是节下的"小节标题"。

3. 页面设置,纸张为 A4,上、下、左、右页边距均为 2 cm,装订线宽为 0.5 cm,装订线位置为左,页眉距边界 1.5 厘米,页脚距边界 1.2 厘米。

4. 修改"标题 1"样式,小三、黑体、加粗、居中,段前 24 磅,段后 18 磅,首行无缩进,段前分页。

操作指导:

a. 在【开始】选项卡【样式】组中,单击"对话框启动"按钮(□),打开"样式"窗格。

b. 在"样式"窗格列表中,右击"标题 1";在下拉列表中,单击"修改"。

c. 在"修改样式"对话框中,如图 8-1 所示,单击"格式"→"字体";在"字体"对话框中,如图 8-2 所示,设置小三号、黑体、加粗;单击"格式"→"段落",在"段落"对话框的"换行和分页"选项卡中,如图 8-3 所示,设置"段前分页";在"缩进和间距"选项卡中,设置居中,段前 24 磅,段后 18 磅,特殊格式为"无";单击"确定"按钮。

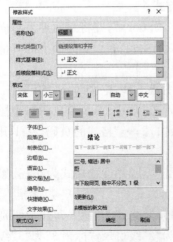

图 8-1 "修改样式"对话框   图 8-2 "字体"对话框   图 8-3 "段落"对话框

5. 修改"标题 2"样式，四号字、宋体、加粗，首行不缩进，段前、段后均为 **0.5** 行。

6. 修改"标题 3"样式，小四、宋体、加粗，首行不缩进，段前、段后均为 **0.5** 行。

7. 设置"红色"文字(章标题)为"标题 **1**"样式;设置"绿色"文字(节标题)为"标题 **2**"样式;设置"蓝色"文字(小节标题)为"标题 **3**"样式。

操作指导:

a. 选择红色文字"绪论";在【开始】选项卡【编辑】组中，单击"选择";在下拉列表中，单击"选择格式相似的文本";浏览文档，可以看到所有的红色章标题段同时被选择;在【开始】选项卡【样式】组中，单击"标题 1"样式，选中的各章标题全部被设置成"标题 1"样式，段前分页，但是没有章编号。

b. 用同样的方法，设置"绿色"文字(节标题)为"标题 2"样式。同样无编号。

c. 再用同样的方法，设置"蓝色文字"(小节标题)为"标题 3"样式。同样无编号。

8. 将插入点定位在第 1 个章标题"绪论"前;定义新多级列表，第 1 级编号格式为"第█章"，与"标题 **1**"样式链接，编号对齐位置 0，文本缩进位置 0;第 2 级编号格式为"█.█"，与"标题 **2**"样式链接，编号对齐位置 0，文本缩进位置 0;第 3 级编号格式为"█.█.█"，与"标题 **3**"样式链接，编号对齐位置 0，文本缩进位置 0。

操作指导:

a. 将插入点定位在第 1 个章标题"绪论"前;在【开始】选项卡【段落】组中，单击"多级列表"按钮(▾☰);在下拉选项中，单击"定义新的多级列表";在"定义新多级列表"对话框中，单击"更多"，展开更多选项设置。

b. 单击要修改的级别"1"，输入编号的格式为"第█章"，即在默认编号"█"之前输入"第"，之后输入"章";设置将级别链接到样式"标题 1"，编号对齐位置为 0，文本缩进位置为 0，设置编号之后为"空格";如图 8-4a 所示。

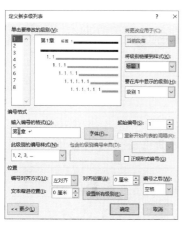
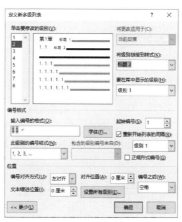

　　　a. 第1级列表设置　　　　　　　　b. 第2级列表设置　　　　　　　　c. 第3级列表设置

图 8-4　定义新多级列表

c. 单击要修改的级别"2"，保持默认的编号的格式"█.█";设置将级别链接到样式"标题 2"，编号对齐位置为 0，文本缩进位置为 0，设置编号之后为"空格"。如图 8-4b 所示。

d. 单击要修改的级别"3"，保持默认的编号格式"█.█.█"，设置将级别链接到样式"标题 3"，编号对齐位置为 0，文本缩进位置为 0，设置编号之后为"空格"。

e. 设置完毕,单击"确定";浏览所有的章标题、节标题和小节标题,均已完成编号。

9. 新建"摘要等"样式,小三号、黑体、Time New Roman、加粗,居中,"大纲级别"为1级,段前24磅,段后18磅,首行无缩进,段前分页。设置四处,"紫色"文字("摘要""ABSTRACT""参考文献"和"致谢")段落格式为"摘要等"样式。

操作指导:

a. 选择紫色文字"摘要";在【开始】选项卡【编辑】组中,单击"选择";在下拉列表中,单击"选择格式相似的文本";浏览文档,可以看到"摘要""ABSTRACT""参考文献"和"致谢"同时被选中。

b. 打开"样式"窗格,单击"新建样式"按钮⯗。

c. 在"根据格式设置创建新样式"对话框中,设置新样式名称为"摘要等",样式类型为"段落";单击"格式"→"字体",在"字体"对话框中,设置小三号、黑体、Time New Roman、加粗、黑色,单击"确定";单击"格式"→"段落",打开"段落"对话框;在"换行和分页"选项卡中,设置"段前分页";在"缩进和间距"选项卡中,设置"居中"对齐,"大纲级别"为"1级",段前24磅,段后18磅,特殊格式为"无",单击"确定";在"根据格式设置创建新样式"对话框中,单击"确定"。

d. 浏览文档,"摘要""ABSTRACT""参考文献"和"致谢"均被设置成"摘要等"样式,符合预期。

10. 在论文前端,插入"毕业设计封面.docx"文件内容,插入"诚信承诺书.docx"文件内容;并将封面加入封面库。从论文开始两行复制题目、设计人、专业及指导教师,粘贴到封面,随后删除两行内容。设置封面题目格式为小二、黑体、居中;自行设置封面中的其他内容格式。

操作指导:

a. 将插入点定位到文档前端。

b. 在【插入】选项卡【文本】组中,单击"对象"旁的下拉箭头;在下拉列表中,单击"文件中的文字";在"插入文件"对话框中,选择并插入"C:\学生文件夹\毕业设计封面.docx"文件;用同样的方法,接着插入"C:\学生文件夹\诚信承诺书.docx"文件。

c. 选择封面上的内容;在【插入】选项卡【页面】组中,单击"封面";在下拉列表中,单击"将所选内容保存到封面库",在弹出的"新建构件基块"对话框中,输入名称"毕业设计",单击"确定"按钮。再单击"封面",可以看到封面库已有插入的封面。

d. 从原文前两行,分别复制题目、设计人、专业及其指导教师,粘贴到封面相应位置,随后删除这两行内容。

e. 设置封面上的题目格式为小二、黑体、居中;自行设置封面上的其他内容格式,美观即可。

11. 将整个文档分成3节,封面和承诺书为第1节,中、英文摘要为第2节,论文为第3节。

操作指导:

a. 将插入点定位在标题"摘要"的"摘"前。

b. 在【布局】选项卡【页面设置】组中,单击"分隔符",单击"分节符-下一页";插入后,封面和承诺书为第1节,从标题"摘要"开始即为第2节。用同样的方法,插入点定位在章标题"第1章 绪论"的"绪"前,插入"分节符-下一页";插入后,从第1章开始的所有内容为第3节。

c. 分节后,可以为不同的节单独进行页面设置,独立设置纸张大小,页眉、页码等。

12. 设置第 2 节、第 3 节页眉为"毕业设计报告",页眉格式宋体、小五、居中。第 2 节,页脚居中放置页码,格式为"Ⅰ,Ⅱ,Ⅲ,…";第 3 节,页脚居中放置页码,格式为"1,2,…",从 1 开始编号。

操作指导:

a. 将插入点定位在第 2 节的"摘要"页中。

b. 在【插入】选项卡【页眉和页脚】组中,单击"页眉";在下拉列表中,单击"编辑页眉",进入"页眉和页脚"编辑状态,如图 8-5 所示,这时是默认第 2 节页眉"与上一节相同";在【页眉和页脚工具│设计】选项卡【导航】组中,单击"链接到前一条页眉"(默认是选中,单击一下取消选中),取消"与上一节相同";输入页眉"毕业设计报告";选择"毕业设计报告",在【开始】选项卡中,单击相应按钮,设置宋体、小五、居中。在【页眉和页脚工具│设计】选项卡【导航】组中,单击"下一节",跳转到第 3 节页眉处,页眉与上一节相同,也是"毕业设计报告",符合页眉设置要求。

图 8-5　"编辑页眉"视图

c. 选择页眉"毕业设计报告";在【开始】选项卡【段落】组中,单击"边框",设置"下框线"。

d. 在【页眉和页脚工具│设计】选项卡【导航】组中,单击"转至页脚";第 3 节页脚也是默认"与上一节相同";单击"链接到前一条页眉",取消"与上一节相同";在【页眉和页脚】组中,单击"页码";在下拉列表中,单击"页面底端",单击"普通数字 2",页脚出现页码"5";再单击"页码",单击"设置页码格式";在"页码格式"对话框中,设置"起始页码"为1;查看效果,从此页开始页码分别为1,2,3,…。

e. 单击"上一节",跳转到第 2 节的页脚处;单击"链接到前一条页眉",取消"与上一节相同";在【页眉和页脚】组中,单击"页码";在下拉列表中,单击"页面底端",单击"普通数字 2",页脚出现页码"4";再单击"页码",单击"设置页码格式";在"页码格式"对话框中,设置页码格式为"Ⅰ,Ⅱ,Ⅲ,…","起始页码"为Ⅰ;查看效果,第 2 节两页的页码分别为Ⅰ、Ⅱ。

f. 检查各节的页眉和页脚,是否符合设置要求。

g. 在【页眉和页脚工具│设计】选项卡【关闭】组中,单击"关闭页眉和页脚"。

13. 在第 2 节的中、英文摘要后,插入空白页,输入标题:目　录,设置格式为小三、黑体、加粗,居中,2 倍行距。

操作指导:

a. 将插入点定位在第 2 节 ABSTRACT 页 Key words 的下一行;在【插入】选项卡【页面】

组中,单击"空白页"。

b. 在空白页第 2 空行上,输入文字"目 录",并设置其格式为小三、黑体、加粗,居中,2 倍行距。

14. 在"目 录"的下一行,插入论文目录。选择"自定义目录",格式为"正式",显示级别为 3,设置"选项","标题 1"和"摘要等"都为"1"级目录,"标题 2"为"2"级目录,"标题 3"为"3"级目录。设置生成的目录格式,宋体、小四、常规字形,1.5 倍行距。

操作指导:

a. 将插入点定位在"目 录"下一行。

b. 在【引用】选项卡【目录】组中,单击"目录",再单击"自定义目录";在"目录"对话框中"目录"选项卡中,如图 8-6 所示,设置"常规格式"为"正式",显示级别为 3,单击"选项"按钮;在"目录选项"对话框中,如图 8-7 所示,设置"标题 1"和"摘要等"都为"1"级目录,"标题 2"为"2"级目录,"标题 3"为"3"级目录,单击"确定";在"目录"对话框中,单击"确定",完成目录插入。

图 8-6 "目录"对话框

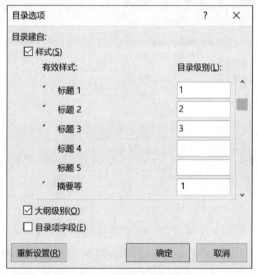

图 8-7 "目录选项"对话框

c. 选择生成的整个"目录";设置宋体、小四、常规字形,1.5 倍行距。

15. 给文中所有图设置题注,交叉引用图题注。修改"题注"样式,为五号、宋体,居中。

操作指导:

a. 定位插入点在"图 3.1 系统功能模块图"前,删除原有编号"图 3.1"。

b. 在【引用】选项卡【题注】组中,单击"插入题注";在"题注"对话框中,如图 8-8 所示,单击"新建标签";在"新建标签"对话框中,如图 8-9 所示,输入"图",单击"确定";再单击"编号",在"题注编号"对话框中,如图 8-10 所示,设置编号格式为"1,2,3,…",选中"包含章节号",选择"章节起始样式"为"标题 1","使用分隔符"为".(句点)",单击"确定";在"题注"对话框中,单击"确定",插入自动生成的图编号"图 3.1"。

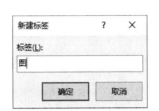

图 8-8 "题注"对话框　　图 8-9 "新建标签"对话框　　图 8-10 "题注编号"对话框

c. 在【开始】选项卡【样式】组中,单击"其他"按钮(▾);在展开的样式列表中,右击"题注"样式;在快捷菜单中,单击"修改";修改"题注"样式,为五号、宋体,Times New Roman、居中。"题注"样式修改后,题注"图 3.1 系统功能模块图"随即采用"题注"样式。

d. 将插入点定位在"图 3.2 用户登录流程图"前,删除旧编号"图 3.2";在【引用】选项卡【题注】组中,单击"插入题注";在"题注"对话框中,选择标签"图",单击"确定",即插入新编号"图 3.2"。题注"图 3.2 用户登录流程图"自动采用"题注"样式。

e. 复制新编号"图 3.2",分别选择后续的原有插图编号,全都粘贴成新编号"图 3.2";完成后,选择全文,再右击选择的全文;在快捷菜单中,单击"更新域",将所有粘贴的图编号自动更新为所期望的"章编号.序号",并采用"题注"样式。

f. 在图 3.1 上方找出"如图 3.1 所示",选择其中的"图 3.1";在【引用】选项卡【题注】组中,单击"交叉引用";在"交叉引用"对话框中,选择引用类型为"图",引用内容"只有标签和编号","引用哪一个题注"选择"图 3.1 系统功能模块图"。原来的"图 3.1"被替换成交叉引用"图 3.1"。用同样的方法,处理其他的"如图×.×所示",交叉引用相应的题注。

g. 经过上述处理后,如果以后插图方面有变化,如插入、删除或移动某插图,可以大范围选择文档,将涉及的插图编号和交叉引用包括其中,然后通过执行"更新域"命令(或按 F9),一键更新。

说明:题注是为文档中的插图、表格或公式添加的标签和编号。在文档编辑过程中,添加、删除或移动题注,可以一次性更新所有题注编号,不必逐一调整。

16. 用同样的方法,设置表格题注,交叉引用表格题注。

操作指导:

a. 将插入点定位到"表 4.1 用户表"前,删除原编号"表 4.1"。

b. 在【引用】选项卡【题注】组中,单击"插入题注";在"题注"对话框中,新建"表"标签;设置编号格式为"1,2,3,…",选中"包含章节号",选择"章节起始样式"为"标题 1","使用分隔符"为".(句点)"。完成后,即插入新的表编号。

c. 参照图编号的做法,将其他表的原编号更换成新式表编号。

d. 参照交叉引用图编号的做法,将文中的"如表×.×所示"中的"表×.×",更换成为交叉引用对应的新式表编号。

e. 经过上述处理后,如果以后表格方面有变化,如插入、删除或移动某表格,文档中牵涉的所有表格编号,可以在选中后,通过执行"更新域"命令(或 F9),一键更新。

17. 给标题"摘要"添加脚注,内容为"摘要内容不少于 250 个字"。

操作指导:

a. 在文档中,将插入点定位到"摘要"的右侧。

b. 在【引用】选项卡【脚注】组中,单击"插入脚注";在该页底端的脚注区域中,输入:摘要内容不少于 250 个字。

18. 给封面上题目"企业职工管理系统的设计与实现"添加尾注,内容为:"《企业职工管理系统》为一横向项目。"。

操作指导:

a. 在封面中,选择题目"企业职工管理系统的设计与实现"。

b. 在【引用】选项卡【脚注】组中,单击"插入尾注";在文档尾部出现的"尾注"区域中,输入"《企业职工管理系统》为一横向项目。"。

19. 设置页面背景。在第 3 节论文正文部分各页,添加灰色斜排"严禁复制"水印。

操作指导:

a. 将插入点定位在第 3 节中。

b. 在【设计】选项卡【页面背景】组中,单击"水印",在下拉选项中,选择单击"机密"中的"严禁复制 1"样式。

20. 保存并关闭"毕业设计论文. docx"。

实验 9　邮件合并

利用邮件合并功能可以批量制作内容相似的文档,如通知、邀请函、信封等。用文档中不变的部分建立主文档文件,用文档中变动的部分建立数据源文件。数据源一般以二维表的形式组织,可以是 Word 文件、Excel 文件或数据库文件。邮件合并可以将主文档与数据源结合起来,生成一系列相似文本。

一、实验目的

1. 熟悉主文档的准备过程。
2. 熟悉数据源的准备过程。
3. 熟悉在主文档中插入数据源的操作步骤。
4. 熟悉在主文档中插入合并域的操作步骤。
5. 掌握将数据合并到主文档的方法。

二、实验内容

1. 打开"邮件合并主文档.docx",进行格式化,具体如下。

(1) 页面设置。设置纸张宽度 21 厘米,高度 15 厘米。

(2) 设置标题"计算机公共课监考通知单"格式,为隶书、二号字,加粗,双下划线,居中,段前、段后各 1 行。

(3) 设置其他文字格式,四号字,1.5 倍行距;"称呼"行无缩进;正文段首行缩进 2 字符;"教务办公室"和日期两行均为右对齐,并调整到样张所示位置。

2. 准备数据源。打开"计算机公共课监考安排.docx"文件,进行适当修改,另存为"邮件合并数据源.docx"。

3. 在"邮件合并主文档.docx"窗口中,设置数据源,然后插入"合并域",设置"合并域"格式。具体要求如下。

(1) 在"邮件合并主文档.docx"窗口中,设置数据源为"邮件合并数据源.docx"。

(2) 参照样张,在文档中,插入"合并域"。

(3) 设置"主监考"和"副监考"格式,为"加粗""双下划线"。

(4) 设置"具体考试日期""校区""考场""班级"和"领卷地点"为"加粗""倾斜"。

4. 主文档和数据源合并,生成新文档;将新文档保存为"监考通知.docx"。

5. 生成"启秀"校区监考通知单,保存为"启秀监考通知.docx"。

三、实验步骤

1. 打开 C:\学生文件夹\邮件合并主文档.docx,参照样张 9 - 1,进行格式化,具体如下。

样张 9 - 1

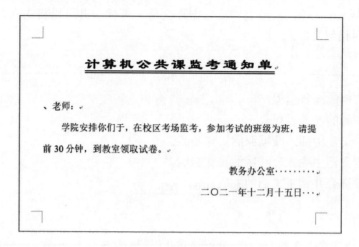

(1) 页面设置。设置纸张宽度 21 厘米,高度 15 厘米。

操作指导:

a. 在【布局】选项卡【页面设置】组中,单击"纸张大小";在下拉选项中,单击"其他纸张大小"。

b. 在打开的"页面设置"对话框中,设置宽度 21 厘米,高度 15 厘米,单击"确定"。

(2) 设置标题"计算机公共课监考通知单"格式,为隶书、二号字,加粗,双下划线,居中,段前、段后各 1 行。

(3) 设置其他文字格式,四号字,1. 5 倍行距;"称呼"行无缩进;正文段首行缩进 2 字符;"教务办公室"和日期两行均为右对齐,并调整到如样张 9 - 1 所示位置。

(4) 保存"邮件合并主文档.docx"文件。

2. 准备数据源。打开"C:\学生文件夹\计算机公共课监考安排.docx"文档,进行适当修改,另存为"邮件合并数据源.docx"。

操作指导:

a. 打开"C:\学生文件夹\计算机公共课监考安排.docx"。

b. 删除表格上面的表标题,文档内容如样张 9 - 2 所示。

c. 将修改后的文档另存为"C:\学生文件夹\邮件合并数据源.docx",作为下一步的数据源。

样张 9 - 2

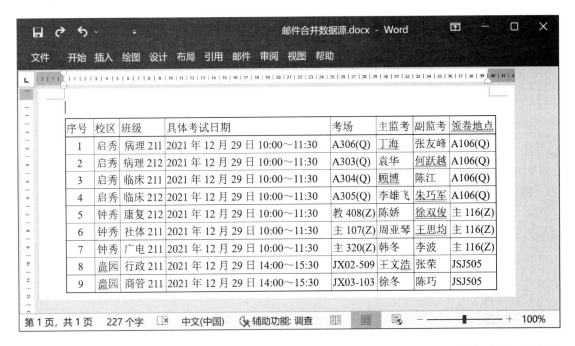

　　这里准备了一个包含表格的 Word 文档,在"C:\学生文件夹"中还有一个名为"邮件合并数据源. xlsx"的 Excel 工作簿,这两者都可以作为邮件合并数据源。

　　3. 在"邮件合并主文档. docx"窗口中,设置数据源,插入"合并域",并设置"合并域"格式,效果如样张 9 - 3 所示。具体要求如下。

样张 9 - 3

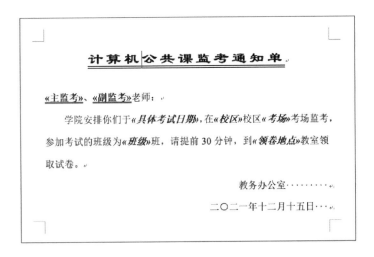

　　(1) 在"邮件合并主文档. docx"窗口,设置数据源为"邮件合并数据源. docx"。
操作指导:
a. 切换到"邮件合并主文档. docx"窗口。
b. 在【邮件】选项卡【开始邮件合并】组中,如图 9 - 1 所示,单击"选择收件人";在下拉列表中,单击"使用现有列表"。

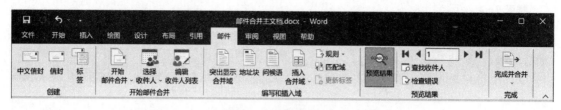

图 9-1 【邮件】选项卡

c. 在"选取数据源"对话框中，选择"C:\学生文件夹\邮件合并数据源.docx"，或"C:\学生文件夹\邮件合并数据源.xlsx"，作为数据源。

(2) 如样张 9-3 所示，在文档中，插入"合并域"。

操作指导：

a. 将插入点定位在称呼行的顿号前；在【邮件】选项卡【编写和插入域】组中，单击"插入合并域"；在下拉选项中，单击"主监考"，则在顿号前插入"主监考"。

b. 参照样张 9-3，用同样的方法，插入其他合并域。

(3) 设置"主监考"和"副监考"格式，为"加粗""双下划线"。

操作指导：

a. 选定"主监考"；在【开始】选项卡【字体】组中，单击"下划线"按钮旁的下拉箭头，在下拉选项中，单击"双下划线"；单击"加粗"按钮，设置加粗。

b. 设置"副监考"格式，为"加粗""双下划线"。

(4) 设置"具体考试日期""校区""考场""班级"和"领卷地点"为"加粗""倾斜"。

操作指导：

a. 选择"具体考试日期"，在【开始】选项卡【字体】组中，单击"加粗"按钮，单击"倾斜"按钮，设置"加粗""倾斜"。

b. 保持选中"具体考试日期"，在【开始】选项卡【剪贴板】组中，双击"格式刷"按钮；用格式刷逐一刷"校区""考场""班级"和"领卷地点"，设置"加粗""倾斜"。

(5) 保存"邮件合并主文档.docx"。

4. 合并主文档和数据源，生成新文档；将新文档保存为"C:\学生文件夹\监考通知.docx"。

操作指导：

a. 在【邮件】选项卡【完成】组中，单击"完成并合并"；在下拉列表中，单击"编辑单个文档"；在"合并到新文档"对话框中，选择"全部"，单击"确定"，弹出带有合并结果的新文档窗口，其中包含 9 张通知单，如样张 9-4 所示。

b. 在新文档窗口中，单击"文件"→"另存为"；在"另存为"对话框中，设置保存位置为 C:\学生文件夹，文件名为：监考通知，类型为：Word 文档。

样张 9-4

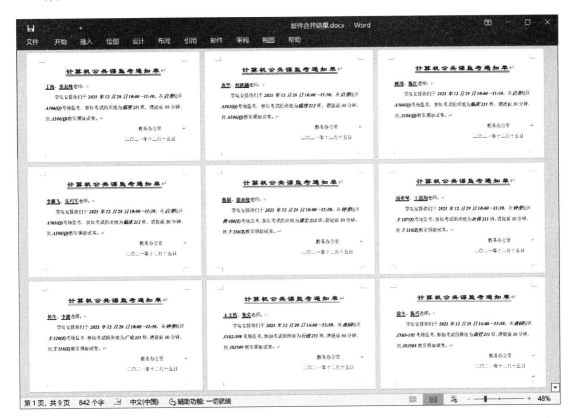

5. 生成"启秀"校区监考通知单,保存为"C:\学生文件夹\启秀监考通知.docx"。

操作指导:

a. 在【邮件】选项卡【开始邮件合并】组中,单击"编辑收件人列表";在"邮件合并收件人"对话框中,如图9-2所示,单击"筛选";在"查询选项"对话框中,进行筛选记录设置,域为"校区",比较条件为"等于",比较对象为"启秀",如图9-3所示,单击"确定";筛选出"启秀"记录,单击"确定"。

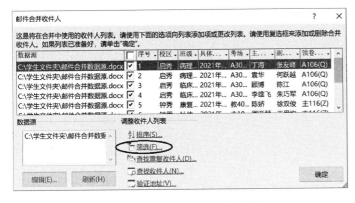

图9-2 "邮件合并收件人"对话框

图9-3 "查询选项"对话框

b. 在【邮件】选项卡【完成】组中,单击"完成并合并";在下拉列表中,单击"编辑单个文档";在"合并到新文档"对话框中,选择"全部",单击"确定",弹出带有合并结果的新文档窗口,包含4张启秀监考通知单,如样张9-5所示。

样张9-5

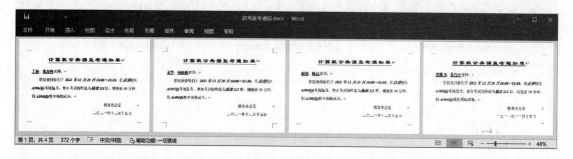

c. 在新文档窗口中,单击"文件"→"另存为";在"另存为"对话框中,设置保存位置为 C:\学生文件夹,文件名为:启秀监考通知,类型为:Word 文档。

第 3 章　Excel 2016 的使用

实验 10　工作表的编辑与计算

一、实验目的

1. 熟悉 Excel 2016 工作环境。
2. 掌握工作表的创建、保存及打开方法。
3. 掌握工作表中各种类型数据的输入方法。
4. 掌握公式和函数的使用。
5. 掌握工作表数据编辑技术。
6. 掌握工作表的基本操作技术。

二、实验内容

1. 新建 excel1.xlsx 工作簿；在 Sheet1 工作表中，参照样张录入数据；保存工作簿。

2. 从文本文件 excel10_1.txt 导入数据，选择"逗号"作为分隔符，将文本内容转换为表格数据，放置在新工作表中。

3. 将网页"http://ccc.ntu.edu.cn/中国主要节日.htm"中的"中国主要节日"表格导入到新工作表中。

4. 新建 Sheet4 工作表；打开 Word 文档"C:\学生文件夹\excel10_1.docx"；将其中的表格复制到 Sheet4 工作表上，从 A1 单元格开始放置。保存、关闭 excel1.xlsx 工作簿。

5. 打开 excel2.xlsx 工作簿，进行各种类型的数据输入，包括整数、小数、分数，日期时间，文本字符等以及序列填充，完成后保存、关闭工作簿。

6. 打开 excel3.xlsx 工作簿，在"成绩表"中，完成表格各项计算与统计。学习使用 Excel 常用函数，包括 SUM、SUMIF、AVERAGE、AVERAGEIF、MAX、MIN、RANK. EQ、COUNTIF、IF、LEFT、RIGHT、MID、LEN、TRIM 等。

7. 在 excel3.xlsx 中，直接引用"成绩表"中的统计结果，填充"成绩统计"工作表。

8. 使用 VLOOKUP 函数，根据"班级信息"表，完成"学生信息"表"班级"填充。

9. 复制"学生信息"表的"学号""姓名""性别""身高"和"年龄"5 列数据，粘贴到"学生信息备份"工作表中的 A1 位置。

10. 在"学生信息备份"表中，按要求对表中数据进行增、删、改。

11. 将 excel3.xlsx 中的"课程"工作表重命名为"课程信息"。

12. 在"学生信息"表前插入新工作表，并将新工作表命名为"新表"。

13. 删除"家庭开支"工作表。

14. 打开"C:\学生文件夹\excel4.xlsx"工作簿；然后将 excel3.xlsx 工作簿中的工作表"成绩表"复制到 excel4.xlsx 工作簿中。保存、关闭 excel3.xlsx、excel4.xlsx 工作簿。

三、实验步骤

1. 新建 Excel 工作簿①;在 Sheet1 工作表中,参照样张 10‐1 录入数据;以 excel1. xlsx 为文件名,保存到 C:\学生文件夹。

操作指导:

a. 执行"开始"→"所有程序"→"Microsoft office 2016"→"Excel 2016"菜单命令(Win 10,执行"开始"→"Excel 2016"菜单命令),打开 Excel 2016 应用程序窗口,如图 10‐1 所示。

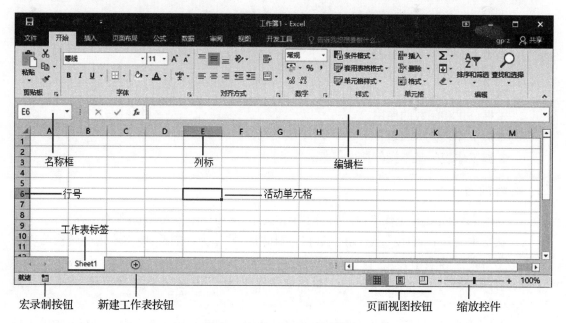

图 10‐1 Excel 2016 程序窗口

b. 在 Sheet1 工作表中,按照样张 10‐1 录入数据。

样张 10‐1

	A	B	C	D	E	F	G	H	I	J	K
1	成绩表										
2	学号	姓名	英语	高数							
3	R21101	李坚强	89	67							
4	R21102	王琳	56	56							
5											

c. 执行【文件】→【保存】命令;在"另存为"对话框中,设置保存位置为 C:\学生文件夹,保存类型为:Excel 工作簿,输入文件名:excel1,(提示:不必输入文件扩展名".xlsx",系统会自动添加),单击"保存"按钮。

2. 从文本文件 excel10_1. txt(如图 10‐2 所示)导入数据,选择"逗号"作为分隔符,将文本内容转换为表格数据,放置在新工作表中。如样张 10‐2 所示。

---

① 工作表是用户直接进行数据处理的对象,如样张 10‐1 中的 Sheet1。若干工作表的集合称为工作簿,如 excel1. xlsx 就是一个工作簿。Excel 文件保存就是对工作簿的保存。

样张 10-2

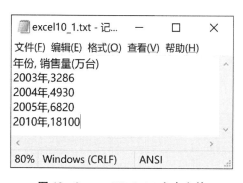

图 10-2 excel10_1.txt 文本文件

操作指导：

a. 在【数据】选项卡【获取外部数据】组中，单击"自文本"按钮；在"导入文本文件"对话框中，选择打开"C:\学生文件夹\excel10_1.txt"。

b. 在"导入文本文件"对话框中，如图 10-3 所示，设定查找范围为 C:\学生文件夹；在文件列表中，选择"excel10_1.txt"，单击"导入"按钮。

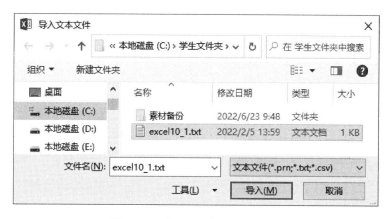

图 10-3 "导入文本文件"对话框

c. 在弹出的"文本导入向导—第 1 步"对话框中，选择"分隔符号"；预览文件 C:\学生文件夹\excel10_1.txt，如图 10-4 所示，五行内容，每行数据以逗号分隔；单击"下一步"按钮。

d. 在"文本导入向导—第 2 步"对话框中，选择分隔符号"逗号"；数据预览，如图 10-5 所示，数据分成"年份""销售量（万台）"两列；单击"完成"，在"导入数据"对话框中，如图 10-6 所示，选择"新工作表"，单击"确定"，则在新工作表中导入文本文件，为五行两列表格。

e. 单击"![save]"，保存 excel1.xlsx 工作簿。

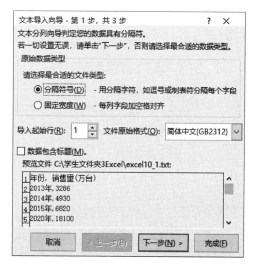

图 10-4 文本导入向导—第 1 步

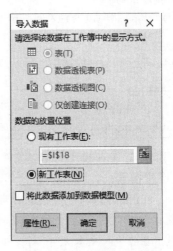

图 10-5 文本导入向导—第 2 步   图 10-6 导入数据对话框

3. 将网页 http://ccc. ntu. edu. cn/中国主要节日. htm 中的"中国主要节日"表格导入到新工作表中。

操作指导：

a. 在【数据】选项卡【获取外部数据】组中，单击"自网站"按钮；在"新建 Web 查询"对话框中，如图 10-7 所示，在"地址"文本框中输入"http://ccc. ntu. edu. cn/中国主要节日. htm"，或者输入"C:/学生文件夹/中国主要节日. mht"，单击"转到"按钮。

b. 单击要选择的表旁边的带方框箭头，选择表格，箭头变成勾选号，单击"导入"按钮。

c. 在"导入数据"对话框中，如图 10-8 所示，设置"数据的放置位置"为"新工作表"，单击"确定"按钮。

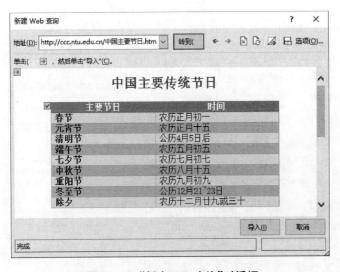

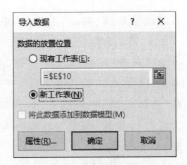

图 10-7 "新建 Web 查询"对话框   图 10-8 "导入数据"对话框

4. 新建 Sheet4 工作表；打开 Word 文档"C:\学生文件夹\excel10_1.docx"；将其中的表格复制到 excel1.xlsx 工作簿的 Sheet4 工作表上，从 A1 单元格开始放置。

操作指导：

a. 在【开始】选项卡【单元格】组中，单击"插入"下拉箭头；在下拉列表中，单击"插入工作表"，插入一新工作表 Sheet4。

b. 打开"C:\学生文件夹"；右击其中的"excel10_1.docx"，在快捷菜单中，选择打开方式为 Word；在打开的 Word 文档中，选择表格，按 Ctrl + C。

c. 切换到 excel1.xlsx 工作簿窗口；单击 Sheet4 工作表标签，使之成为当前工作表；单击 A1 单元格，按 Ctrl + V。

d. 保存、关闭 excel1.xlsx 工作簿。

5. 打开 excel2.xlsx 工作簿，输入各种类型的数据。具体要求如下。

（1）打开"C:\学生文件夹\excel2.xlsx"工作簿。

操作指导：

a. 打开"C:\学生文件夹"。

b. 在 C:\学生文件夹的文件列表中，右击"excel2.xlsx"，在快捷菜单中，选择打开方式为 Excel，打开工作簿，如图 10 – 9 所示。

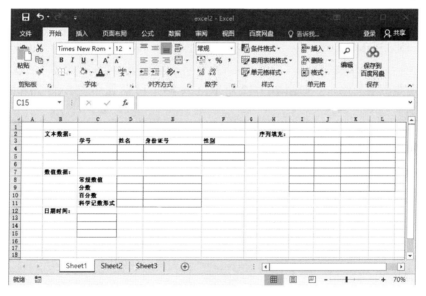

图 10 – 9　excel2.xlsx 工作簿

（2）在 Sheet1 工作表的 C4:F5 单元格区域中，如图 10 – 10 所示，输入文本型数据。

	A	B	C	D	E	F
1						
2		文本数据：				
3			学号	姓名	身份证号	性别
4			040101	张杰	320621197506053121	男
5			040102	李明	320621197506053162	女

图 10 – 10　"文本型"数据

操作指导：

a. 输入普通文本。选中 D4 单元格，直接输入张杰；用同样方式，在相应单元格中，输入李明、女。

b. 输入纯数字文本。选中 C4 单元格,输入:'040101,其中的第 1 字符为半角英文单引号。如果不输入"'",直接输入 040101,输入完成后会自动变成数值 40101,而不是文本"040101"。遵循该规则,输入其他纯数字文本。

(3) 在 **D8:E11** 单元格区域中,如图 **10 - 11** 所示,输入数值型数据。

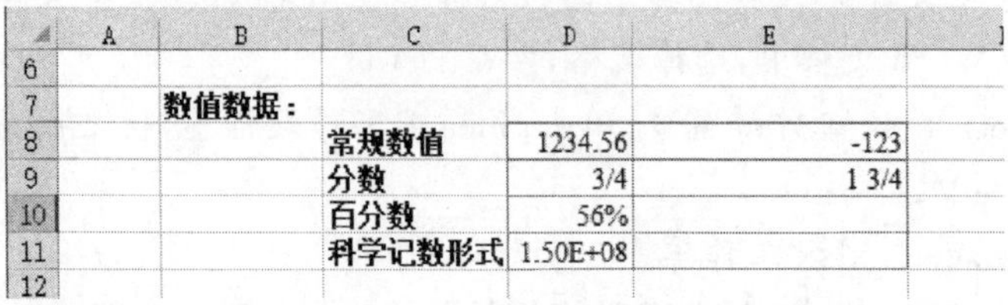

	A	B	C	D	E	
6						
7		**数值数据:**				
8			常规数值	1234.56	-123	
9			分数	3/4	1 3/4	
10			百分数	56%		
11			科学记数形式	1.50E+08		
12						

图 10 - 11　"数值型"数据

操作指导:

a. 输入常规数值。选择 D8,直接输入 1234.56;选择 E8,直接输入 -123。

b. 输入分数。选择 D9;在 D9 单元格中,先输入整数部分 0,然后输入一空格,再依次输入 3/4。注意,不可直接输入 3/4,否则将变为日期 3 月 4 日。选择 E9,在 E9 中,先输入整数部分 1,然后输入一空格,再依次输入 3/4。

c. 输入百分数。选择 D10;在 D10 中,依次输入 56%,相当于数值 0.56。

d. 输入科学记数形式数据(1.5×10^8)。选择 D11;在 D11 中,依次输入 1.5E8。

e. 如果单元格中出现"#####"这种情况,则表明列宽偏小,需要适当增加列宽。

(4) 日期型数据的输入。如图 **10 - 12** 所示,在 C13:C15 区域中,输入日期和时间数据。

操作指导:

a. 选择 C13,输入 7/4(或 7 月 4 日)。

b. 选择 C14,输入 2021/5/4(或 2021 - 5 - 4)。

c. 选择 C15 单元格,输入 9:30,表示 9 时 30 分。

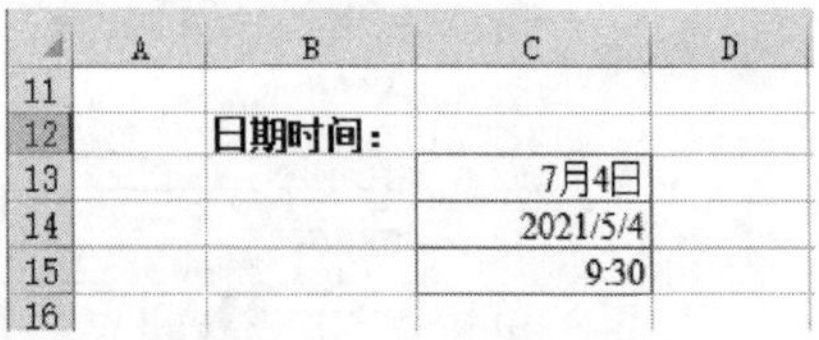

	A	B	C	D
11				
12		日期时间:		
13			7月4日	
14			2021/5/4	
15			9:30	
16				

图 10 - 12　"日期型"数据

(5) 序列填充第 1 列。在 Excel 中,可以使用"自动填充"功能,在单元格中填充数据,提高数据输入效率。如图 10 - 13 所示,在 I3:I9 单元格区域中,填充 1,2,3,…,7。

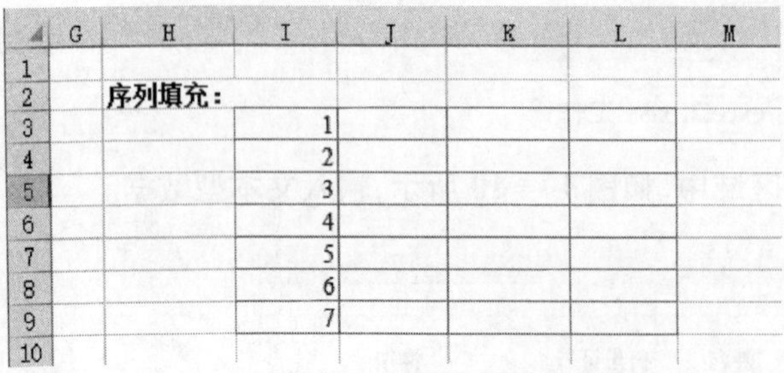

	G	H	I	J	K	L	M
1							
2		序列填充:					
3			1				
4			2				
5			3				
6			4				
7			5				
8			6				
9			7				
10							

图 10 - 13　序列填充第 1 列

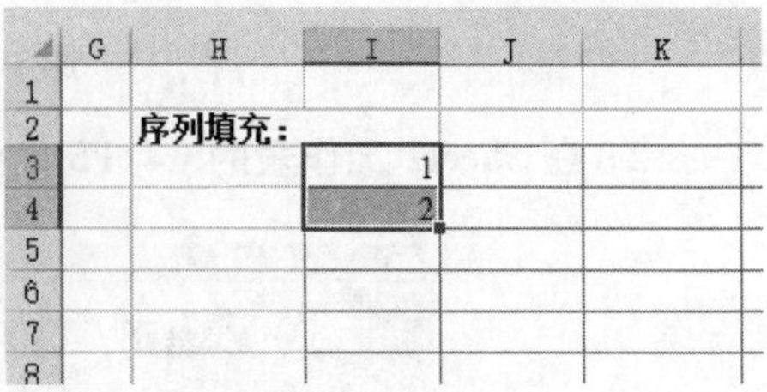

	G	H	I	J	K	
1						
2		序列填充:				
3			1			
4			2			
5						
6						
7						
8						

图 10 - 14　序列填充

操作指导:

a. 在 I3、I4 中分别输入 1 和 2。

b. 选择 I3:I4 区域,将鼠标移至 I3:I4 区域右下角填充柄(🔲)处,如图 10 - 14 所示,出现

"+"时,按下左键,向下拖动填充柄到 I9,即可完成 3,4,…,7 的填充。

(6) 序列填充第 2 列。在 **J3:J9** 中,填充如图 10－15 所示的序列。

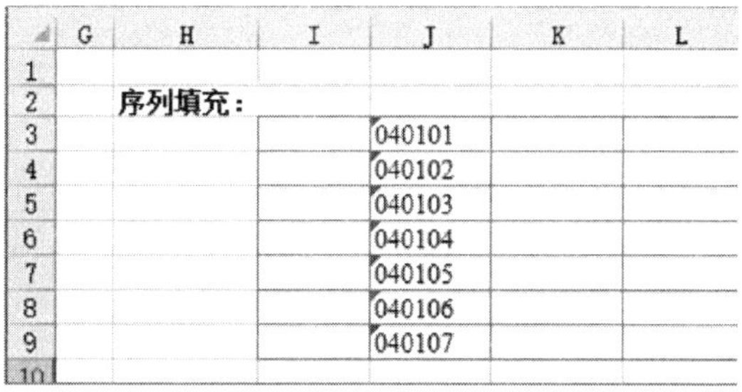

图 10－15　序列填充第 2 列

操作指导:

a. 在 J3、J4 中分别输入:'040101 和 '040102。注意使用半角英文单引号。

b. 选择 J3:J4 区域,向下拖动填充柄到 J9,填充完成该序列。

(7) 序列填充第 3 列。在 **K3:K9** 区域中,填充如图 10－16 所示的等比序列。

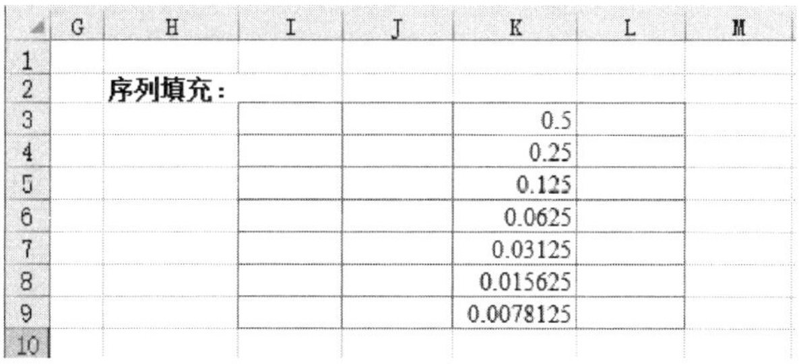

图 10－16　序列填充第 3 列　　　　　　　图 10－17　"序列"对话框

操作指导:

a. 在 K3 中,输入 0.5。

b. 选择 K3:K9 区域;在【开始】选项卡【编辑】组中,单击"⬇ 填充 ▾";在下拉列表中,再单击"序列"。

c. 在"序列"对话框中,如图 10－17 所示,设置类型为等比序列,步长值为 0.5。

d. 单击"确定",即可填充该等比序列。

(8) 序列填充第 4 列。如图 10－18 所示,在 **L3:L9** 区域中,填充星期一至星期日序列。

操作指导:

a. 在 L3 中,输入星期一。

b. 选择 L3,向下拖动填充柄到 L9,完成星期一至星期日序列填充。

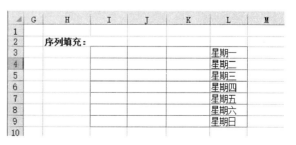

图 10－18　序列填充第 4 列

(9) 将输入结果和样张 10 - 3 对照;确定无误后,保存、关闭 excel2. xlsx 工作簿。

样张 10 - 3

6. 打开"excel3. xlsx"工作簿,在工作表"成绩表"中,如图 10 - 19a 所示,利用公式完成表格计算与统计,结果如图 10 - 19b 所示。

(1) 打开"C:\学生文件夹\excel3. xlsx"工作簿;选择"成绩表"为当前工作表。如图 10 - 19a 所示。

a. 计算、统计前	b. 计算、统计后

图 10 - 19 excel3. xls 工作簿

(2) 利用公式:总分=英语+程序设计+数学,计算学生三门课的总分。

操作指导:

a. 选择 F3 单元格;在 F3 单元格中,或者在公式编辑栏(F3 ▼ : × ✓ ƒₓ | ▼)中,输入公式=C3 + D3 + E3,单击☑按钮(或者按 Enter 键),F3 单元格显示 252,如图 10 - 20 所示。

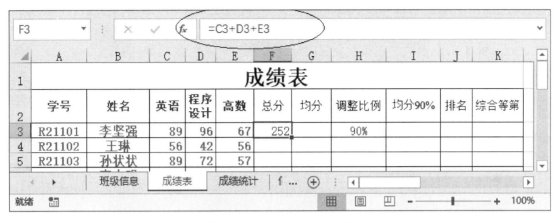

图 10 - 20 excel3. xls 工作簿

b. 输入公式时,可以使用鼠标来选择引用单元格。选择 F4 单元格,在编辑栏中,键入=,选择 C4,键入+,选择 D4,键入+,选择 E4,编辑栏为: ;单击✓,F4 单元格显示总分 154。

c. 选择 F3 单元格,或者选择 F4 单元格,按 Ctrl + C(执行复制);选择区域 F5:F14,按 Ctrl + V(执行粘贴),实现其余单元格的总分计算。

d. 逐个选择 F5、F6 等单元格,在"编辑栏"中查看公式。F5 是 = C5 + D5 + E5,F6 是 = C6 + D6 + E6,其余类推,确信各单元格公式正确。

(3) 利用公式:均分=总分/3,计算学生三门课程的均分。

操作指导:

a. 选择 G3 单元格;输入公式=F3/3,单击✓,G3 单元格显示 84.0。

b. 双击 G3 单元格填充柄,填充 G4:G14,实现其余单元格的均分计算。

c. 逐个选择 G4、G5 等单元格,在"编辑栏"中查看公式,G4 是 = F4/3,G5 是 = F5/3,其余类推,确信单元格公式正确。

(4) 利用公式:均分 90%=均分*$ H $3,计算所有学生的"均分 90%"成绩。

操作指导:

a. 选中 I3 单元格;在编辑栏中,编辑公式为=G3*$ H $3,其中 G3 是相对引用地址,$ H $3 是绝对引用地址;单击✓按钮,I3 中显示结果 75.6。

b. 向下拖动或双击 I3 单元格的填充柄,填充 I4~I14。

c. 逐个选择 I4、I5、…单元格,在编辑栏中查看公式,I4 = G4*$ H $3,I5 = G5*$ H $3,…;可以看到复制的公式,其中的相对引用地址在随公式所在单元格变化,但与公式所在单元格保持相对位置不变;绝对引用地址始终是$ H $3。

> 说明:
>
> 相对引用地址,表示为"列标行号",是公式所在单元格的相对位置,如 I3 = G3*$ H $3,G3 是 I3 左边单元格的左边单元格。使用相对引用后,系统将记住建立公式的单元格和被引用单元格的相对位置;复制公式时,根据新公式所在单元格和相对位置,确定新公式中的被引用单元格。

绝对引用地址要在列标和行号前加"$",如$H$3。在公式中,引用固定单元格需要采用绝对引用,这样无论公式复制到哪个位置,公式中绝对引用的单元格将保持不变。混合引用,如$I3,A$3。相对引用、绝对引用和混合引用可以切换。在编辑栏中,如 × ✓ *fx* =G3*$H$3 ∨ ,选择要更改的引用,按 F4 可快速切换引用类型。

相对引用、绝对引用和混合引用示例:

k. 单击"保存"按钮,保存 excel3.xlsx 工作簿。

(5) 应用 MAX 函数,计算各科成绩的最高分。

操作指导:

a. 计算英语成绩最高分,即找出 C3:C14 中最大值,放在 C16 中,即设置 C16 = MAX(C3:C14)。具体操作如下。

b. 选中 C16 单元格;在公式编辑栏左侧,单击"插入函数"按钮(f_x);在"插入函数"对话框中,如图 10 - 21 所示,选择类别:常用函数,在函数列表中,选择函数 MAX;了解 MAX 使用格式是 MAX(number1,number2,…),功能是返回一组数值的最大值,单击"有关该函数的帮助"链接,可以获得更多的 MAX 函数的信息;熟悉相关信息后,单击"确定"按钮。

c. 在弹出的"函数参数"对话框中,已预定 Number1 参数为 C3:C15,且在选中状态;直接在工作表中选择区域 C3:C14,这时 Number1 参数是 C3:C14,如图 10 - 22 所示;此时 C16 和编辑栏的内容都为"= MAX(C3:C14)",即 C16 = MAX(C3:C14);单击"确定"按钮,C16 显示英语最高分 92。

图 10 - 21 插入函数 MAX 对话框

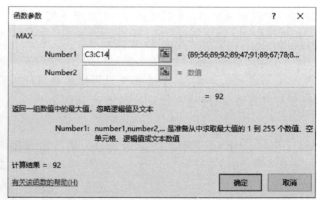

图 10 - 22 MAX 函数参数对话框

d. 当然也可以选中 C16,直接在编辑栏中输入= MAX(C3:C14),然后按回车键。

e. 选中 C16,拖 C16 填充柄向右至 E16 单元格,填充程序设计和数学的成绩最高分。检查 D16、E16 编辑栏中的公式,D16 是=MAX(D3:D14)和 E16 是=MAX(E3:E14)。

(6) 用同样的方法,应用 MIN 函数,计算单科成绩的最低分。

(7) 用同样的方法,应用 AVERAGE 函数,计算单科成绩的平均分。

(8) 应用 MAX 函数,计算英语和高数两门课程的最高分。

操作指导:

a. 选中 C22 单元格;在公式编辑栏左侧,单击"插入函数"按钮(f_x);在"插入函数"对话框中,选择函数 MAX;单击"确定"按钮。

b. 在"函数参数"对话框中,设置 Number1 参数为 C3:C14,Number2 参数为 E3:E14;此时 C22 和公式编辑栏中的内容都为=MAX(C3:C14,E3:E14),即 C22=MAX(C3:C14,E3:E14);单击"确定"按钮,则 C22 显示英语和高数两门课程的最高分。

(9) 应用 MIN 函数,计算英语和高数两门课程的最低分。

(10) 应用 AVERAGE 函数,计算英语和高数两门课程的平均分。

(11) 在"排名"列,利用 RANK.EQ 函数,求各个学生按"均分"排名的名次。

操作指导:

a. 先人工确定,按"均分"排名,李坚强第_____名(即 G3 在 G3:G14 中是第几大),结果填入_____单元格;完成后再往下操作。

b. 选中 J3 单元格;在编辑栏左侧,单击"插入函数"按钮(f_x);在"插入函数"对话框中,选择类别:全部,再选择函数:RANK.EQ,如图 10-23 所示;熟悉一下函数格式及其功能,单击"确定"。

c. 在"函数参数"对话框中,如图 10-24 所示,插入点定位在第一参数 Number 中,单击 G3 单元格,则第一参数为 G3;插入点定位在第二参数 Ref 中,选择 G3:G14 单元格,则第二参数为 G3:G14,利用 F4 键更改成 G$3:G$14;第三参数 Order 中输入 0(0—是降序排名,非零—是升序排名,降序排名时最高分是第 1 名,升序排名最高分将成为最后 1 名),此时公式编辑栏中的内容为=RANK.EQ(G3,G$3:G$14,0),即 J3=RANK.EQ(G3,G$3:G$14,0);单击"确定"按钮,则在 J3 中显示 G3 在 G$3:G$14 区域中的降序排名。

d. 双击 J3 单元格填充柄,在 J4:J14 区域填充按"均分"排名名次,如图 10-19b 所示。

图 10-23 插入函数 RANK.EQ 对话框

图 10-24 RANK.EQ 函数参数对话框

(12) 应用 IF 函数,计算"综合等第",如果均分>=60 为"合格",否则为"不合格"。

操作指导:

a. 选择 K3 单元格,直接在编辑栏中输入:=IF(G3>=60,"合格","不合格"),注意:除了汉字其他都必须是英文字符。输入完成,按回车键,结果为"合格"。

b. 选择 K4 单元格,在编辑栏左侧,单击"插入函数"按钮(f_x),在"插入函数"对话框中,选择函数:IF,如图 10-25 所示,单击"确定"。在"函数参数"对话框中,如图 10-26 所示,Logical_test 输入为 **G4>=60**;Value_if_true 输入为"**合格**";Value_if_false 输入为"**不合格**";此时编辑栏和 K4 为=**IF(G4>=60,"合格","不合格")**,其中 G4 是 K4 的相对引用地址;单击"确定"按钮,K4 中显示"不合格"。

c. 双击 K4 单元格的填充柄,填充 K5,K6,…,K14。

图 10-25 插入函数 IF 对话框

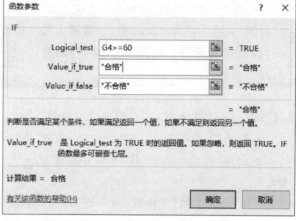

图 10-26 IF 函数参数对话框

(13) 利用 COUNTIF 函数,分别统计英语、程序设计、数学的不及格人数。

操作指导:

a. 先人工统计不及格人数,英语是_____,即 C3:C14 中小于 60 的成绩个数,程序设计是_____,数学是_____;明确解题思路,有助于理解并进行下列操作。

b. 选择 C19 单元格,在编辑栏左侧,单击"插入函数"按钮(f_x),在"插入函数"对话框中,选择类别:全部,在函数列表中选择函数 COUNTIF,如图 10-27 所示;熟悉一下函数格式及其功能,单击"确定"。在"函数参数"对话框中,如图 10-28 所示,设置 Range 为 C3:C14;Criteria 为"<60";此时编辑栏及 C19 为=**COUNTIF(C3:C14,"<60")**;单击"确定"按钮,在 C19 中显示 2。拖

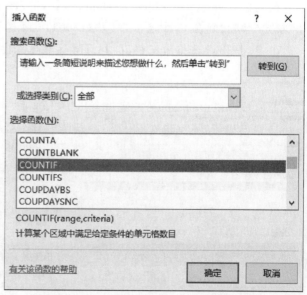

图 10-27 插入函数 COUNTIF 对话框

C19 单元格填充柄,填充 D19、E19。

(14) 自行统计英语、程序设计、数学的不及格率。

(15) 利用 COUNTIF 函数,统计综合等第为"合格"的人数,如图 10-29 所示,设置函数参数。自行统计综合等第为"不合格"的人数。

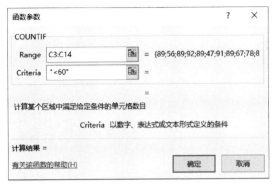

图 10-28 COUNTIF 参数设置 1　　　　图 10-29 COUNTIF 参数设置 2

(16) 自行统计综合等第"合格"人数占比以及"不合格"人数占比。

(17) 保存 excel3.xlsx 工作簿。

7. 在"excel3.xlsx"的"成绩统计"工作表中,如图 10-30 所示,直接引用"成绩表"中的统计结果进行填充,如图 10-31 所示。

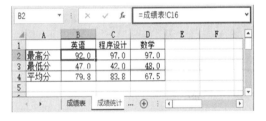

图 10-30 "成绩统计"表—引用前　　　　图 10-31 "成绩统计"表—引用后

操作指导:

a. 单击"成绩统计"工作表标签,使"成绩统计"成为当前工作表。

b. 选择 B2 单元格;在编辑栏中,输入=;单击"成绩表"工作表标签,选择"成绩表"中的 C16,此时编辑栏中的公式为"=成绩表!C16",单击"输入"按钮(✓)。

c. 拖 B2 的填充柄填充 B3、B4;拖动区域 B2:B4 的填充柄,填充其 C、D 两列。

　　说明:到此为止,针对 excel3.xlsx 工作簿的"成绩表"以及"成绩统计"工作表,进行了大量的计算,所有结果归根到底都是通过公式直接或间接引用"成绩表"中的原始数据(红色数据)计算而来;因此,在原始数据发生改变时,相关结果能够跟随变化,无须重新计算。

8. 根据“班级信息”工作表,如图 10－32 所示,在“学生信息”工作表,如图 10－33 所示,利用 VLOOKUP 函数完善 B 列内容。

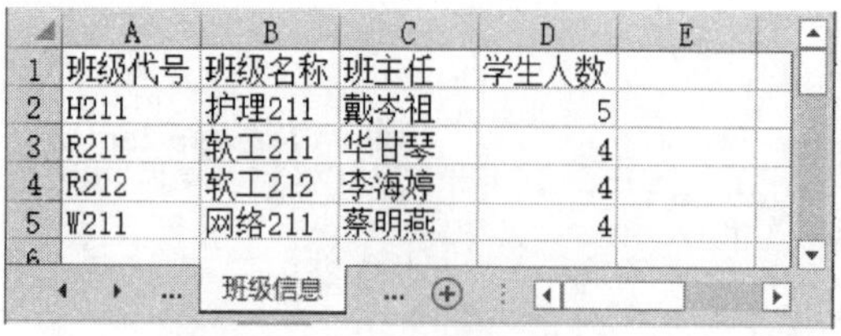

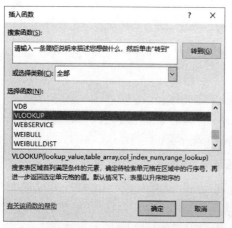

	A	B	C	D	E
1	班级代号	班级名称	班主任	学生人数	
2	H211	护理211	戴苓祖	5	
3	R211	软工211	华甘琴	4	
4	R212	软工212	李海婷	4	
5	W211	网络211	蔡明燕	4	

图 10－32 “班级信息”工作表

	A	B	C	D	E	F	G
1	学号	班级	姓名	性别	身高	年龄	
2	R21101		李坚强	男	172	19	
3	R21102		王琳	女	170	20	
4	R21103		孙状状	男	185	20	
5	R21104		李小明	男	165	19	
6	R21201		王昊楠	女	165	20	
7	R21202		李太敏	女	157	20	
8	R21203		张睦春	男	180	21	
9	R21204		李世超	男	178	20	
10	W21102		周洁洁	女	160	20	
11	W21103		杨颜	男	175	19	
12	W21104		程永	男	175	20	
13	W21105		陈敏	女	162	19	

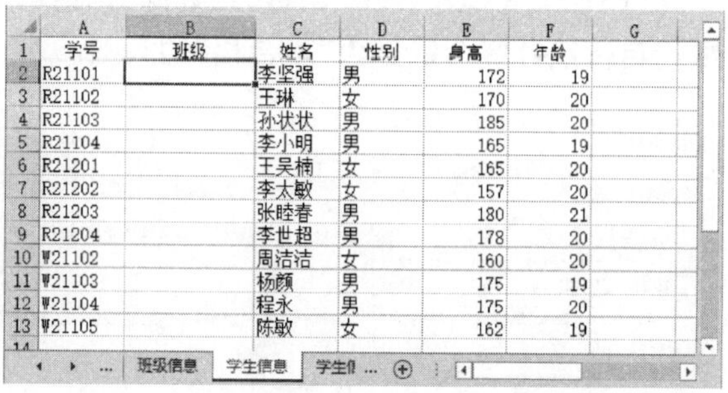

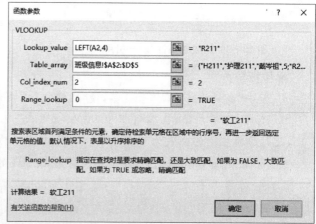

图 10－33 “学生信息”工作表

操作指导:

a. 思考,根据图 10－32 和图 10－33,图 10－33 的 B2 单元格中应填写________,B7 单元格应填写________。完成后进行下列操作。

b. 选择 B2 单元格;单击“插入函数”按钮(f_x);在“插入函数”对话框中,选择类别为全部,在函数列表中选择“垂直查询”函数 VLOOKUP,如图 10－34 所示,单击“确定”。在“函数参数”对话框中,如图 10－35 所示,Lookup_value 输入为 **LEFT(A2,4)**;设置 Table_array 为**班级信息!$A$2:$D$5**,方法是:将插入点定位在 Table_array 编辑框中,去选择“班级信息”工作表中的 A2:D5 区域,利用 F4 键将 A2:D5 转换为**$A$2:$D$5**;设置 Col_index_num 为 **2**;Range_lookup 为 **0**;此时编辑栏 B2 为=**VLOOKUP(LEFT(A2,4),班级信息!$A$2:$D$5,2,0)**;单击“确定”按钮,在 B2 单元格中显示结果:**软工 211**。拖 B2 单元格填充柄,向下填充至 B13。

图 10－34 插入 VLOOKUP

图 10－35 插入函数 VLOOKUP 对话框

说明:在本步骤中,编辑 B2= VLOOKUP(LEFT(A2,4),班级信息!$A$2:$D$5,2,0)时,使用了两个函数,一个是 LEFT 函数,一个是 VLOOKUP 函数。现在对这两个函数做进一步说明。

① LEFT 函数。

格式：LEFT(text,num_chars)

功能：从 text 包含的文本字符串左边，提取 num_chars 个字符。

例如，A2 单元格内容为"R21101"，则 LEFT(A2,4)的值为"R211"。

与 LEFT 函数相关的字符处理函数还有 RIGHT、MID、TRIM 和 LEN 函数。

② RIGHT 函数。

格式：RIGHT(text, num_chars)

功能：从 text 包含的文本字符串右边，提取 num_chars 个字符。

例如，A2 单元格内容为"R21101"，则 RIGHT(A2,2)的值为"01"。

③ MID 函数。

格式：MID(text, start_num, num_chars)

功能：在 text 包含的文本字符串中，从第 start_num 字符开始提取 num_chars 个字符。

例如，A2 单元格内容为"R21101"，则 MID(A2,2,2)的值为"21"。

④ TRIM 函数。

格式：TRIM(text)

功能：从 text 指定的文本字符串中移除前导空格和尾随空格；对于文本中间包含的空格，处理规则是保留一个空格作为单词间的分隔，移除多余的空格。函数返回处理结果。

例如，A2 单元格内容为" R21   101 "，则 TRIM(A2)的值为"R21 101"。

⑤ LEN 函数。

格式：LEN(text)

功能：返回 text 指定的文本字符串的字符个数。

例如，A2 单元格内容为"R21101"，则 LEN(A2)的值为 6。

⑥ VLOOKUP 函数。

格式：VLOOKUP(lookup_value, table_array, col_index_num, [range_lookup])

功能：在 table_array 指定的单元格区域的第 1 列，查找 lookup_value；找到后，将 lookup_value 所在行 col_index_num 列的单元格内容作为返回值。

函数参数：

lookup_value 用于指定要查找的值。

table_array 用于指定被查的单元格区域。该区域第 1 列必须包含要查找的 lookup_value，该区域 lookup_value 所在的行还需要包含想要返回值的单元格，否则函数返回值不会有效。

col_index_num 指定包含返回值的单元格列号。table-array 最左侧单元格列号为 1，向右依次为 2,3,…。

range_lookup 是可选参数。取值 FALSE（或 0），则在第一列中精确查找；取值 TRUE（或非零），则在第一列中模糊查找，TRUE 是针对已按第一列数字或字母排序的 table_array。缺省时，默认为 TRUE。

例如：B2=VLOOKUP(LEFT(A2,4),班级信息!$A$2:$D$5,2,0)，返回给 B2 值是"软工 211"。

9. 复制"学生信息"表的"学号""姓名""性别""身高"和"年龄"5列数据,粘贴到"学生信息备份"工作表中的 A1 位置。

操作指导:

a. 先选择"学号"列的数据;按下 Ctrl 键;在按下 Ctrl 键的同时,选择"姓名""性别""身高"和"年龄"4列数据,如图 10-36 所示,实现不连续区域数据选择。

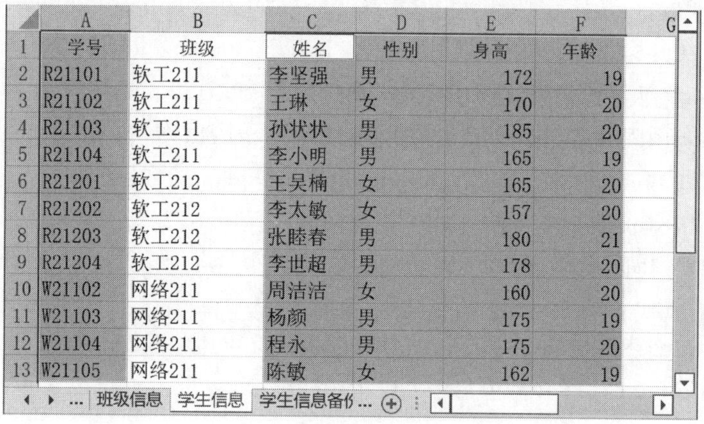

	A	B	C	D	E	F	G
1	学号	班级	姓名	性别	身高	年龄	
2	R21101	软工211	李坚强	男	172	19	
3	R21102	软工211	王琳	女	170	20	
4	R21103	软工211	孙状状	男	185	20	
5	R21104	软工211	李小明	男	165	19	
6	R21201	软工212	王昊楠	女	165	20	
7	R21202	软工212	李太敏	女	157	20	
8	R21203	软工212	张睦春	男	180	21	
9	R21204	软工212	李世超	男	178	20	
10	W21102	网络211	周洁洁	女	160	20	
11	W21103	网络211	杨颜	男	175	19	
12	W21104	网络211	程永	男	175	20	
13	W21105	网络211	陈敏	女	162	19	

班级信息 学生信息 学生信息备份...

图 10-36 选择不连续区域

b. 在【开始】选项卡【剪贴板】组中,单击"复制"按钮(📋 ▾)。

c. 切换到"学生信息备份"工作表;右击 A1 单元格,在快捷菜单中,单击"粘贴"。

10. 按如下要求,对"学生信息备份"工作表中的数据进行增、删、改。

(1) 在 A10 单元格位置,插入一个空白单元格。填充 A10 为"W21101",删除"W21105"。

操作指导:

a. 选择要插入空白单元格的区域 A10。

b. 在【开始】选项卡【单元格】组中,单击"插入 ▾";在下拉列表中,如图 10-37 所示,单击"插入单元格";在"插入"对话框中,如图 10-38 所示,选择"活动单元格下移",单击"确定"。

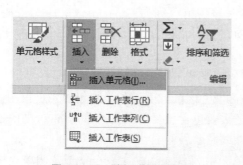

图 10-37 "插入"下拉列表

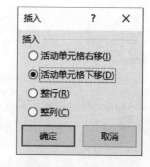

图 10-38 "插入"对话框

c. 拖 A11 的填充柄向上填充,填充 A10 为 W21101;选择单元格 A14,按 Delete 键,清除 W21105。

(2) 在"身高"列前,插入"出生日期"列。

操作指导:

a. 在"学生信息备份"工作表中,单击"身高"列,"身高"列成为当前列;在【开始】选项卡【单元格】组中,单击"插入 ▼";在下拉列表中,单击"插入工作表列",则在"身高"列前插入一新列。

b. 在新列输入列标题"出生日期",适当调节列宽。

(3) 在适当行插入一新学生记录,内容为:R21105,李世杰,男,178,20。

操作指导:

a. 单击第 6 行的任一单元格,第 6 行成为当前行。

b. 在【开始】选项卡【单元格】组中,单击"插入 ▼";在下拉列表中,单击"插入工作表行",则在当前行位置插入一新行。

c. 在新行中,输入记录:R21105,李世杰,男,178,20。

(4) 清除"学生信息备份"中学号为"R21202"的学生信息;删除学号为"W21103"的学生信息。比较"清除"与"删除"的区别。

操作指导:

a. 选中"R21202"的信息区域 A8:E8;在【开始】选项卡【编辑】组中,单击"清除"按钮(✐▼),在下拉列表中,如图 10-39 所示,单击"清除内容"。或者,在 A8:E8 选中后直接按 Delete 键。

b. 选中"W21103"的信息区域 A13:E13,在【开始】选项卡【单元格】组中,单击"删除"的下拉箭头,在下拉列表中,如图 10-40 所示,单击"删除工作表行"。

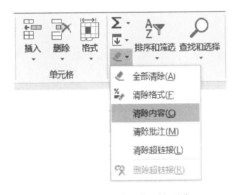
图 10-39　"清除"下拉列表

图 10-40　"删除"下拉列表

11. 将 excel3. xlsx 工作簿的工作表"课程"重命名为"课程信息"。

操作指导:

a. 右击"课程"工作表标签。

b. 在快捷菜单中,如图 10-41 所示,单击"重命名"。

图 10-41　"重命名"快捷菜单

c. 把工作表名改成"课程信息",按回车键确认。

12. 在"学生信息"前插入新工作表,并将新工作表命名为"新表"。

操作指导:

a. 单击"学生信息"工作表标签,使"学生信息"成为当前工作表。

b. 在【开始】选项卡【单元格】组中,单击"插入"下拉箭头;在下拉列表中,单击"插入工作表",则在"学生信息"表前插入一新工作表。

c. 双击新工作表表名,将其重命名为"新表"。

13. 删除"家庭开支"工作表。

操作指导:

a. 右击"家庭开支"工作表标签;在快捷菜单中,单击"删除"命令。

b. 在"Microsoft Excel 将永久删除此表,是否继续?"消息框中,单击"删除",确认操作。

14. 打开"C:\学生文件夹\excel4. xlsx"工作簿;将 excel3. xlsx 工作簿的工作表"成绩表"复制到 excel4. xlsx 工作簿中。保存、关闭 excel3. xlsx、excel4. xlsx 工作簿。

操作指导:

a. 打开"C:\学生文件夹\excel4. xlsx"工作簿,考察其包含哪些工作表。

b. 切换到 excel3. xlsx 工作簿 Excel 窗口;右击"成绩表"标签,在快捷菜单中,单击"移动或复制"。

c. 在"移动或复制工作表"对话框中,如图 10 - 42 所示,设置移至工作簿 excel4. xlsx,放在 excel4. xlsx 工作簿的 Sheet1 工作表之前,选择"建立副本"(移动工作表则不要建立副本);设置完毕,单击"确定"。

d. 查看 excel4. xlsx 工作簿工作表的最新构成。

e. 保存、关闭 excel3. xlsx 工作簿;保存、关闭 excel4. xlsx 工作簿。

图 10 - 42 "移动或复制工作表"
对话框

实验 11　工作表的格式化

一、实验目的

1. 学习设置文本字体、字号、对齐方式以及合并单元格。
2. 学习设置数据格式。
3. 学习设置单元格区域边框和底纹。
4. 学习调整行高和列宽。
5. 学习套用表格格式。
6. 掌握条件格式的使用方法。
7. 掌握图表的建立及其格式化方法。

二、实验内容

1. 打开 excel5. xlsx，进行如下实验。

2. 将工作表"工资表"中的内容复制到 Sheet1 中，从 A1 单元格开始放置。将 Sheet1 工作表重命名为"工资表备份"。

3. 在"工资表"工作表中，设置标题"职工工资表"的格式，黑体、加粗、24 号、蓝色，在 A1：H1 区域"跨列居中"显示。

4. 设置各列列标题为宋体、14 号字、红色，水平居中、垂直居中，背景颜色为浅绿色；设置列标题"编号"和"性别"自动换行显示。

5. 设置表格外边框为最粗蓝线，内部线条为最细蓝线，再设置列标题行的下边线为蓝色双线。

6. 设置"工作日期"列的数据样式为"××××年××月"；设置"基本工资""职务工资"列的数值保留 1 位小数；"实发工资"列的数据以"¥"开头，保留 1 位小数。

7. 设置表格列标题行行高 40，下面各行行高 18。

8. 设置"编号"和"性别"列为自动调整列宽；设置"工作日期"列列宽 18；手动调整其他列列宽，以能够完整显示信息内容。

9. 设置条件格式。把"实发工资"列中大于 8500 的数据设置为"红色"、加粗，小于 6200 的数据设置为"蓝色"、倾斜，填充黄色背景。

10. 创建图表 1。在"工资统计"表中，选取整个数据区域（A2：D8），在当前工作表中插入"带数据标记"折线图，设置图表标题为"图表 1"。再复制出一张图表 1，并将其移动到新工作表"图表 1"中。

11. 创建图表 2。在"工资统计"工作表中，修改图表标题为"图表 2"，将"折线图"改成"簇状柱形图"，添加分类轴（X 轴）标题为"年份"，数值轴（Y 轴）标题为"工资"，图例靠右显示。重新选择图表数据区域= A2：D2，A4：D4，A8：D8，不选副科级系列，只反映 2018 和 2022 年科级和科员的工资情况。将图表 2 移动到新工作表"图表 2"中。

12. 在"工资统计"表的 F2：I9 区域中，插入图表 3；在 J2：M9 区域中，插入图表 4；在 B9：D9 区域中，插入迷你图。具体要求如下。

（1）插入图表 3。在"工资统计"表中，同时选取 A2：D2、A4：D4 和 A8：D8 数据区域，生成簇状柱形图，比较科级、副科级和科员 2018 和 2022 年的工资状况，图表标题为"图表 3"，图例位于底部;添加数据标签("数据标签内");将图表放置在当前工作表的 F2:I9 区域中。

(2) 插入图表 4。在"工资统计"表中,同时选取 A2:B8 和 D2:D8 数据区域,生成簇状柱形图,比较科级和科员 6 年来的工资状况,图表标题为"图表 4",图例位于底部;将图表放置在当前工作表的 J2:M9 区域中。

(3) 插入迷你图。在"工资统计"表中数据的下一行 B9:D9 中,插入柱形迷你图,反映各列上方数据的变化情况。

13. 创建图表 5。在"公司编制规划"表中,选取"职位"列(A2:A5)和"比例"列(C2:C5)数据区域的内容;在当前表中,建立"饼图",图表标题为"公司编制比例",图例位于右侧。

14. 保存 excel5.xlsx 工作簿文件,关闭 Excel 应用程序。

三、实验步骤

1. 打开 C:\学生文件夹\excel5.xlsx 工作簿,进行实验。

2. 将工作表"工资表"中的内容复制到 Sheet1 中,从 A1 单元格开始放置。将 Sheet1 工作表重命名为"工资表备份"。在后继步骤 3~9 中,对"工资表"格式化,结果如样张 11-1 所示。

样张 11-1

3. 在"工资表"工作表中,设置标题"职工工资表"的格式,黑体、加粗、24 号、蓝色,在 A1:H1 区域"跨列居中"显示。

操作指导:

a. 选中单元格区域 A1:H1;在【开始】选项卡【单元格】组中,单击"格式";在下拉选项中,单击"设置单元格格式"。

b. 在"设置单元格格式"对话框的"对齐"选项卡中,如图 11-1a 所示,设置水平对齐为"跨列居中",垂直对齐为"居中"。

c. 在"设置单元格格式"对话框的"字体"选项卡中,如图 11-1b 所示,设置黑体、加粗、24 号、蓝色。单击"确定"。

a. "对齐" 选项卡

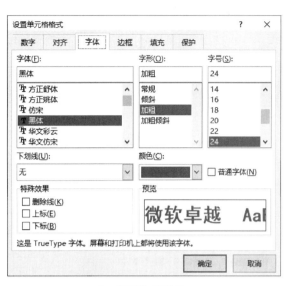

b. "字体" 选项卡

图 11 - 1 "设置单元格格式"对话框

4. 设置各列列标题为宋体、14 号字、红色,水平居中、垂直居中,背景颜色为浅绿色;设置列标题"编号"和"性别"自动换行显示。

操作指导:

a. 选中 A2:H2 单元格区域;右击选中区域,在快捷菜单中,单击"设置单元格格式";在"设置单元格格式"对话框的"字体"选项卡中,设置宋体、14 号字、红色;在"对齐"选项卡中,设置水平对齐为"居中",垂直对齐为"居中";在"填充"选项卡中,设置背景色为浅绿色;单击"确定"按钮。

b. 选中"编号"单元格,按下<Ctrl>键,再选择"性别"单元格;右击选中区域,在快捷菜单中,单击"设置单元格格式";在"设置单元格格式"对话框的"对齐"选项卡中,选择"自动换行",单击"确定"按钮。拖拽列标 A 和 B 之间的分界线,缩小"编号"列列宽;拖动行号 2 和 3 之间的分界线,增大"编号"单元格的行高,将呈现自动换行效果。再调整"性别"列宽。

5. 参照样张 11 - 1,设置表格外边框为最粗蓝线,内部线条为最细蓝线,再设置列标题行下边线条为蓝色双线。

操作指导:

a. 选中 A2:H14 单元格区域;右击选中区域,在快捷菜单中,单击"设置单元格格式";在"设置单元格格式"对话框的"边框"选项卡中,设置线条"样式"为最粗实线,"颜色"为蓝色,单击预置"外边框"按钮(⊞),设置外边框为最粗蓝线,如图 11 - 2(a)所示;再设置线条"样式"为最细实线,"颜色"为蓝色,单击预置"内部"按钮(┼),设置内部线条为最细蓝线;设置完毕,单击"确定"。

b. 选中 A2:H2 单元格区域;右击选中区域;在快捷菜单中,单击"设置单元格格式";在"设置单元格格式"对话框的"边框"选项卡中,设置线条"样式"为双线,"颜色"为蓝色,在"边框"中选择"▦"按钮;单击"确定"。

a. "边框"选项卡　　　　　　　　　　　　b. "数字"选项卡

图 11-2　"设置单元格格式"对话框

6. 设置"工作日期"列的数据样式为"××××年××月";设置"基本工资""职务工资"列的数值保留 **1** 位小数;"实发工资"列的数据以"¥"开头,保留 **1** 位小数。

操作指导:

a. 选中 C3:C14 单元格区域;打开"设置单元格格式"对话框,在"数字"选项卡"分类"列表中单击"日期",设置"类型"为"二○一二年三月",如图 11-2(b)所示;单击"确定"按钮。调整列宽,以能完整地显示数据。

b. 选中 F3:G14 单元格区域;打开"设置单元格格式"对话框,在"数字"选项卡"分类"列表中,单击"数值",设置小数位数 1,单击"确定"按钮。

c. 选中 H3:H14 区域;打开"设置单元格格式"对话框,在"数字"选项卡"分类"列表中,单击"货币",设置"货币符号"为"¥",小数位数为 1;单击"确定"按钮。

d. 保存对 excel5. xlsx 工作簿的修改,继续下面的操作。

7. 设置表格列标题行行高 **40**,下面各行行高 **18**。

操作指导:

a. 选中单元格区域 A2:H2;在【开始】选项卡【单元格】组中,单击"格式";在下拉选项中,单击"行高";在"行高"对话框中,输入 40;单击"确定"。

b. 选中单元格区域 A3:H14,设置行高值为 18。

8. 设置"编号"列和"性别"列为"自动调整列宽";设置"工作日期"列列宽为 **18**;手动调整其他列列宽,以能够完整显示信息内容。

操作指导:

a. 选择 A2:A14 单元格区域,按住 Ctrl 键,再选择 D2:D14 单元格区域;在【开始】选项卡【单元格】组中,单击"格式";在下拉选项中,单击"自动调整列宽"。

b. 选中 C2:C14 单元格区域;在【开始】选项卡【单元格】组中,单击"格式";在下拉选项中,单击"列宽";在"列宽"对话框中,输入 18,单击"确定"按钮。

c. 用鼠标拖拽列标 B 和 C 之间的分界线(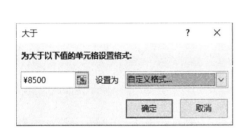),调整 B 列的宽度。用同样的方法,调整 E、F、G、H 列的宽度。

9. 设置条件格式。把"实发工资"列中大于 8500 的数据设置为"红色"、加粗,小于 6200 的数据设置为"蓝色"、倾斜,填充黄色背景。

操作指导:

a. 选中 H3:H14 单元格区域;在【开始】选项卡【样式】组中,依次单击"条件格式"→"突出显示单元格规则"→"大于";在"大于"对话框中,如图 11 - 3 所示,在文本框输入 8500,设置为"自定义格式";在弹出的"设置单元格格式"对话框中,如图 11 - 4 所示,设置字形为"加粗",颜色为"红色",单击"确定"按钮;返回"大于"对话框,单击"确定"按钮,完成设置。

图 11 - 3 "大于"对话框 图 11 - 4 "设置单元格格式"对话框

b. 选中 H3:H14 区域;参照上述方法,把"实发工资"列中小于 6200 的数据设置为"蓝色"、倾斜,填充黄色背景。

c. 保存 excel5. xlsx 工作簿。

10. 创建图表 1。在"工资统计"表中,选取整个数据区域(A2:D8),在当前工作表中插入"带数据标记"折线图,设置图表标题为"图表 1"。再复制出一张图表 1,并将其移动到新工作表"图表 1"中。

操作指导:

a. 选中"工资统计"表的 A2:D8 区域,在【插入】选项卡【图表】组中,单击 〰 -(折线图),选择"带数据标记的折线图",则生成图表;修改图表标题为"图表 1",如图 11 - 5 所示。

b. 选择图表,按 Ctrl + C,复制图表;按 Ctrl + V,粘贴图表。

c. 选择复制的图表;在【图表工具|设计】选项卡【位置】组中,单击"移动图表",在"移动图表"对话框中,如图 11 - 6 所示,选择"新工作表",输入新工作表名:图表 1,单击"确定"按钮。

	A	B	C	D	E
1	2017-2022年工资情况表				
2	年份	科级	副科级	科员	
3	2017年	7561	6597	5535	
4	2018年	8256	7500	5600	
5	2019年	8949	7327	6520	
6	2020年	15250	9395	6595	
7	2021年	14278	9494	8505	
8	2022年	18268	12550	8600	

图 11-5 "工资统计"表及带数据标记的折线图 　　　图 11-6 "移动图表"对话框

11. 创建图表 2。 在"工资统计"工作表中,修改图表标题为"图表 2",将"折线图"改成"簇状柱形图",添加分类轴(X 轴)标题为"年份",数值轴(Y 轴)标题为"工资",图例靠右显示。重新选择图表数据区域=A2:D2,A4:D4,A8:D8,不选副科级系列,只反映 2018 和 2022 年科级和科员的工资情况。将图表 2 移动到新工作表"图表 2"中。

操作指导:

a. 在"工资统计"工作表中,修改图表标题为"图表 2"。

b. 在【图表工具|设计】选项卡【类型】组中,单击"更改图表类型",在"更改图表类型"对话框中,如图 11-7 所示,选择"柱形图",子类型"簇状柱形图",单击"确定"按钮。

c. 在【图表工具|设计】选项卡【图表布局】组中,如图 11-8 所示,依次单击"添加图表元素"→"轴标题"→"主要横坐标轴",输入 X 坐标轴标题"年份";依次单击"添加图表元素"→"轴标题"→"主要纵坐标轴标题",输入 Y 坐标轴标题为"工资";依次单击"添加图表元素"→"图例"→"右侧",在右侧显示图例。

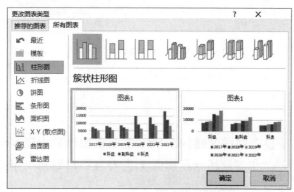

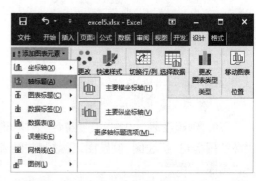

图 11-7 "更改图表类型"对话框 　　　图 11-8 "添加图表元素"下拉列表

d. 在【图表工具|设计】选项卡【数据】组中,单击"选择数据";在"选择数据源"对话框中,如图 11-9 所示,重新选择"图表数据区域:"为 A2:D2,A4:D4,A8:D8,图例项(系列)中不选副科级;单击"确定"。修改后的图表如图 11-10 所示。

e. 将图表 2 移动到新工作表"图表 2"中。

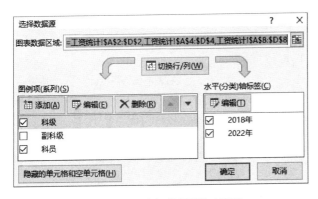

图 11‒9 "选择数据源"对话框

图 11‒10 图表 2 样式

12. 如样张 11‒2 所示,在"工资统计"表的 **F1:I9** 区域中,插入图表 3;在 **J1:M9** 区域中,插入图表 4;在 **B9:D9** 区域中,插入迷你图。具体要求如下。

样张 11‒2

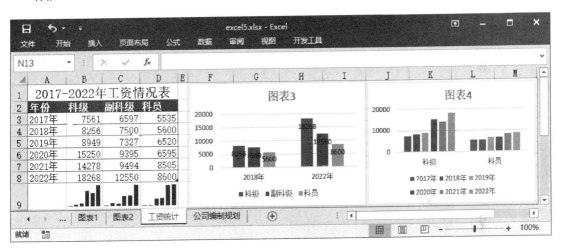

（1）插入图表 3。在"工资统计"表中,同时选取 **A2:D2、A4:D4** 和 **A8:D8** 数据区域,生成簇状柱形图,比较科级、副科级和科员 **2018** 和 **2022** 年的工资状况,图表标题为"图表 3",图例位于底部;添加数据标签("数据标签内");将图表放置在当前工作表的 **F1:I9** 区域中,如样张 **11‒2** 所示。

操作指导:

a. 在"工资统计"表中,同时选择 A2:D2、A4:D4 和 A8:D8 数据区域,生成簇状柱形图,比较科级、副科长和科员 2018 和 2022 年的工资状况,图表标题为"图表 3",图例位于底部。

b. 在【图表工具|设计】选项卡【图表布局】组中,依次单击"添加图表元素"→"数据标签"→"数据标签内",添加数据标签,如样张 11‒2 所示。

c. 通过移动位置和缩放大小的办法,将图表放置在当前工作表的 F1:I9 区域中。

（2）插入图表 4。在"工资统计"表中,同时选取 **A2:B8** 和 **D2:D8** 数据区域,生成簇状柱形图,比较科级和科员 **6** 年来的工资状况,图表标题为"图表 4",图例位于底部;将图表放置在当前工作表的 **J1:M9** 区域中,如样张 **11‒2** 所示。

操作指导:

a. 在"工资统计"表中,如图 11‒11 所示,选取 A2:B8 和 D2:D8 数据区域,生成簇状柱形图,比较科级和科员6年来的工资状况,图表标题为"图表4",图例位于底部。此时,水平轴为年份,如图11-12所示。

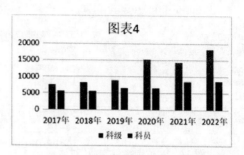

	A	B	C	D
1	2017-2022年工资情况表			
2	年份	科级	副科级	科员
3	2017年	7561	6597	5535
4	2018年	8256	7500	5600
5	2019年	8949	7327	6520
6	2020年	15250	9395	6595
7	2021年	14278	9494	8505
8	2022年	18268	12550	8600

图 11-11　选取 A2:B8,D2:D8 区域　　　　图 11-12　图表 4(水平轴为年份)

b. 在【图表工具|设计】选项卡【数据】组中,单击"切换行/列",水平轴改成职位,如样张11-2所示。将图表放置在 J1:M9 区域中。

(3) 插入迷你图。 在"工资统计"表数据下一行的 **B9:D9** 中,插入柱形迷你图,反映各单元格上方数据的变化情况,如样张 11-2 所示。

操作指导:

a. 在"工资统计"表中,选择 B9,在【插入】选项卡【迷你图】组中,单击"柱形图";在"创建迷你图"对话框中,选择数据范围为 B3:B8,单击"确定",B9 中生成柱形迷你图。

b. 拖 B9 单元格填充柄,填充 C9 和 D9 单元格。

13. 创建图表 5。 在"公司编制规划"表中,选取"职位"列(A2:A5)和"比例"列(C2:C5)区域的内容;在当前表中,建立"饼图",设置标题为"公司编制比例",图例位于右侧,添加"最佳匹配"数据标签,如图 11-13 所示。

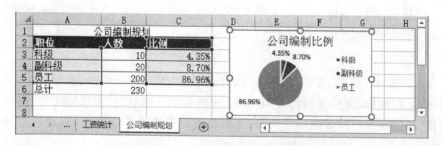

图 11-13　创建"饼图"——图表 5

14. 保存 excel5. xlsx 工作簿文件,关闭 Excel 应用程序。

实验 12　数据处理

一、实验目的

1. 熟悉数据排序方法。
2. 熟悉数据筛选方法。
3. 熟悉数据分类汇总方法。
4. 熟悉数据透视表的使用方法。

二、实验内容

1. 打开 excel6.xlsx 工作簿；在"成绩表(1)"中，增加"总分"列，并计算总分；创建 9 个"成绩表(1)"副本"成绩表(2)"～"成绩表(10)"。然后进行如下实验。

2. 简单排序。将"成绩表(1)"先按"外语"降序排序；然后再按"总分"降序排序。

3. 复杂排序。在"成绩表(2)"中自定义排序，要求数据按"总分"降序排列，总分相同的数据按"外语"降序排列。

4. 按自定义序列排序。自定义序列"无锡，南通，扬州"；将"成绩表(3)"按出生地"无锡，南通，扬州"顺序排列，出生地相同时再按性别升序排列。

5. 自动筛选。在"成绩表(4)"中，将"无锡"考生筛选出来，进行浏览；然后清除筛选，再将总分在 240～270 之间的所有考生筛选出来，浏览并保存筛选结果。

6. 高级筛选 1。在"成绩表(5)"中，将性别为"女"且外语成绩在 85 以上，或者性别为"男"且数学成绩在 85 以上的考生筛选出来。要求在 A25：H27 中定义条件区域，在 A29 位置存放筛选结果。

7. 高级筛选 2。在"成绩表(6)"中，将性别为"女"且出生地为"无锡"，或者性别为"男"且出生地为"扬州"的考生筛选出来。要求在 A25：H27 中定义条件区域，在 A30 位置存放筛选结果。

8. 数据分类汇总 1。将"成绩表(7)"按性别分类汇总，分别统计男、女生各科成绩的平均分。用分类汇总结果，创建簇状柱形图，对比男、女生各科平均成绩。

9. 数据分类汇总 2。将"成绩表(8)"按出生地分类汇总，分别统计各地区学生各科成绩的平均分。

10. 在"成绩表(9)"中，创建数据透视表，分别统计各出生地男、女生各科成绩的平均分。

11. 在"成绩表(10)"中，创建数据透视表，放置在"现有工作表"的 J3 位置，按照数学、语文、英语的顺序统计各出生地学生各科成绩的最高分，如样张所示。

12. 操作完毕，保存 excel6.xlsx 工作簿，退出 Excel 应用程序。

三、实验步骤

1. 在 C:\学生文件夹中，用 Excel 打开 excel6.xlsx 工作簿；在"成绩表(1)"中，增加"总分"列，并计算总分；创建 9 个"成绩表(1)"副本"成绩表(2)"～"成绩表(10)"。然后进行如下实验。

2. 简单排序。将"成绩表(1)"中的数据先按"外语"成绩降序排序；然后再按"总分"降序排序。观察工作表数据排列改变情况。

操作指导：

a. 在"成绩表(1)"中，单击选择"外语"列；在【开始】选项卡【编辑】组中，单击"排序和筛选"，再单击"⬇ 降序"，则表中数据按照"外语"成绩从高到低进行排列。

b. 再单击"总分"列；单击"排序和筛选"→"⬇ 降序"，则表中数据按照"总分"成绩从高到低，重新排列。

c. 仔细观察排序结果，"总分"成绩相同的记录，"外语"成绩能保持从高到低。

3. 复杂排序。 在"成绩表(2)"中自定义排序，要求数据按"总分"降序排列，总分相同的数据按"外语"降序排列。

操作指导：

a. 在"成绩表(2)"中，单击或选中 A1:H23 数据区域。

b. 在【开始】选项卡【编辑】组中，单击"排序和筛选"，再单击"自定义排序"；在"排序"对话框中，如图 12-1 所示，设置主要关键字为：总分，次序为：降序，然后再单击"添加条件"，设置次要关键字为：外语，次序为：降序，单击"确定"按钮。则数据记录按照"总分"从高到低排列，"总分"相同的记录按照"外语"成绩从高到低排列。

图 12-1　"排序"对话框

c. 比较"成绩表(1)"和"成绩表(2)"中的数据排列。应该相同。

4. 按自定义序列排序。 自定义序列"无锡，南通，扬州"；将"成绩表(3)"按出生地"无锡，南通，扬州"顺序排列，出生地相同时再按性别升序排列。注意观察工作表数据变化。

操作指导：

a. 在"成绩表(3)"中，单击或选中 A1:H23 数据区域。

b. 在【开始】选项卡【编辑】组中，单击"排序和筛选"，选择"自定义排序"；在"排序"对话框中，设置主要关键字为：出生地，"次序"选择"自定义序列"。

c. 在"自定义序列"对话框中，输入新序列："无锡，南通，扬州"，如图 12-2 所示。单击"添加"按钮，则添加该序列到"自定义序列"中，单击"确定"按钮。

图 12-2　"自定义序列"对话框

d. 在"排序"对话框中,单击"添加条件",设置次要关键字为:性别,次序为:升序,如图12-3所示,单击"确定",则表中的数据按照定义的序列排序,出生地相同则按性别排序。

图 12-3 "排序"对话框

e. 单击"快速访问工具栏"上的"保存"按钮,保存 excel6. xlsx。

5. 在"成绩表(4)"中,应用"筛选"功能,将"无锡"考生筛选出来,进行浏览;然后清除筛选,再将总分在 240~270 之间的所有考生筛选出来,浏览并保存筛选结果。

操作指导:

a. 在"成绩表(4)"中,单击或选中 A1:H23 数据区域。

b. 在【开始】选项卡【编辑】组中,单击"排序和筛选",再单击"筛选",此时数据清单各列标题右边都将出现"筛选"按钮,如图 12-4 所示。

	A	B	C	D	E	F	G	H	I
1	考生编号	姓名	性别	出生地	语文	外语	数学	总分	
2	YJ0001	常镇	女	无锡	90.0	88.0	87.0	265.0	
3	YJ0002	李大伟	男	扬州	67.0	58.0	70.5	195.5	
4	YJ0003	许可梅	女	无锡	76.0	73.5	78.0	227.5	
5	YJ0004	花万红	男	南通	89.0	89.0	87.0	265.0	
6	YJ0005	胡同喜	男	无锡	73.5	67.0	67.5	208.0	
7	YJ0006	唐红光	女	无锡	76.5	54.0	54.0	184.5	
8	YJ0007	乐章山	男	南通	57.0	67.5	56.0	180.5	
9	YJ0008	谷汉方	女	扬州	45.0	87.0	78.0	210.0	
10	YJ0009	程柯	女	扬州	65.0	35.0	85.0	185.0	
11	YJ0010	王国利	男	南通	67.0	83.5	49.0	199.5	
12	YJ0011	于天欣	女	扬州	56.0	87.0	78.0	221.0	

图 12-4 数据筛选

c. 单击"出生地"右边的"筛选"按钮(▼),如图 12-5 所示,在下拉列表中,只保留选择"无锡",单击"确定",即可将出生地为"无锡"的考生筛选出来,如图 12-6 所示。

图 12-5 筛选按钮下拉列表

图 12-6 "出生地"是"无锡"的考生

　　d. 单击"出生地"右边的"筛选"按钮,在下拉列表中,选择"(全选)",单击"确定",则所有数据全部显示出来。

　　e. 单击"总分"右边的"筛选"按钮,如图 12-7 所示,单击"数字筛选",再单击"自定义筛选",在"自定义自动筛选方式"对话框中,如图 12-8 所示,设置大于或等于 240,小于或等于 270,单击"确定",筛选出 4 条记录。

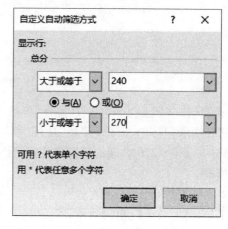

图 12-7　"总分"筛选按钮下拉列表　　图 12-8　"自定义自动筛选方式"对话框

　　f. 再次单击"排序和筛选"→"筛选",则取消"筛选"功能,列标题右边"筛选"按钮消失。

　　g. 单击"快速访问工具栏"的"撤销"按钮,撤销取消"筛选"功能操作,恢复筛选结果。

　　h. 单击"快速访问工具栏"的"保存"按钮,保存 excel6. xlsx。

　　6. 高级筛选 1。在"成绩表(5)"中,将性别为"女"且外语成绩在 85 以上,或者性别为"男"且数学成绩在 85 以上的考生筛选出来。要求在 A25:H27 中定义条件区域,在 A29 位置放置筛选结果。

　　操作指导:

　　a. 在"成绩表(5)"中,定义条件区域 A25:H27,如图 12-9 所示。具体做法是:将 A1:H1列标题复制到 A25:H25 中;在单元格 C26 输入"女",F26 输入">85"(> 为英文字符);在 C27输入"男",G27 输入">85"。

　　说明:为"并且"关系的条件,要放在同一行上,如性别为"女"且外语>85;为"或者"关系的条件,要放在不同行上。

	A	B	C	D	E	F	G	H
25	考生编号	姓名	性别	出生地	语文	外语	数学	总分
26			女			>85		
27			男				>85	
28								

◄ … 成绩表(4) 成绩表(5) 成绩表(6) 成 … ⊕ ┊ ◄

图 12-9　定义条件区域 A25:H27

　　b. 单击或选择 A1:H23 数据区域;在【数据】选项卡【排序和筛选】组中,单击"高级";在"高级筛选"对话框中,如图 12-10 所示,"列表区域"为已选区域$A$1:$H$23;单击"条件区域"文本框后面的区域定义按钮(▦),然后去选择 A25:H27 单元格区域,作为条件区域;选择"将筛选结果复制到其他位置";单击"复制到"文本框后面的▦,选择 A29 单元格;单击"确定",随即满足条件的考生记录就出现在 A29 位置,如图 12-11 所示。

图 12-10 "高级筛选"对话框

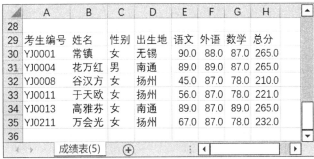

图 12-11 高级筛选结果

c. 单击"快速访问工具栏"上的"保存"按钮,保存 excel6. xlsx。

7. 高级筛选 2。 在"成绩表(6)"中,将性别为"女"且出生地为"无锡",或者性别为"男"且出生地为"扬州"的考生筛选出来。要求在 **A25:H27** 中定义条件区域,在 **A30** 位置放置筛选结果。

8. 数据分类汇总 1。 将"成绩表(7)"按性别分类汇总,分别统计男、女生各科成绩的平均分。用分类汇总结果,创建簇状柱形图,对比男、女生各科平均成绩。

操作指导:

a. 在"成绩表(7)"中,将数据按"性别"排序。单击"性别"列;在【开始】选项卡【编辑】组中,单击"排序和筛选",选择单击"升序"(也可降序)。

> 注意:分类汇总前必须先按分类字段排序,这里的分类字段为"性别",排序后男生记录排在一起,女生记录排在一起。

b. 单击或选择 A1:H23 数据区域;在【数据】选项卡【分级显示】组中,单击"分类汇总";在"分类汇总"对话框中,如图 12-12 所示,设置分类字段为"性别",汇总方式为"平均值",依次选定"语文、外语、数学"作为汇总项,单击"确定"按钮,结果如图 12-13 所示。

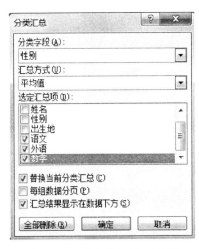

图 12-12 "分类汇总"对话框

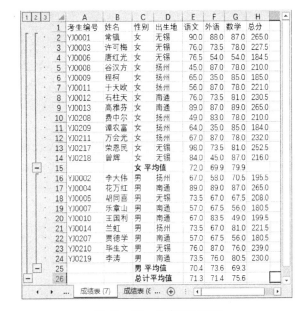

图 12-13 分类汇总结果

c. 在分类汇总数据表左边,单击 [1][2][3] 中的 [2],将分类汇总数据折叠,显示前 2 级汇总,如图 12‑14 所示。先选择 C 列前 3 行,然后按下 Ctrl 键,再选择 E、F、G 列前 3 行,如图 12‑14 所示;插入簇状柱形图,对比男、女生各科平均成绩,输入标题"男、女各科平均成绩对比",如图 12‑15 所示。

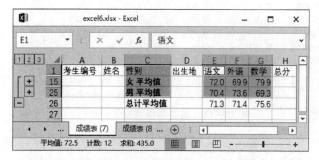

图 12‑14 分类汇总数据折叠显示效果   图 12‑15 男、女生各科平均成绩对比图

d. 单击"保存"按钮,保存 excel6. xlsx。

9. 数据分类汇总 2。 将"成绩表(8)"按出生地分类汇总,分别统计各地区学生各科成绩的平均分。

10. 在"成绩表(9)"中,创建数据透视表,如样张 12‑1 所示,分别统计各出生地男、女生各科成绩的平均分。

样张 12‑1

性别	值	出生地			
		无锡	南通	扬州	总计
男	平均值项:语文	74.75	68.70	70.25	70.39
	平均值项:外语	77.00	76.70	62.50	73.61
	平均值项:数学	71.75	65.70	75.75	69.28
女	平均值项:语文	84.90	82.50	57.67	71.96
	平均值项:外语	66.80	80.25	69.00	69.88
	平均值项:数学	77.40	85.00	80.33	79.92
平均值项:语文汇总		**82.00**	**72.64**	**60.81**	**71.32**
平均值项:外语汇总		**69.71**	**77.71**	**67.38**	**71.41**
平均值项:数学汇总		**75.79**	**71.21**	**79.19**	**75.57**

操作指导:

a. 在"成绩表(9)"中,单击或选择 A1:H23 数据区域。

b. 在【插入】选项卡【表格】组中,单击"数据透视表";在"创建数据透视表"对话框中,如图 12‑16 所示,默认要分析的数据区域 A1:H23 以及放置位置"新工作表",单击"确定"按钮,创建数据透视表。如图 12‑17 所示。

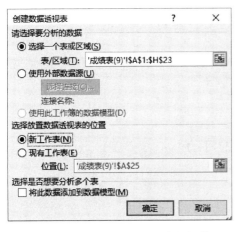

图 12 - 16　"创建数据透视表"对话框

图 12 - 17　"空数据透视表"

　　c. 在"选择要添加到报表的字段"中,将"性别"拖到"行"中,将"出生地"拖到"列"中,分别将"语文""外语""数学"依次拖到"Σ 值"中,再将自动出现在"列"中的"Σ 数值"拖到"行"中;结果如图 12 - 18 所示。

图 12 - 18　字段选择及行列标签设置效果

　　d. 单击数据透视表,在【数据透视表工具|设计】选项卡【布局】组中,单击"报表布局";在下拉选项中,单击"以表格形式显示"。

　　e. 将汇总方式由"求和"改成"求平均"。在"数据透视表字段"窗格,单击"求和项:语文";在出现的选项列表中,单击"值字段设置";在"值字段设置"对话框,如图 12 - 19 所示,设置汇总字段计算类型为"平均值";单击"数字格式"按钮,在"设置单元格格式"对话框中,设置"数值"带 2 位小数。同样,将"外语""数学"汇总方式都改为"平均值",带 2 位小数。

　　f. 将最终的结果和样张 12 - 1 对照,保存 excel6.xlsx 工作簿。

图 12 - 19　值字段设置

11. 在"成绩表(10)"中,创建数据透视表,放置在"现有工作表"的 J3 位置,按照数学、语文、英语的顺序统计各出生地学生各科成绩的最高分,结果如样张 12-2 所示。

样张 12-2

行标签	最高分数学	最高分语文	最高分外语
无锡	87	98	88
南通	89	89	89
扬州	85	73.5	87
总计	89	98	89

12. 操作完毕,保存 excel6. xlsx 工作簿,退出 Excel 应用程序。

第 4 章　PowerPoint 操作实验

实验 13　演示文稿的制作

一、实验目的

1. 掌握 PowerPoint 2016 的启动与退出。
2. 掌握演示文稿创建和保存、打开和关闭的操作方法。
3. 掌握在幻灯片中插入文本、表格、图片、SmartArt 图形及其他对象等操作。
4. 掌握幻灯片选择、插入、删除、复制、移动、隐藏及其编辑技术。
5. 掌握文字、段落、对象格式设置方法。

二、实验内容

1. 创建演示文稿，制作第 1 张幻灯片，为"标题幻灯片"版式；输入标题"信息技术上机实践介绍"，输入副标题"——信息科学技术学院"；设置标题字体为华文琥珀、54 号字、加粗、深红，副标题字体为黑体、40 号字；保存演示文稿，命名为 ppt1. pptx。

2. 制作第 2 张幻灯片，为"标题和内容"版式；输入标题"信息技术实践内容"，输入内容为样张所示的 6 行文字；设置标题格式为华文琥珀、54 号字、加粗、深红，设置内容格式为黑体、34 号字，保留项目符号，单倍行距。

3. 制作第 3 张幻灯片，为"两栏内容"版式，输入标题"Windows 操作系统"，左栏插入图片windows. jpg，右栏添加相应的文本。设置"两栏内容"母板格式，标题为隶书、加粗、深红色、50 号，设置右栏中的各级文本格式：无项目符号，华文行楷、24 号，蓝色，段落行距为 1. 2 倍行距。

4. 制作第 4 张幻灯片，为"两栏内容"版式，输入标题"Access 数据库管理软件"，左栏插入图片，右栏添加文本；图片和文本来源为 ppt 图文库. docx，下同。

5. 制作第 5 张幻灯片，为"两栏内容"版式，参照样张，输入标题"Outlook 邮件信息管理软件"，左栏插入图片，右栏插入表格 6 行×2 列，并添加文字。

6. 制作第 6 张幻灯片，为"空白"版式，参照样张，插入"横排文本框"，框内输入标题"Word 字处理软件"，设置标题格式为黑体、加粗、48 号；在幻灯片上，粘贴图片，设置图片高度5 cm，宽度 5 cm；粘贴文本，设置文本为黑体、24 号。

7. 制作第 7 张幻灯片，"仅标题"版式，输入标题：Excel 电子表格处理软件，设置字体为黑体、加粗、48 号；复制 excel. xls 工作簿 Sheet1 中的 A1：E6 单元格区域内容，作为"Microsoft Excel 工作表对象"粘贴到幻灯片中；再复制 Sheet2 中的三维簇状柱形图，以"图片（增强型图元文件）"形式粘贴到幻灯片中，设置大小为原来的 130%。

8. 在第 5 张幻灯片后，插入"ppt. pptx"中的 5 张幻灯片，作为第 6~10 幻灯片。

9. 设置第 6 张幻灯片，右栏文本为黑体，20 号字，行距为 1. 5 倍，段前、段后各 3 磅，各段加红色"§"项目符号。

10. 设置所有幻灯片(标题幻灯片除外)显示:自动更新的日期(样式为"××××-××-××")、幻灯片编号、页脚内容"南通大学";设置"幻灯片编号起始值"为0。

11. 根据第1张幻灯片(编号为1的幻灯片)的内容,参照样张,调整幻灯片次序。

12. 删除第5张幻灯片(编号为5的幻灯片);隐藏最后3张幻灯片;复制第0张幻灯片到最后,并修改标题为"谢谢!",设置"谢谢!"为138号字。

13. 保存演示文稿,关闭PowerPoint应用程序。

三、实验步骤

1. 创建演示文稿,制作第1张幻灯片,为"标题幻灯片"版式;输入标题"信息技术上机实践介绍",输入副标题"——信息科学技术学院";设置标题字体为华文琥珀、54号字、加粗、深红,设置副标题字体为黑体、40号字,如样张13-1所示;保存演示文稿到C:\学生文件夹中,命名为 **ppt1. pptx**。

操作指导:

a. 依次单击"开始"(⊛)→"所有程序"→"Microsoft Office"→"Microsoft PowerPoint 2016"(Win 10中,依次单击"开始"→"PowerPoint 2016"),选择单击"空白演示文稿",打开PowerPoint 2016程序窗口,自动新建第1张幻灯片,版式为"标题幻灯片",如图13-1所示。

样张 13-1

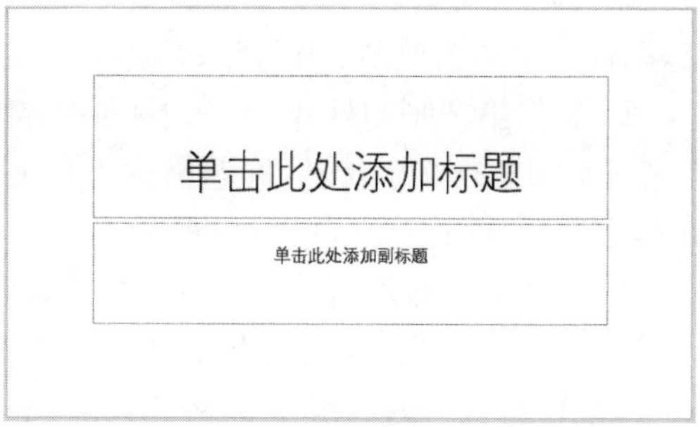

图 13-1 "标题幻灯片"版式

b. 单击"单击此处添加标题",键入"信息技术上机实践介绍"。

c. 单击"单击此处添加副标题",键入"——信息科学技术学院"。

d. 选中"信息技术上机实践介绍";在【开始】选项卡【字体】组中,设置标题字体为:华文琥珀、54号字、加粗、深红。

e. 选中副标题文字,设置字体为:黑体、40号字。

f. 依次单击【文件】→【保存】;在"另存为"对话框中,设置保存位置为C:\学生文件夹,文件名为ppt1,保存类型:PowerPoint演示文稿(＊.pptx)。

2. 制作第2张幻灯片,如样张13-2所示,"标题和内容"版式,输入标题"信息技术实践内容",内容栏输入6行文字内容;设置标题格式:华文琥珀、54号字、加粗、深红,设置内容格式:黑体、34号字,保留项目符号,单倍行距。

操作指导：

a. 在【开始】选项卡【幻灯片】组，单击"新建幻灯片"；在下拉列表中，单击"标题和内容"版式，插入第 2 张幻灯片，"标题和内容"幻灯片，如图 13-2 所示。

样张 13-2

图 13-2　"标题和内容"版式

b. 单击"单击此处添加标题"，键入"信息技术实践内容"。

c. 单击"单击此处添加文本"，键入如样张 13-2 所示的文字（也可从"C:\学生文件夹\ppt 图文库. docx"文件中复制）。

d. 选中"信息技术实践内容"；在【开始】选项卡【字体】组，设置标题字体为：华文琥珀、54 号字、加粗、深红。

e. 选中 6 行文字内容，设置字体为：黑体、34 号字，单倍行距，保留项目符号。

3. 制作第 3 张幻灯片，为"两栏内容"版式，如样张 13-3 所示，输入标题"Windows 操作系统"，左栏插入图片 windows. jpg，右栏添加相应的文本。设置"两栏内容"母板格式，标题为隶书、加粗、深红色、50 号，设置右栏中的各级文本格式：无项目符号，华文行楷、24 号，蓝色，段落行距为 1.2 倍行距。

操作指导：

a. 在【开始】选项卡【幻灯片】组，单击"新建幻灯片"；在下拉列表中，单击"两栏内容"版式，插入第 3 张幻灯片，"两栏内容"幻灯片，如图 13-3 所示。

样张 13-3

图 13-3　"两栏内容"版式

b. 单击"单击此处添加标题"，键入：Windows 操作系统。

c. 打开 C:\学生文件夹\ppt 图文库. docx 文件，从中复制样张 13-3 右栏所示的内容；在右栏中，右击"单击此处添加文本"，在快捷菜单中，单击"粘贴"。

d. 在左栏中，单击图片占位符(），在打开的"插入图片"对话框中，设置插入 C:\学生文件夹\windows.jpg 图片。

　　e. 右击插入的图片,在快捷菜单中单击"设置图片格式"命令;在"设置图片格式"窗格中,单击 🔳,在"大小属性"选项卡上,如图 13-4 所示,选中"锁定纵横比",设置缩放高度为 110%,宽度为 110%;设置"位置",相对幻灯片"左上角",水平:6 cm,垂直:8 cm。

　　f. 在【视图】选项卡【母板视图】组中,单击"幻灯片母版",切换至幻灯片版式相对应的母版视图。

　　g. 在"两栏内容"幻灯片母版中,选中并右击"单击此处编辑母版标题样式";在快捷菜单中,单击"字体";在"字体"对话框中,设置:隶书、加粗、深红色、50 号,如图 13-5 所示,单击"确定"按钮。

图 13-4　"设置图片格式"窗格

图 13-5　"字体"对话框

　　h. 在右边栏中,选中并右击"编辑母版文本样式"所有级别,在快捷菜单中,设置"项目符号"为无;再次右击选中内容,在快捷菜单中,单击"字体",在"字体"对话框中,设置华文行楷、24 号,蓝色;再次右击选中内容,在快捷菜中,单击"段落",在"段落"对话框中,设置首行缩进 1.5 厘米,1.2 倍行距,如图 13-6 所示。设置后,"两栏内容"母版格式如图 13-7 所示。在【幻灯片母版】选项卡【关闭】组中,单击"关闭母版视图"。

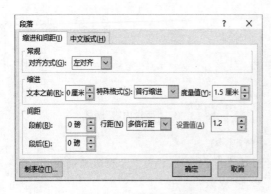

图 13-6　"段落"对话框

图 13-7　幻灯片 3 的"两栏内容"母版

i. 保存演示文稿。

4. 制作第4张幻灯片,如样张13-4所示,"两栏内容"版式,标题输入"Access数据库管理软件",左栏插入图片,右栏添加文本;图片和文本来源为ppt图文库.docx。

操作指导:

a. 在【开始】选项卡【幻灯片】组,单击"新建幻灯片";在下拉列表中,单击"两栏内容"版式,新建第4张幻灯片,如图13-8所示,可以看到,新幻灯片具有之前在母版中设置的标题格式和右栏格式。

样张13-4

图13-8 "两栏内容"版式

b. 单击"单击此处添加标题",输入:Access数据库管理软件,沿用母版标题格式。

c. 打开"C:\学生文件夹\ppt图文库.docx"文档,对照样张13-4,复制相应的图片,粘贴到新建幻灯片的左栏;复制相应的文本,粘贴到右栏,文本沿用母版右栏文本格式。

d. 用鼠标拖动方式,调整图片的大小和位置,调整文本框的大小和位置。

5. 制作第5张幻灯片,如样张13-5所示,"两栏内容"版式,标题输入"Outlook邮件信息管理软件",左栏插入图片,右栏插入表格6行×2列,并添加文字。

操作指导:

a. 在【开始】选项卡【幻灯片】组,单击"新建幻灯片";在下拉列表中,单击"两栏内容",新建第5张幻灯片,如图13-9所示。

样张13-5

图13-9 "两栏内容"版式

b. 单击"单击此处添加标题",输入:Outlook邮件信息管理软件,沿用母版标题格式。

c. 打开"C:\学生文件夹\ppt图文库.docx"文档,对照样张13-5,复制相应的图片,粘贴到新建幻灯片的左栏。

d. 在右栏中，单击"⊞"（"插入表格"占位符），在打开的"插入表格"对话框中，设置 2 列 6 行，单击"确定"。

e. 选择第 1 行的两个单元格，在【表格工具|布局】选项卡【合并】组，单击"合并单元格"；如样张 13－5 所示，在合并单元格中，输入"Outlook 功能："；在 2～6 行的第 1 列输入序号，第 2 列输入 Outlook 的 5 大功能，可从 ppt 图文库. docx 中复制文字。

f. 设置表中文字为 28 号字。

g. 用鼠标拖动方式，调整表格的大小和位置，调整图片的大小和位置。

6. 制作第 6 张幻灯片，为"空白"版式，如样张 13－6 所示，插入"横排文本框"，框内输入标题"Word 字处理软件"，设置标题格式为黑体、加粗、48 号；在幻灯片上，粘贴图片，设置图片高度 5 cm，宽度 5 cm；粘贴文本，设置文本为黑体、24 号字。

操作指导：

a. 在【开始】选项卡【幻灯片】组，单击"新建幻灯片"；在下拉列表中，单击"空白"版式，插入第 6 张幻灯片，"空白"幻灯片，如图 13－10 所示。

样张 13－6

图 13－10 "空白"版式

b. 在【插入】选项卡【文本】组中，单击"文本框"；在下拉列表中，单击"横排文本框"，在幻灯片上，用鼠标绘制出横排文本框；在文本框中输入：Word 字处理软件，设置其字体为：黑体、加粗、48 号。

c. 参照样张 13－6，从 C:\学生文件夹\ppt 图文库. docx 中，复制相应的图片，然后右击幻灯片，在快捷菜单中单击"粘贴"；复制相应的文本，右击幻灯片，单击"粘贴"。

d. 设置图片高度 5 cm，宽度 5 cm，并调整图片位置。

e. 选中粘贴的文本，设置其字体为黑体、24 号；参照样张 13－6，调整文本框的大小和位置。保存演示文稿。

7. 制作第 7 张幻灯片，"仅标题"版式，如样张 13－7 所示，输入标题：Excel 电子表格处理软件，设置其字体：黑体、加粗、48 号；复制 C:\学生文件夹\excel. xls 工作簿 Sheet1 中的 A1：E6 单元格区域内容，作为"Microsoft Excel 工作表对象"，粘贴到幻灯片中；再复制 Sheet2 中的三维簇状柱形图，以"图片（增强型图元文件）"形式粘贴到幻灯片中，设置大小为原来的 130%。

操作指导：

a. 在【开始】选项卡【幻灯片】组，单击"新建幻灯片"；在下拉列表中，单击"仅标题"版式，创建第 7 张幻灯片，如图 13-11 所示。

样张 13-7

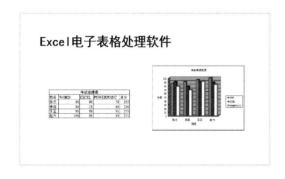

图 13-11 "仅标题"版式

b. 输入标题：Excel 电子表格处理软件；设置标题字体，黑体、加粗、48 号字。

c. 打开"C:\学生文件夹\Excel. xlsx"工作簿，选中并复制"Sheet1"工作表的 A1:E6 单元格区域；切换到演示文稿窗口，在【开始】选项卡【剪贴板】组中，单击"粘贴"的下拉箭头，单击"选择性粘贴"，将所复制的内容作为"Microsoft Excel 工作表对象"粘贴到幻灯片中。选中并复制"Sheet2"工作表的柱形图，再以"图片（增强型图元文件）"形式粘贴到幻灯片中，设置大小为原来的 130%。

d. 如样张 13-7 所示，调整各对象的大小（柱形图除外）和位置。

e. 关闭 Excel 程序。保存演示文稿 ppt1. pptx。

8. 将"C:\学生文件夹**ppt. pptx**"演示文稿中的 5 张幻灯片插入到第 5 张幻灯片后，作为第 6～第 10 幻灯片，"幻灯片浏览"视图如样张 13-8 所示。

样张 13-8（插入 5 张幻灯片后）

操作指导：

a. 在左窗格中，选中第 5 张幻灯片；在【开始】选项卡【幻灯片】组，单击"新建幻灯片"，在下拉列表中，单击"幻灯片（从大纲）"；在"插入大纲"对话框中，选择文件类型为"所有文件"，选择文件"C:\学生文件夹\ppt. pptx"，单击"插入"按钮。

b. 在【视图】选项卡【演示文稿视图】组中，单击"幻灯片浏览"；浏览幻灯片，与样张 13-8

对照。

9. 在第 6 张幻灯片中,设置右栏文本为黑体,**20** 号字,行距为 **1.5** 倍,段前、段后各 **3** 磅,设置各段加红色"§"项目符号,如样张 **13‑9** 所示。

操作指导:

a. 在"幻灯片浏览"视图中,双击 6 幻灯片,切换到普通视图,编辑第 6 张幻灯片。

b. 选中右栏中的文本,在【开始】选项卡【段落】组中,单击对话框启动按钮( ),打开"段落"对话框,如图 13‑12 所示,设置"1.5 倍行距",段前、段后为 3 磅。

样张 13‑9

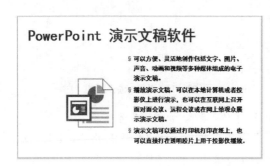

图 13‑12 "段落"对话框

c. 保持选中文本;在【段落】组,单击"项目符号"( )中的下拉箭头,单击"项目符号和编号";在"项目符号和编号"对话框中,如图 13‑13 所示,设置颜色为"红色",再单击"自定义"按钮;在"符号"对话框中,如图 13‑14 所示,选择字符"§",单击"确定"按钮;返回"项目符号和编号"对话框,单击"确定"按钮,完成设置。

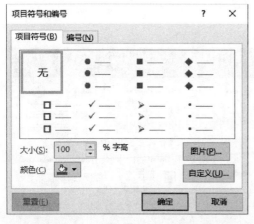

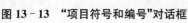

图 13‑13 "项目符号和编号"对话框

图 13‑14 "符号"对话框

d. 再设置右栏文本字体:黑体,20 号字。适度调整文本框的大小。

10. 设置所有幻灯片(标题幻灯片除外)显示:自动更新的日期(样式为"××××-××-××")、幻灯片编号、页脚"南通大学";设置"幻灯片编号起始值"为 **0**。设置后,原第 2 张幻灯片变成第 1 张幻灯片,效果如图 13‑15 所示。

操作指导：

a. 在【插入】选项卡【文本】组中，单击"页眉和页脚"；在"页眉和页脚"对话框中，如图13-16所示，设置显示自动更新的日期（样式为"××××/××/××"），幻灯片编号，页脚"南通大学"，设置"标题幻灯片中不显示"，单击"全部应用"按钮。

图 13-15 "页眉和页脚"设置效果

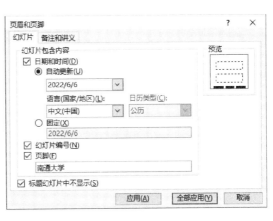

图 13-16 "页眉和页脚"设置对话框

b. 在【设计】选项卡【自定义】组中，单击"幻灯片大小"；在下拉列表中，单击"自定义幻灯片大小"；在"幻灯片大小"对话框中，如图13-17所示，设置"幻灯片编号起始值"为0。

c. 检查幻灯片页脚，应该2张幻灯片没有页脚。

d. 放映幻灯片，体验设置效果。

e. 保存演示文稿。

11. 根据第1张幻灯片（编号为1的幻灯片）的内容，调整幻灯片次序，如样张13-10所示。

样张 13-10(排序后)

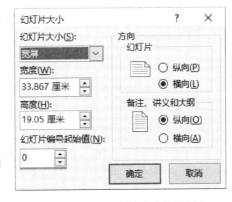

图 13-17 "幻灯片大小"对话框

操作指导：

a. 切换到"幻灯片浏览"视图，根据第1张幻灯片的内容，如样张13-10所示，用鼠标拖动幻灯片，进行位置调整。

b. 在【幻灯片放映】选项卡【开始放映幻灯片】组，单击"从头开始"，进行放映，用鼠标单击切换演示的幻灯片。

12. 删除第 **5** 张幻灯片(编号为 **5** 的幻灯片);隐藏最后 **3** 张幻灯片;复制第 **0** 张幻灯片到最后,并修改标题为"谢谢!",设置"谢谢!"为 **138** 号字。结果如样张 **13－11** 所示。

样张 13－11

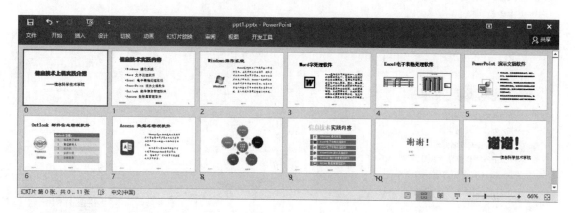

操作指导:

a. 在"幻灯片浏览"视图,右击第 5 张幻灯片,在快捷菜单中单击"删除幻灯片";或者,选择第 5 张幻灯片,按键盘上的 <Delete> 键,删除第 5 张幻灯片。

b. 按下 Ctrl 键,分别单击最后的 3 张幻灯片;右击选择的 3 张幻灯片,在快捷菜单中单击"隐藏幻灯片"。隐藏幻灯片在演示文稿中被保留,在幻灯片放映时不会出现。

c. 按下 Ctrl 键,拖曳第 0 张幻灯片到最后,在最后复制出第 11 张幻灯片。

d. 双击复制的幻灯片;在"普通视图"中,将标题"信息技术上机实践介绍"改成"谢谢!",设置:"华文琥珀"、138 号字。

e. 放映幻灯片,体验设置效果;保存演示文稿。

13. 幻灯片视图切换。Microsoft PowerPoint 三种常用视图:普通视图、幻灯片浏览和幻灯片放映。单击 PowerPoint 窗口右下角的按钮,可在视图之间轻松地进行切换。

(1)"普通"视图。

"普通"视图用于逐张编辑幻灯片。该视图有三个工作区域:左侧导航窗格,右上部的幻灯片窗格,右底部的备注窗格。

① 导航窗格,包含演示文稿的幻灯片缩略图。

② 幻灯片窗格:用大视图显示当前幻灯片,用于编辑幻灯片,在幻灯片上添加文本,插入图片、表格、图表、绘图对象、文本框、电影、声音、超链接和动画。

③ 备注窗格:用来添加与每个幻灯片的内容相关的备注。

(2) 幻灯片浏览视图。

幻灯片浏览视图,以缩略视图形式,显示演示文稿中的所有幻灯片。这样,可以很容易地删除和移动幻灯片、在幻灯片之间添加幻灯片。

（3）幻灯片放映。

在编辑演示文稿的任何时候，用户都可以单击"幻灯片放映"按钮，启动幻灯片放映。

14. 保存演示文稿，关闭 PowerPoint 应用程序。

操作指导：

a. 单击"快速访问工具栏"中的"保存"按钮，保存演示文稿。

b. 关闭 PowerPoint 应用程序。

实验 14   演示文稿的个性化设置

一、实验目的

1. 学习幻灯片主题、背景设置,母版应用。
2. 学习幻灯片中对象的动画设置、幻灯片切换效果设置。
3. 学习超链接的插入、删除、编辑及动作按钮的设置。
4. 学习设置演示文稿的放映方式。

二、实验内容

1. 打开 ppt2.pptx 演示文稿;设置第 0 张幻灯片填充背景图片 back.jpg;设置第 8 张幻灯片填充背景纹理"水滴"。

2. 设置第 0 张和第 8 张幻灯片,应用内置的"平面"主题,并修改其"主题颜色"中的"超链接"为"标准色—深蓝","已访问的超链接"为"标准色—深红";设置第 1～7 张幻灯片应用 profile.pptx 主题。

3. 通过幻灯片母板设置,在 1～7 幻灯片右上角插入图片 ntu.jpg;为所有的"两栏内容"版式幻灯片增加艺术字"信息技术教程"水印效果。

4. 设置第 0 张幻灯片切换方式:形状(圆)、持续时间为 0.8 秒、伴有"打字机"声音,自动换片时间为 5 秒;设置第 1 张幻灯片切换方式:立方体(自左侧)、伴有"收款机"声音、自动换片时间为 5 秒。自行设置其他幻灯片的切换方式。

5. 设置幻灯片对象的动画效果。

(1) 设置动画"飞入"效果。在第 1 张幻灯片中,设置内容栏的六行文本自右侧逐一"飞入",时间控制要求为:上一动画之后,延迟 1 秒,启动下一动画,动画持续 0.75 秒。

(2) 在第 2 张幻灯片中,设置标题"Windows 操作系统"的"进入"动画效果,"按字母""弹跳"进入,伴有"打字机"声音,上一动画之后启动动画,持续时间 1 秒;设置 Windows 徽标"旋转"进入动画效果,伴有"风声",上一动画之后启动动画,持续 1 秒;设置右栏文本"Windows 是 PC 机……工作环境。"为"形状"进入动画效果,伴有"照相机"声音,上一动画之后启动动画,持续 2 秒。

(3) 在第 3 张幻灯片中,设置"Word 文字处理软件"按动作路径"循环"进行动作,上一动画之后启动动画;设置上层的 Word 图标(W)按"形状"动画效果"退出",露出下层 Word 图标(W),伴有"鼓声",上一动画之后启动动画;设置右栏文本"Word 是微软公司……打印需要。"为"加粗展示"动画效果,以"强调"文本,伴有"单击"声音,上一动画之后启动动画。

6. "动作按钮"的应用。在第 2 张幻灯片的右下角插入一个横排文本框,输入文字"回首页",设置其字体为:黑体、24 号;设置"回首页"超链接到第 1 张幻灯片;在第 3 张幻灯片的右下角分别插入"第一张""上一张""下一张"动作按钮;同第 3 张要求一样,在第 4～7 张幻灯片插入动作按钮。

7. 设置"超链接"。

(1) 设置第 1 张幻灯片内容栏中的 6 行标题,分别链接到第 2 至 7 张幻灯片。

(2) 设置第 8 张幻灯片中的"信息科学技术学院"超链接到 https://www.ntu.edu.cn。

8. 保存好演示文稿 ppt2. pptx,然后将演示文稿另存为 ppt3. pptx,继续对 ppt3. pptx 进行编辑。

9. 删除"两栏内容"版式幻灯片中的艺术字水印。

10. 设置第 5～7 张幻灯片中的标题和图片,具有第 2 张幻灯片标题和图片的动画效果。

11. 设置第 2 张幻灯片的 Windows 徽标图片采用"矩形投影"样式,然后用徽标图片格式刷去刷第 5～7 张幻灯片中的图片,使它们采用同样的图片样式。

12. 在第 1 张幻灯片中,将内容栏的 6 行文字转换为"垂直图片重点列表"版式的 SmartArt 图形,设置"更改颜色"为"彩色范围－个性色 5 至 6",样式为"细微效果";在 6 行标题左端的图片占位符位置,分别插入对应的程序图标;为 6 行标题所在形状设置超链接,分别链接到相应的幻灯片。

13. 在第 1 张幻灯片中,插入音频 A07. mp3,作为演示文稿播放时的背景音乐。

14. 新建"标题""目录""内容"和"致谢"4 个节,按节组织幻灯片。

15. 在"平面"主题的"标题幻灯片"母版后,插入新版式,取名为"标题图片",包含标题、副标题和"图片"占位符。设置第 8 张幻灯片应用该版式,利用图片占位符插入图片 AI. jpg,设置图片样式为"金属椭圆";适当调整幻灯片中各对象的大小和位置。

16. 在演示文稿中,创建第 1 个演示方案,演示所有幻灯片,并命名为"放映方案 1";创建第 2 个演示方案,演示第 2～5,7 张幻灯片,并命名为"放映方案 2"。设置幻灯片放映方式,"循环放映,按 ESC 键终止""放映时不加动画",放映幻灯片从 1 到 8,换片方式为"手动"。

三、实验步骤

1. 打开 C:\学生文件夹\ppt2. pptx 演示文稿;设置第 0 张幻灯片背景,填充图片 back. jpg;设置第 8 张幻灯片背景,填充纹理"水滴",结果如样张 14‑1 所示。

样张 14‑1

操作指导:

a. 用 PowerPoint 打开 C:\学生文件夹\ppt2. pptx 演示文稿。

b. 选择第 0 张幻灯片;在【设计】选项卡【自定义】组中,单击"设置背景格式";在"设置背景格式"窗格中,如图 14‑1 所示,单击"图片或纹理填充",单击"插入图片来自"的"文件(F)…";在"插入图片"对话框中,如图 14‑2 所示,选择图片"C:\学生文件夹\back. jpg",单击"插入"按钮,完成设置。

图 14‑1 "设置背景格式"窗格

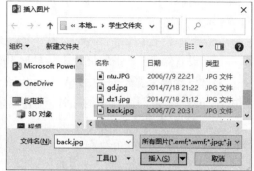

图 14‑2 "插入图片"对话框

c. 选择第 8 张幻灯片；在"设置背景格式"窗格中，选中"图片或纹理填充"，设置"纹理"为"水滴"。

d. 保存演示文稿。

2. 设置第 0 张和第 8 张幻灯片，应用内置的"平面"主题，并修改其"主题颜色"中的"超链接"为"标准色—深蓝"，"已访问的超链接"为"标准色—深红"。设置第 1～7 张幻灯片应用 C:\学生文件夹\profile. pptx 主题。如样张 14‑2 所示。

样张 14‑2

操作指导：

a. 在普通视图导航窗格，按下 Ctrl 键，分别单击 0、8 幻灯片；在【设计】选项卡【主题】组中，单击"其他"按钮(▼)，在下拉列表中，选择 office 的"平面"(平面)主题；在【变体】组中，单击"其他"按钮(🔻),在下拉列表中,单击"颜色";在下一级列表中,单击"自定义颜色";在"新建主题颜色"对话框中,并修改"超链接(H)"为"标准色—深蓝","已访问的超链接(F)"为"标准色—深红"。

b. 同时选择1~7幻灯片;在【设计】选项卡【主题】组中,单击"其他"按钮(🔻),在下拉列表中,单击"浏览主题";在"选择主题或主题文档"对话框中,设置应用C:\学生文件夹\profile.pptx主题。

c. 对照设置结果和样张14-2,保存演示文稿。

3. 通过幻灯片母板设置,为**1~7**幻灯片右上角插入图片**C:\学生文件夹\ntu.jpg**;为所有的"两栏内容"版式幻灯片增加艺术字"信息技术教程"水印效果,如样张14-3所示。

样张14-3

操作指导:

a. 在【视图】选项卡【母版视图】组,单击"幻灯片母版",切换到母版视图。

b. 在左窗格母板列表中,选择"frofile 幻灯片母板:由幻灯片1-7使用"的母板;在【插入】选项卡【图像】组,单击"图片";利用"插入图片"对话框,插入"C:\学生文件夹\ntu.jpg";将图片移动到母板右上角,如图14-3所示;右击图片,在快捷菜单中,设置图片置于顶层;在【母版视图】选项卡中,单击"关闭母版视图"。

c. 切换到"普通"视图;在左窗格,选择第2张幻灯片(Windows 操作系统,"两栏内容"版式);在【视图】选项卡【母版视图】组,单击"幻灯片母版",切换到"两栏内容"母版视图,该母版由2,5~7幻灯片使用;在【插入】选项卡【文本】组,单击"艺术字",在下拉列表中选择一种较浅的样式,然后输入"信息技术教程"六个字;使用拖动方式旋转其角度,如图 14-4 所示。关闭母版视图。

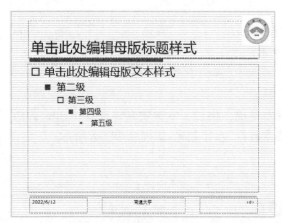

图 14-3　母版插入图片 ntu.jpg

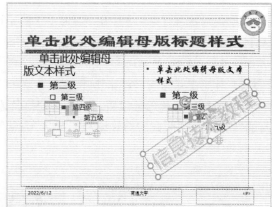

图 14-4　母版水印效果

d. 从开头播放演示文稿,查看设置效果;保存演示文稿。

4. 设置第 0 张幻灯片切换方式:形状(圆)、持续时间为 0.8 秒、伴有"打字机"声音,自动换片时间为 5 秒;设置第 1 张幻灯片切换方式:立方体(自左侧)、伴有"收款机"声音、自动换片时间为 5 秒。自行设置其他幻灯片的切换方式。

操作指导:

a. 选择第 0 张幻灯片;在【切换】选项卡【切换到此幻灯片】组中,单击细微型的"形状",选择"效果选项"为"圆";在【计时】组,"声音"设置"打字机","持续时间"设置 0.8 秒,选中"设置自动换片时间"并设置 5 秒,如图 14-5 所示。

图 14-5　幻灯片切换设置

b. 选择第 1 张幻灯片,设置切换效果为华丽型"立方体","效果选项"为"自左侧",伴"收款机"声音;设置自动换片时间为 5 秒。

c. 自行设置其他幻灯片的切换方式。

d. 从头开始放映演示文稿,查看放映效果;保存演示文稿。

5. 设置幻灯片对象的动画效果。

动画可使演示文稿更具动态效果,有助于提高信息的生动性。最常见的动画效果类型包括进入、退出和强调。设置动画时,还可以添加声音来增加动画效果的强度。

(1) 设置动画"飞入"效果。在第 1 张幻灯片中,设置内容栏中的六行文本自右侧逐一飞入,时间控制要求为:上一动画之后,延迟 1 秒,启动下一动画,动画持续 0.75 秒。

操作指导:

a. 在第 1 张幻灯片内容栏中,选中"Windows 操作系统"等六行内容。

b. 在【动画】选项卡【高级动画】组中，单击"动画窗格"，打开"动画窗格"。

c. 在【动画】组，单击"飞入"，"效果选项"选择"自右侧"；在【计时】组"开始"下拉列表中，单击"上一动画之后"；设置持续时间 0.75 秒，延迟 1 秒，如图 14 - 6 所示。

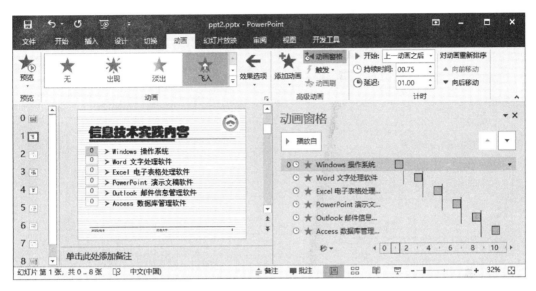

图 14 - 6　第 1 张幻灯片"动画"设置

d. 在"预览"组，单击"预览"，观察动画效果。

（2）在第 2 张幻灯片中，设置标题"**Windows 操作系统**"的"进入"动画效果，"按字母""弹跳"进入，伴有"打字机"声音，上一动画之后启动动画，持续时间 1 秒；设置 Windows 徽标的"旋转"进入动画效果，伴有"风声"，上一动画之后启动动画，持续 1 秒；设置右栏文本"**Windows 是 PC 机……工作环境。**"为"形状"进入动画效果，伴有"照相机"声音，上一动画之后启动动画，持续 2 秒。设置结果如图 14 - 7 所示。

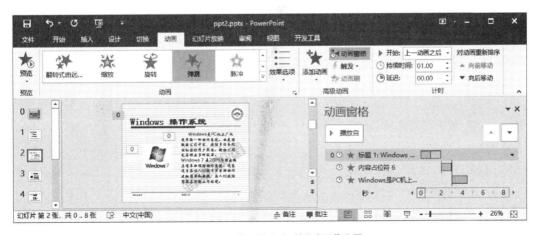

图 14 - 7　第 2 张幻灯片"动画"设置

操作指导：

a. 在第 2 张幻灯片中，选中"Windows 操作系统"文本。

b. 在【动画】选项卡【动画】组，单击"其他"按钮（ ▼ ）；在下拉列表中，单击进入效果"弹跳"。在右侧"动画窗格"中,如图 14-7 所示,下拉 ⓞ⏰ ★ 标题 1: Windows ... ▭▭ ▾ 的下拉列表,单击"效果选项",打开"弹跳"对话框。

c. 在"弹跳"对话框的"效果"选项卡中,设置声音为"打字机",动画文本为"按字母",如图 14-8a 所示。在"计时"选项卡中,设置"上一动画之后"开始动画,期间(持续):1 秒,如图 14-8h所示;单击"确定"按钮,完成设置。

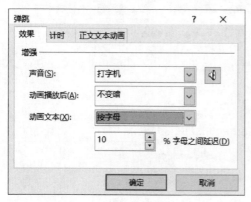
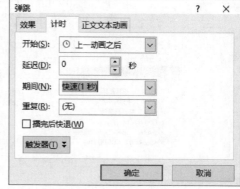

a. "效果" 选项卡　　　　　　　　　　b. "计时" 选项卡

图 14-8　"弹跳"对话框

d. 选择 Windows 徽标;设置进入效果为"旋转";方法同上,打开对应的"旋转"对话框,设置伴有"风声","上一动画之后"启动动画,期间(即持续)1 秒。

e. 选择"Windows 是 PC 机……工作环境。"文本;在【动画】组,下拉其他动画列表,设置进入效果为"形状";单击【动画】组的对话框启动按钮(▧),打开"圆形扩展"对话框,设置伴有"照相机"声音,"上一动画之后"启动动画,持续 2 秒。

f. 在【预览】组,单击"预览",观察动画效果。保存演示文稿。

(3) 在第 3 张幻灯片中,设置"Word 文字处理软件"按动作路径"循环"进行动作,上一动画之后启动动画;设置上层的 Word 图标(Ⓦ)按"形状"动画效果退出,露出下层 Word 图标(Ⓦ),伴有"鼓声",上一动画之后启动动画;设置右栏文本"Word 是微软公司……打印需要。"为"加粗展示"强调动画效果,伴有"单击"声音,上一动画之后启动动画。

操作指导:

a. 在第 3 张幻灯片中,选择"Word 文字处理软件";在【动画】选项卡【动画】组,单击"其他"按钮(▾);在下拉列表中,选择动作路径为"循环";在【计时】组,设置动画"开始"为"上一动画之后"。

b. 选择 Word 图标(Ⓦ);在【动画】组,下拉其他动画列表,设置"退出"动画效果为"形状",设置"效果选项"为"圆"。单击【动画】组的对话框启动按钮(▧),打开"圆形扩展"对话框,设置伴有"鼓声","上一动画之后"启动动画。

c. 选择右栏文本"Word 是微软公司……打印需要。";在【动画】组,下拉动画列表,设置"强调"动画效果为"加粗展示";打开"加粗展示"对话框中,设置伴有"单击"声音,"上一动画之后"启动动画。

d. 在"预览"组,单击"预览",观察动画效果。保存演示文稿。

6. "动作按钮"的应用。在第 2 张幻灯片的右下角插入一个横排文本框,输入文字"回首页",设置其字体为:黑体、24 号;设置"回首页"超链接到第 1 张幻灯片;在第 3 张幻灯片的右下角分别插入"第一张""上一张""下一张"动作按钮;同第 3 张要求一样,在第 4～7 张幻灯片插入动作按钮;样张 14－4 为前六张幻灯片样张。

样张 14－4

操作指导:

a. 选择第 2 张幻灯片;在【插入】选项卡【文本】组中,如图 14－9 所示,单击"文本框"的下拉箭头;在下拉列表中,单击"横排文本框",在幻灯片右下角拖动鼠标形成矩形文本框;输入文字:回首页,设置其格式为:黑体、24 号。

图 14－9　"插入"选项卡

b. 选中"回首页";在【插入】选项卡【链接】组中,单击"超链接";在"插入超链接"对话框中,如图 14－10 所示,设置链接到"本文档中的位置(A)",再进一步选择"1. 信息技术实践内容",单击"确定"按钮;"回首页"超链接如图 14－11 所示。

图 14-10　"插入超级链"对话框

图 14-11　"回首页"超链接

　　c. 选择第 3 张幻灯片;在【插入】选项卡【插图】组,单击"形状";在下拉列表中,单击 ⬚ ("动作按钮:第一张"),利用出现的"十字"鼠标指针形状,在幻灯片右下角画出按钮 ⬛;在随即出现的"操作设置"对话框中,如图 14-12 所示,选择超链接到"幻灯片…";在"超链接到幻灯片"对话框中,如图 14-13 所示,选择幻灯片标题列表中的"1. 信息技术实践内容",单击"确定"按钮。用同样的方法,插入"动作按钮:后退或前一项"(◁)和"动作按钮:前进或下一项"(▷)。

图 14-12　"操作设置"对话框

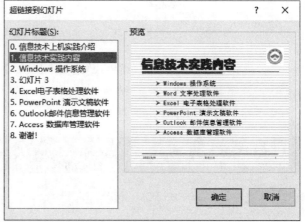

图 14-13　"超链接到幻灯片"对话框

　　d. 复制第 3 张幻灯片中的动作按钮 ⬛ ◀ ▶ 分别粘贴到第 4~7 张幻灯片的相应位置。

　　e. 保存演示文稿。

　　f. 放映演示文稿,在第 2 张幻灯片单击"回首页",检查能否跳转到所设置的幻灯片;在第 3 张幻灯片分别单击 ⬛、◀ 和 ▶,检查相应的跳转效果。

　　7. 设置"超链接"。

　　(1) 设置第 1 张幻灯片的 6 行标题,分别链接到第 2~7 张幻灯片,如样张 14-5 所示。

　　操作指导:

　　a. 在第 1 张幻灯片中,选定"Windows 操作系统";在【插入】选项卡【链接】组中,单击"超链接";在"插入超链接"对话框中,如图 14-14 所示,单击"本文档中的位置",随后再单击

"2. Windows操作系统",单击"确定"按钮。

样张 14 - 5

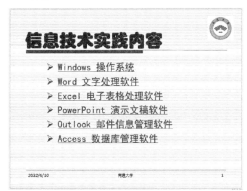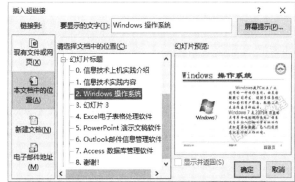

图 14 - 14　"插入超链接"对话框

b. 用同样的方法,设置其余各行文字,分别链接到第 3～7 张幻灯片。

(2) 设置第 8 张幻灯片中的"信息科学技术学院"超链接到 https://www.ntu.edu.cn,效果如样张 14 - 6 所示。

操作指导:

a. 选定第 8 张幻灯片中的"信息科学技术学院",在【链接】组单击"超链接",在"插入超链接"对话框中,单击"现有文件或网页",输入地址:https://www.ntu.edu.cn,如图 14 - 15 所示,单击"确定"按钮。保存演示文稿。

样张 14 - 6

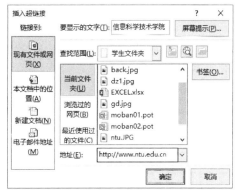

图 14 - 15　"插入超链接"对话框

b. 放映演示文稿,在第 1 张幻灯片单击内容各行,检查能否跳转到相应的幻灯片;在第 8 张幻灯片单击"信息科学技术学院",检查能否打开所设置的网站主页。

8. 保存好演示文稿 ppt2. pptx,然后将演示文稿另存为 C:\学生文件夹\ppt3. pptx,继续对 ppt3. pptx 进行编辑。

9. 删除"两栏内容"版式中的艺术字水印。

操作指导:

a. 选择任意一张"两栏内容"幻灯片,例如第 2 张幻灯片。

b. 在【视图】选项卡【母版视图】组中,单击"幻灯片母版",切换到该幻灯片对应的"两栏内容"母版视图,删除母版中的艺术字;关闭母版视图。

10. 设置第5～7张幻灯片中的标题和图片，具有第2张幻灯片的标题、图片动画效果。

操作指导：

a. 在"普通"视图中，选择第2张幻灯片。

b. 选择第2张幻灯片的标题；在【动画】选项卡【高级动画】组，双击"动画刷"（单击刷一次，双击可刷多次），然后用动画刷去刷第5至7张幻灯片的标题；完成后，单击"动画刷"，取消动画刷的功能。

c. 同样，选择第2张幻灯片Windows徽标图片，双击"动画刷"，然后用动画刷去刷第5至7张幻灯片右栏中的图片；刷完后，取消动画刷的功能。

11. 设置第2张幻灯片的**Windows徽标图片采用"矩形投影"样式，然后用徽标图片的格式刷去刷第5～7张幻灯片中的图片，使它们具有同样的图片样式。**

操作指导：

a. 在"普通"视图中，选择第2张幻灯片；选中Windows徽标图片，在【图片工具|格式】选项卡【图片样式】组中，设置"矩形投影"样式。

b. 保持选中Windows徽标图片；在【开始】选项卡【剪贴板】组中，双击"格式刷"然后用格式刷去刷第5至7张幻灯片中的图片，使它们采用同样的图片样式。

12. 在第1张幻灯片中，将内容栏中的**6行文字转换为"垂直图片重点列表"版式的SmartArt图形，设置更改颜色为"彩色范围-个性色5至6"，样式为"细微效果"；在6行标题左端的图片占位符位置，分别插入对应的程序图标；为6行标题所在形状设置超链接，分别链接到相应的幻灯片。**

操作指导：

a. 选择第1张幻灯片内容栏中的6行文字；在【开始】选项卡【段落】组中，单击"转换为SmartArt(M)"；在版式列表中，选择"垂直图片重点列表"版式，如图14-16所示；在【SmartArt工具|设计】选项卡【SmartArt样式】组中，设置更改颜色为"彩色范围-个性色5至6"，总体外观样式为"细微效果"；调整SmartArt图形大小。从"C:\学生文件夹\ppt图文库.docx"中复制相应的图片，粘贴到各行左端的图片占位符位置，如图14-17所示。

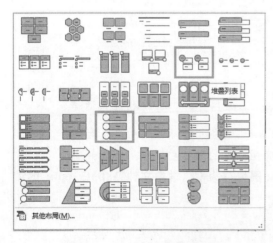

图14-16　SmartArt版式列表

图14-17　SmartArt图形

b. 单击"Windows操作系统"所在形状，在【插入】选项卡【链接】组中，单击"超链接"；在"插入超链接"对话框中，单击"本文档中的位置"，再单击"2. Windows操作系统"，单击"确定"

按钮。同样,设置其余各行形状分别链接到第 3~7 张幻灯片。

13. 在第 1 张幻灯片中,插入音频"C:\学生文件夹\A07. mp3",作为演示文稿播放时的背景音乐。

操作指导:

a. 选择第 1 张幻灯片;在【插入】选项卡【媒体】组中,单击"音频";在下拉列表中,单击"PC 上的音频";在"插入音频"对话框中,选择"C:\学生文件夹\A07. mp3",单击"插入"。

b. 此时幻灯片上出现一个选中状态的喇叭图标,在【音频工具|播放】选项卡【音频样式】组中,单击"在后台播放",如图 14-18 所示,设置演示文稿播放时的背景音乐。

图 14-18 【音频工具|播放】选项卡

c. 从头开始放映幻灯片,当放映到第 1 张时将播放插入的音频,可用耳机接听。

14. 新建"标题""目录""内容"和"致谢"4 个节,如图 14-19 所示。

操作指导:

a. 在"普通"视图左侧导航窗格中,将插入点定位在第 0 张幻灯片前;在【开始】选项卡【幻灯片】组中,单击"节";在下拉列表中,单击"新增节",默认节名为"无标题节";右击节名"无标题节",在快捷菜单中,单击"重命名节",在"重命名节"对话框中,输入节名称为"标题",单击"重命名"。

b. 用同样的方法,在第 1 张幻灯片前插入节名"目录",在第 2 张幻灯片前插入节名"内容",在第 8 张幻灯片前插入节名"致谢"。

c. 分节后的"普通"视图,如图 14-19 所示,导航栏中的幻灯片缩略图按节组织,可折叠可展开;"幻灯片浏览"视图,如图 14-20 所示,幻灯片按节组织,可折叠可展开。

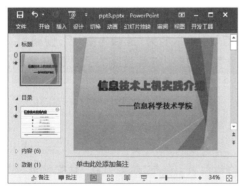
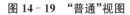
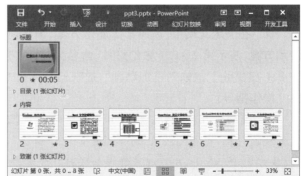

图 14-19 "普通"视图　　　　　　　图 14-20 "幻灯片浏览"视图

15. 在"平面"主题的"标题幻灯片"母版后,插入新版式,命名为"标题图片",包含标题、副标题和"图片"占位符。设置第 8 张幻灯片应用该版式,利用图片占位符插入图片"C:\学生文件夹\AI.jpg",设置图片样式为"金属椭圆";调整幻灯片中各对象的大小和位置。

操作指导:

a. 切换到母版视图;在导航窗格,将插入点定位在"平面"主题的"标题幻灯片"母版下;在【幻灯片母版】选项卡【编辑母版】组中,单击"插入版式",即刻插入新版式母板,再单击"重命名",在弹出的"重命名版式"对话框中,输入版式名称"标题图片",单击"重命名";插入的新版式包含标题和页脚;在【母版版式】组中,单击"页脚"复选框,去除版式中的页脚,单击"插入占位符",选择"图片",在新版式母版中绘出图片占位符;从"标题幻灯片"母版中复制副标题形状,粘贴到"标题图片"版式母版中;如图 14 - 21 所示,适当调整标题形状、副标题形状和图片形状的大小和位置。关闭母版视图。

b. 选择第 8 张幻灯片;在【开始】选项卡【幻灯片】组中,单击"版式";在下拉列表中,单击"标题图片",幻灯片由"标题幻灯片"版式改成自定义的"标题图片"版式。

c. 单击图片占位符,在弹出的"插入图片"对话框中,选择插入"C:\学生文件夹\AI.jpg"图片;在【图片工具|格式】选项卡【图片样式】组,设置图片样式为"金属椭圆"。

d. 适当调整幻灯片中各对象的大小和位置,如图 14 - 22 所示。

图 14 - 21 "标题图片"母版　　　　　　　图 14 - 22 "标题图片"应用于 8 幻灯片

16. 在演示文稿中,创建第 1 演示方案,演示所有幻灯片,命名为"放映方案 1";创建第 2 演示方案,演示第 2～5,7 张幻灯片,命名为"放映方案 2"。设置幻灯片放映方式,"循环放映,按 ESC 键终止""放映时不加动画",放映幻灯片从 1 到 8,换片方式为"手动"。

操作指导:

a. 在【幻灯片放映】选项卡【开始放映幻灯片】组中,单击"自定义幻灯片放映",再单击"自定义放映";在"自定义放映"对话框中,单击"新建",在"定义自定义放映"对话框中,输入名称"放映方案 1",将 0～8 幻灯片都添加成自定义放映中的幻灯片,单击"确定";在"自定义放映"对话框中,再次单击"新建",在"定义自定义放映"对话框中,如图 14 - 23 所示,设置名称为"放映方案 2",将第 2～5,7 张幻灯片添加为要放映的幻灯片,单击"确定"。单击"关闭",关闭"自定义放映"对话框。

b. 在【幻灯片放映】选项卡【开始放映幻灯片】组中,单击"自定义幻灯片放映",在下拉列表中,单击"放映方案 1",则放映 0～8 幻灯片;同样,单击"放映方案 2",则放映 2～5,7 幻灯片。

c. 在【幻灯片放映】选项卡【设置】组中,单击"设置幻灯片放映",在"设置放映方式"对话框中,如图 14-24 所示,设置"循环放映,按 ESC 键终止","放映时不加动画",放映幻灯片从 1 到 8,单击"确定"。

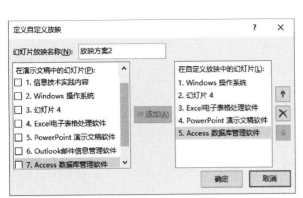

图 14-23 "定义自定义放映"对话框

图 14-24 "设置放映方式"对话框

d. 设置放映方式后,再次选择"放映方案 1"放映,可按所设置的放映方式,放映 0～8 幻灯片;同样,选择"放映方案 2"放映,可按所设置的放映方式,放映 2～5,7 幻灯片;在【幻灯片放映】选项卡【开始放映幻灯片】组中,单击"从头开始",可按所设置的放映方式,放映 1～8 幻灯片。

第5章 IE 浏览器与 Outlook

实验 15 IE 浏览器及搜索引擎的使用

一、实验目的

1. 掌握 IE 浏览器设置，网页浏览，信息检索，页面下载。
2. 掌握搜索引擎使用技术。

二、实验任务

1. 用 IE 浏览器浏览网页，进行网页及图片保存。

（1）浏览"南通大学"网站，将"教务管理"页面另存到 C:\学生文件夹，文件名为 IE1，保存类型为"web 页，仅 HTML(＊.htm；＊.html)"。

（2）将"教务管理"页面上的图书馆图片保存到 C:\学生文件夹，文件名为"图书馆"，保存类型为"JPG 图片文件(＊.jpg)"。

2. 在"收藏夹"中新建文件夹，命名为"江苏高校"；将南通大学主页添加到该收藏夹内，命名为"南通大学"。

3. 设置 IE 浏览器"Internet 选项"。设置第一主页地址为 https://www.ntu.edu.cn；设置"Internet"区域的"安全"为最高级别。

4. "百度"搜索引擎的使用。

（1）采用"空格"或"+"或"&"连接多个关键字进行搜索，如：信息技术＋计算机。用"百度"搜索包含"信息技术"和"计算机"两个关键字的网页。

（2）使用英文双引号实现精确匹配。例如搜索"电传"，就不会返回诸如"电话传真"之类网页。用"百度"，直接搜索、加英文双引号搜索江苏省计算机等级考试。

（3）使用减号"-"实现搜索结果不包括某个关键字，例如：电视台-中央电视台。用"百度"搜索"电视台"但不包括"中央电视台"的网页。

（4）使用符号"|"，实现搜索结果至少包含多个关键词中的任意一个关键词，如：电视机|冰箱。用"百度"搜索"电视机"或"冰箱"的网页。

（5）使用元词 title，搜索网页标题中带有指定关键字的网页，如：title:清华大学。用"百度"搜索网页标题中带有"清华大学"的网页。

（6）使用元词 site，在指定域搜索相关网页，如：研究生考试 site:edu.cn。用"百度"在中国教育网中搜索关于"研究生考试"的页面。

（7）使用元词 inurl，搜索网址中包括某个关键词的相关网页，如：百度搜索 inurl:jiqiao。用"百度"搜索网址中包括"jiqiao"的相关"百度搜索"网页。

（8）使用元词 filetype，搜索相关内容的指定类型文档，如：信息技术 filetype:doc。用"百度"，搜索有关"信息技术"的 Word 文档。

三、实验步骤

1. 用 IE 浏览器浏览网页,进行网页和图片的保存。

(1) 浏览"南通大学"网站,将"教务管理"页面另存到 C:\学生文件夹,文件名为 IE1,保存类型为"web 页,仅 HTML(∗ . htm; ∗ . html)"。

操作指导:

a. 打开 Internet Explorer,在地址栏输入 https://www. ntu. edu. cn,进入南通大学主页。

b. 右击 IE 浏览器"标题栏",在快捷菜单中选中"菜单栏"复选按钮,显示"菜单栏"。

c. 在"南通大学"主页上单击"教务管理"超链接,打开"教务管理"页面;执行"文件"→"另存为"菜单命令,在弹出的"保存网页"对话框中,如图 15 - 1 所示,设置文件名为 IE1,保存类型为"web 页,仅 HTML(∗ . htm; ∗ . html)",保存位置为"C:\学生文件夹",单击"保存"按钮。

图 15 - 1　"保存网页"对话框

(2) 将"教务管理"页面上的图书馆图片保存到 C:\学生文件夹,文件名为"图书馆",保存类型为"JPG 图片文件(∗ . jpg)"。

操作指导:

在"教务管理"页面,右键单击(简称右单)要保存的图书馆图片,在弹出的快捷菜单中选择"图片另存为"命令,打开"保存图片"对话框,设置保存位置为"C:\学生文件夹",文件名为"图书馆",保存类型为"JPG 图片文件(∗ . jpg)",单击"保存"按钮。

2. 在"收藏夹"中新建文件夹,命名为"江苏高校";将南通大学主页添加到该收藏夹内,命名为"南通大学"。

操作指导:

a. 单击"收藏夹"→"整理收藏夹"菜单命令,在"整理收藏夹"对话框中单击"新建文件夹",将"新建文件夹"命名为"江苏高校"。

b. 在地址栏输入"https://www. ntu. edu. cn",打开"南通大学"主页。

c. 执行"收藏夹"→"添加到收藏夹"菜单命令,打开"添加收藏"对话框,如图 15 - 2 所示,输入名称"南通大

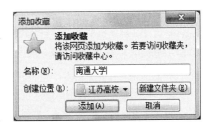

图 15 - 2　"添加收藏"对话框

学",在"创建位置"下拉列表框中选择"江苏高校",单击"添加"按钮。

3. 设置 IE 浏览器"Internet 选项"。设置第一主页地址为 https://www.ntu.edu.cn;设置 IE 浏览器的"Internet"区域的"安全"为最高级别。

操作指导:

a. 执行"工具"→"Internet 选项"菜单命令;打开"Internet 选项"对话框,在"常规"选项卡中,设置主页地址为 https://www.ntu.edu.cn,如图 15-3 所示。

b. 在"安全"选项卡中,选择"Internet",然后调整该区域的允许级别为"高",如图 15-4 所示,单击"确定"按钮。

图 15-3 "Internet 选项"对话框-常规卡   图 15-4 "Internet 选项"对话框-安全卡

c. 将 IE 浏览器的"Internet"区域的"安全"还改为"默认级别",否则后面的"百度"搜索引擎使用将不能正常进行。

4. "百度"搜索引擎的使用。

(1) 采用"空格"或"+"或"&"连接多个关键字进行搜索,如:信息技术+计算机。用"百度"搜索包含"信息技术"和"计算机"两个关键字的网页。

操作指导:

a. 在搜索引擎中输入:信息技术　计算机,即:信息技术 计算机 ✕ 百度一下;单击"百度一下",则搜索出包含"信息技术"和"计算机"两个关键字的网页。

b. 或者输入:信息技术+计算机,即:信息技术 + 计算机 ✕ 百度一下

c. 或者输入:信息技术&计算机,即:信息技术 & 计算机 ✕ 百度一下。

(2) 使用英文双引号实现精确匹配。例如搜索"电传",就不会返回诸如"电话传真"之类网页。用"百度",直接搜索、加英文双引号搜索江苏省计算机等级考试。

操作指导:

a. 在搜索引擎中输入:江苏省计算机等级考试,即:江苏省计算机等级考试 ✕ 百度一下。未加英文双引号,搜索结果中包含关键词被拆分的网页。

b. 输入:"江苏省计算机等级考试",即:"江苏省计算机等级考试" ✕ 百度一下。加英文双引号搜

索"江苏省计算机等级考试",搜索获得的是包含完整关键词的结果。

（3）使用减号"-"实现搜索结果不包括某个关键字，如：电视台-中央电视台。用"百度"搜索"电视台"但不包括"中央电视台"的网页。

操作指导：

a. 在搜索引擎中输入：电视台-中央电视台，即：电视台-中央电视台 ✕ ┃ 百度一下 ┃，搜索出"电视台"但不包括"中央电视台"的网页。

b. 注意，前一个关键词，和减号之间必须有空格，否则，减号会被当成连字符处理而失去减号的语法功能。减号和后一个关键词之间，有无空格均可。

（4）使用符号"｜"，实现搜索结果至少包含多个关键词中的任意一个关键词，如：电视机｜冰箱。用"百度"搜索"电视机"或"冰箱"的网页。

操作指导：

a. 在搜索引擎中输入：电视机｜冰箱，即：电视机｜冰箱 ┃ 百度一下 ┃

b. 搜索结果中有包含"电视机"的网页，有包含"冰箱"的网页，还有同时包含"电视机"和"冰箱"的网页。

（5）使用元词 title，搜索网页标题中带有指定关键字的网页，如：title:清华大学。用"百度"搜索网页标题中带有"清华大学"的网页。

操作指导：

a. 在搜索引擎中输入：title:清华大学，即：title:清华大学 ┃ 百度一下 ┃，就可以查到网页标题中带有清华大学的网页。

b. 注意，title:和后面的关键词之间，不要有空格。

（6）使用元词 site，在指定域搜索相关网页，如：研究生考试 site:edu. cn。用"百度"在中国教育域名中搜索关于"研究生考试"的页面。

操作指导：

a. 在搜索引擎中输入：研究生考试 site:edu. cn，即：研究生考试 site:edu.cn ┃ 百度一下 ┃，可以查到中国教育域名中各网站关于研究生考试的页面。

b. 注意，site:和站点名之间，不要带空格。

（7）使用元词 inurl，搜索网址中包括某个关键词的相关网页，如：百度搜索 inurl:jiqiao。用"百度"搜索网址中包括"jiqiao"的相关"百度搜索"网页。

操作指导：

a. 在搜索引擎中输入：百度搜索 inurl:jiqiao，即：百度搜索 inurl: jiqiao ┃ 百度一下 ┃，查找出网址中包括"jiqiao"的相关"百度搜索"网页。查询结果中，查询串"百度搜索"可以出现在网页的任何位置，而"jiqiao"则必须出现在网页 URL 中。

b. 注意，inurl:和后面所跟的关键词，不要有空格。

（8）使用元词 filetype，搜索相关内容的指定类型文档。如：信息技术 filetype:doc。用"百度"，搜索有关"信息技术"的 Word 文档。

操作指导：

a. 在搜索引擎中输入：信息技术 filetype:doc，即：信息技术 filetype:doc ┃ 百度一下 ┃，搜索出有关"信息技术"的 Word 文档。

b. 百度以"filetype:"来搜索特定格式的文档，冒号后是文档格式，如 pdf、doc、xls 等。

实验 16　Outlook 收发电子邮件

一、实验目的

1. 掌握添加和管理邮件账户方法。
2. 掌握撰写邮件操作。
3. 掌握发送/接收邮件操作。
4. 学会管理联系人。

二、实验任务

1. 启动 Outlook 2016。
2. 在 Outlook 中添加用户的邮件账户信息(可添加用户的多个邮件账户)。
3. 新建电子邮件,撰写并发送邮件。
4. 接收并阅读邮件。
(1) 接收所有账户(或某账户)的电子邮件。
(2) 阅读邮件。
5. 邮件的回复、转发与删除。
(1) 回复邮件。
(2) 转发邮件。
(3) 删除邮件。
6. 联系人信息的添加和删除。
(1) 新建联系人信息。
(2) 将接收的邮件发件人添加为联系人。
(3) 创建联系人组。
(4) 删除联系人。
7. 联系人排序与联系人筛选。

三、实验步骤

1. 启动 Outlook 2016。
操作指导:
依次单击"开始"→"所有程序"→"Microsoft Office"→"Microsoft Outlook 2016"菜单命令,打开 Microsoft Outlook 2016 程序。

2. 添加用户的邮件账户信息(可以添加用户的多个邮件账户)。
操作指导:
a. 在【文件】→【信息】→【账户信息】中,如图 16-1 所示,单击"添加账户"。
b. 在弹出的"添加账户"对话框中,输入账户信息(自己的邮箱),如图 16-2 所示,单击"下一步"按钮。
c. 弹出"添加新账户"对话框下一画面,如图 16-3 所示,等待建立网络连接、搜索服务器设置、试发一封测试邮件,三项都成功后,单击"完成"按钮,即成功添加该邮件账户。

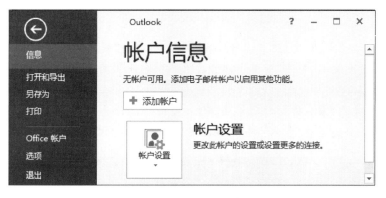

图 16 - 1　添加账户

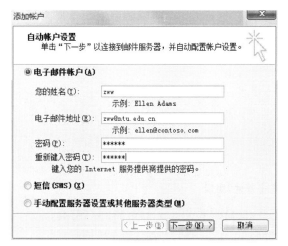

图 16 - 2　"添加账户"对话框之一

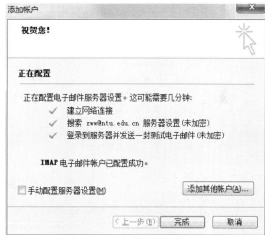

图 16 - 3　"添加账户"对话框之二

d. 添加新账户后,Microsoft Outlook 程序窗口如图 16 - 4 所示。

图 16 - 4　Outlook 邮件窗口

3. 新建电子邮件,撰写并发送邮件。

操作指导:

a. 在【开始】选项卡【新建】组中,如图 16-4 所示,单击"新建电子邮件"。

b. 在打开的"未命名-邮件"窗口中,输入"收件人地址""主题"以及要发送的邮件正文,如图 16-5 所示。

c. 在【邮件】选项卡【添加】组中,单击"附加文件",在弹出的"插入文件"对话框中,选择 C:\学生文件夹\1.jpg,单击"插入"按钮,插入附件,如图 16-5 所示。

图 16-5 "新建电子邮件"窗口

d. 单击"发送"按钮,发送电子邮件到收件人邮箱,同时存入账户邮箱的"Sent Messages"文件夹中。

4. 接收并阅读邮件。

(1) 接收所有账户(或某账户)的电子邮件。

操作指导:

在【发送/接收】选项卡【发送和接收】组中,如图 16-6 所示,单击"发送/接收组"的下拉按钮,执行"'所有账户'组"(或"仅 zww@ntu.edu.cn")命令。

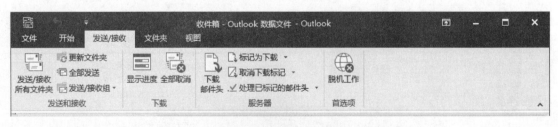

图 16-6 【发送/接收】选项卡

(2) 阅读邮件。

操作指导:

在左边导航窗格中,单击"收件箱";再在中间窗格邮件列表中,单击要阅读的邮件,则在右边窗格中打开邮件,即可进行阅读,下载附件。

5. 邮件的回复、转发与删除。

（1）回复邮件。

操作指导：

a. 打开要回复的电子邮件，如图16-4所示；在【开始】选项卡【响应】组中，单击"答复"按钮；或者，在中间窗格，右击要回复的电子邮件，在快捷菜单中单击"答复"。

b. 在弹出的"答复"窗口中，输入邮件内容；单击"发送"按钮，则发送答复邮件到发件人邮箱，同时存入账户邮箱的"Sent Messages"文件夹中。

（2）转发邮件。

操作指导：

a. 如图16-4所示，在【开始】选项卡【响应】组中，单击"转发"按钮，则可以转发已打开的电子邮件；或者，在中间窗格，右击要转发的电子邮件，在快捷菜单中单击"转发"。

b. 在弹出的"转发"窗口中，输入收件人的邮件地址；单击"发送"按钮，则转发邮件到收件人邮箱，同时存入账户邮箱的"Sent Messages"文件夹中。

（3）删除邮件。

操作指导：

a. 如图16-4所示，在【开始】选项卡【删除】组中，单击"删除"按钮，则删除已打开的电子邮件；或者，右击要删除的电子邮件，在快捷菜单中，单击"删除"。

b. 删除的邮件从"收件箱"中消失，出现在账户邮箱的"Deleted Messages"文件夹中。

6. 联系人信息的添加和删除。

（1）新建联系人信息。

操作指导：

a. 在Outlook的导航区域，单击联系人图标（　），Outlook邮件窗口切换为Outlook联系人窗口，如图16-7所示；在【开始】选项卡【新建】组中，单击"新建联系人"。

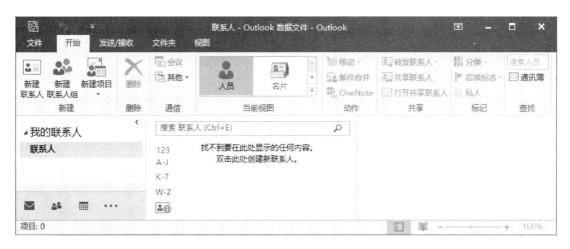

图16-7　"Outlook联系人"窗口

b. 在弹出的"新建联系人"窗口中，如图16-8所示，输入联系人张三的姓名、公司、部门等信息。然后，在【联系人】选项卡【动作】组中，单击"保存并关闭"按钮。

c. 在"Outlook联系人"窗口中，新增联系人张三。

图 16-8 "新建联系人"窗口

(2) 将发件人添加到 Outlook 联系人。

操作指导:

a. 在收件箱中双击收到的邮件,在打开的"邮件"窗口中右击发件人地址;在快捷菜单中,如图 16-9 所示单击"添加到 Outlook 联系人"命令。

图 16-9 添加发件人到 Outlook 联系人

b. 在弹出的"联系人"对话框中,酌情添加相关信息,单击"保存"按钮,关闭对话框。

(3) 创建联系人组。

操作指导:

a. 在 Outlook 联系人窗口的【开始】选项卡【新建】组中,单击"新建联系人组"按钮,在弹出的"未命名-联系人组"窗口中,输入联系人组的名称为"同学"。

b. 在【成员】组中,单击"添加成员"下拉按钮,选择"新建电子邮件联系人"命令,添加组成员,如图 16-10 所示。

c. 单击【动作】组中的"保存并关闭"按钮。

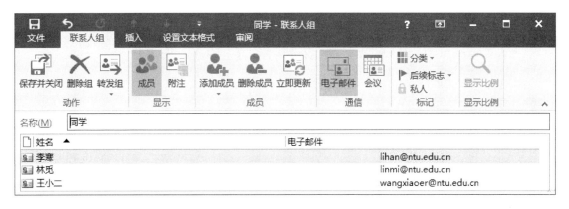

图 16‑10 "同学-联系人组"对话框

(4) 删除联系人。

操作指导：

右击"张三"的名片，如图 16‑11 所示，在快捷菜单中单击"删除"命令。或者，选择"张三"的名片，按 Delete 键。

图 16‑11 删除联系人

7. 联系人排序和联系人筛选。

操作指导：

a. 右击"联系人"窗格中的空白位置，在弹出的快捷菜单中单击"反向排序"命令，可实现反向排序。

b. 右击"联系人"窗格中的空白位置，在弹出的快捷菜单中单击"筛选"命令，在弹出的"筛选"对话框中，"查找文字"输入"王"，如图 16‑12 所示，单击"确定"按钮。筛选出含"王"的联系人。

图 16‑12 "筛选"对话框

第6章　多媒体技术基础实验

实验 17　声音的录制、编辑及应用

一、实验目的

1. 掌握声音的录制、播放方法。
2. 学习声音编辑技术。
3. 应用声音到 Word 文档和 PPT 演示文稿。

二、实验任务

1. 利用 GoldWave 软件，进行声音的录制、播放和保存。
（1）录制一段声音。
（2）播放录制的声音。
（3）保存录制的声音，取名为 C:\学生文件夹\Sound2. wav。
2. 编辑声音文件。将两个声音文件进行混音（sound1. wav 中混入 bark. wav），然后加回音，将音量加大 25%；将混音另存为 Sound3. wav。
3. 将生成的声音文件 Sound3. wav，插入到一个 Word 文档中，插入到 PPT 演示文稿中。

三、实验步骤

GoldWave 是一款小巧、操作简单、功能强大的声音处理软件。其功能主要包括：声音的录制、混合和播放，声音的任意剪辑，设定录音的采样频率和采样精度，对声波进行直接修改，音量的放大缩小，淡入淡出、降低噪音、升降调、时间拉伸处理及倒转、回音等音乐特效制作。对双声道声音文件，GoldWave 还可以针对某一声音通道进行单独处理。

GoldWave 可以读出绝大多数音频格式文件，包括 WAV、OGG、VOC、IFF、AIFF、AIFC、AU、SND、MP3、MAT、DWD、SMP、VOX、SDS、AVI、MOV、APE 等，并将其转换为用户所需要的音频格式进行保存，并且这一功能还可以通过"批处理"的形式用以处理一组声音文件。

从 Internet 搜索、下载并安装 GoldWave 软件，然后按以下步骤进行实验。

1. 利用 GoldWave 软件，进行声音的录制、播放和保存。

（1）录制一段声音。

操作指导：

a. 连接好音箱（或耳机）、麦克风。

b. 执行【开始】→【所有程序】→【GoldWave】，打开"GoldWave"程序，如图 17-1 所示。

c. 执行【File】→【New】菜单命令，弹出"New Sound"对话框，如图 17-1 所示，点击 OK 按钮，准备录音。

d. 单击"录制"按钮（　），开始录音，如图 17-2 所示，对着麦克风朗读一段文字，15 秒左

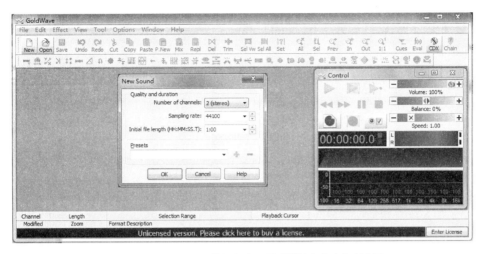

图 17 - 1 "GoldWave"程序窗口及其"新建声音"对话框

右。窗口中的绿色线条(左声道)和红色线条(右声道)为声音波形。实现波形声音的获取。

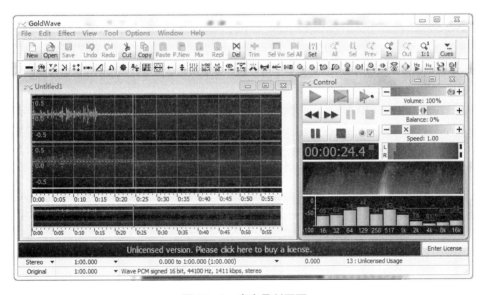

图 17 - 2 声音录制画面

e. 单击"停止"按钮(▉),结束录音。

(2) 播放录制的声音。

操作指导：

单击"播放"按钮 ▶ ，播放录制的声音。

(3) 保存录制的声音为 C:\学生文件夹\Sound2. wav 文件。

操作指导：

执行【File】→【Save】菜单命令，在"另存为"对话框中，设置保存位置为"C:\学生文件夹"，文件名为：Sound2，文件类型：声音(＊. wav)。

2. 编辑声音文件。将两个声音文件进行混音(sound1. wav 中混入 bark. wav),然后加回音,将音量加大 25%;将混音另存为 Sound3. wav。

操作指导:

a. 执行【File】→【Open】菜单命令,在"打开"对话框中,打开"C:\学生文件夹\Sound1. wav"文件;单击"播放"按钮(▶),试放 sound1. wav。

b. 执行【File】→【Open】菜单命令,打开"bark. wav"文件;试放 bark. wav。

c. 选中 bark. wav 的全部波形,并复制到剪切板。

d. 调整选中区域的开始位置和结束位置,选中 sound1. wav 的 0:01.0~0:02.0 之间波形;单击【Edit】→【Mix】菜单命令,在"Mix"对话框中,单击"OK"实现将两段音频的混合。

e. 选中 sound1. wav 的 0:04.0~0:05.0 之间的波形;单击【Edit】→【Mix】菜单命令,再进行一次混音操作。

f. 试放声音。

g. 单击【Effect】→【Echo】菜单,即可为选中部分的音频添加回音。

h. 试放声音。

i. 执行【文件】→【另存为】菜单命令,在"另存为"对话框中,设置保存位置为"C:\学生文件夹",文件名为:Sound3,文件类型:声音(* . wav)。

3. 将生成的声音文件 Sound3. wav,插入到一个 Word 文档中,插入到 PPT 演示文稿中。

操作指导:

a. 打开或新建 Word 文档。

b. 在 Word 窗口的【插入】选项卡【文本】组中,单击"对象";在"对象"对话框的"由文件创建"选项卡中,选择"Sound3. wav",单击"确定"按钮,声音文件被插入当前 Word 文档中。

c. 双击插入的声音图标,即可播放该声音文件。

d. 自行练习,在 PPT 演示文稿的幻灯片中插入声音。

实验 18　图像的处理及应用

一、实验目的

1. 掌握"画图"软件的使用方法。
2. 掌握 Adobe Photoshop 图像处理软件的基本操作。

二、实验任务

1. 用"画图"软件制作盆花。
2. 用 Photoshop 合成盆花和草坪的图片。

三、实验步骤

用"画图"软件画一盆小花,然后用 Photoshop 将其插入到草坪背景图片中,最终效果如样张 18-1 所示。

1. 用"画图"软件画一盆小花。

操作指导:

a. 单击"开始"→"所有程序"→"附件"→"画图"命令,运行"画图"程序,如图 18-1 所示。

样张 18-1

图 18-1　画图程序窗口

b. 在【主页】选项卡【颜色】组中,设置前景色(颜色 1)为"紫色"(花盆颜色)。

c. 在【形状】组中,单击"矩形",在画图区画出一个矩形。

d. 在【工具】组中,选中"用颜色填充"工具(🪣),去单击矩形区域,即完成花盆绘制。

e. 用【形状】组中的"曲线""椭圆"绘制形状,用【工具】组中的"用颜色填充"(🪣)工具进行填充,完成其余部分的制作,效果如图 18-2 所示。

f. 在快速工具栏中,单击"保存"按钮(💾),在"另存为"对话框中,设置保存位置为"C:\学生文件夹",文件名为 Flowerpot,保存类型为 JPEG(*.JPG; *.JPEG; *.JPE; *.JFIF)。

g. 关闭"画图"程序。

图 18-2　盆花

2. 用 Photoshop 合成盆花和草坪的图片。

操作指导:

a. 单击"开始"→"所有程序"→"Adobe Photoshop"命令,打开 Photoshop 程序窗口,如图 18-3 所示。

图 18-3　Photoshop 程序窗口

b. 在 Photoshop 中,打开"C:\学生文件夹"中的草坪图片"草坪.jpg"和盆花图片 "Flowerpot.jpg"。

c. 将"盆花"拷贝至"草坪"图片中。方法:用"魔棒工具" 单击"盆花"图片中的白色区域,选中除盆花以外的背景;执行【选择】→【反向】菜单命令,选中盆花;执行【编辑】→【拷贝】菜单命令,将盆花复制到剪贴板中;单击"草坪"图片;执行【编辑】→【粘贴】菜单命令,盆花图片复制到草坪图片上。

d. 调节盆花的位置、大小。方法:单击"移动工具" ,将鼠标指针移动至盆花上,拖动盆花,调节位置;执行【编辑】→【自由变换】菜单命令,盆花的周围将出现 8 个白色小方块,拖动小方块即可改变盆花的大小。

e. 由于将盆花拷贝至草坪图片时,Photoshop 自动建立一个图层,当确认图片设计完成后,应该将图层合并。方法是:执行【图层】→【拼合图层】菜单命令。

f. 执行【文件】→【存储】或【存储为】菜单命令,将修改后的图片保存到"C:\学生文件夹"中,文件名为"草坪_盆花合成.jpg"。

注:Photoshop 支持的文件格式有:PSD、BMP、GIF、JPEG、TIFF 等。PSD 格式是默认的文件格式,是支持大多数 Photoshop 功能的唯一格式;BMP 格式是 DOS 和 Windows 兼容计算机上的标准 Windows 图像格式;GIF 格式是在 World Wide Web 及其他联机服务上常用的一种文件格式,可以保存透明图像;JPEG 格式与 GIF 格式用途类似,但其保留 RGB 图像中的所有颜色信息;TIFF 格式被几乎所有的绘画、图像编辑和页面排版应用程序的支持。

实验 19　影音制作

一、实验目的

1. 熟悉 Windows Movie Maker 软件。

2. 学习视频制作技术。

二、实验任务

1. 下载并安装 Windows Movie Maker 软件。

2. 准备素材。

3. 制作视频文件影像部分。

（1）打开"Windows Movie Maker"程序。

（2）导入图片和视频素材。

（3）编排图片和视频。

4. 制作视频文件背景音乐。

5. 设置图片的"动画"效果以及画面间的"过渡"效果。

6. 调节视频时长与背景音乐匹配。

7. 添加解说词。

8. 预览测试。

9. 保存制作，生成视频文件。

三、实验步骤

可以使用 Windows Movie Maker 将联机摄像机、摄像头或其他视频源，将音频和视频捕获到计算机上，然后将捕获的内容制作成电影。也可以将已有的音频、视频或静止图片导入 Windows Movie Maker，然后制作成电影。在电影制作过程中可以对音频与视频内容进行编辑（包括添加标题、视频过渡等等），最终保存成电影。

下面用"Windows Movie Maker"制作一个南通风光宣传影片。

1. 下载并安装 Windows Movie Maker 软件。

2. 准备素材。

操作指导：

a. 制作视频节目的主要素材是声音文件（背景音乐、解说词）、图片文件和视频文件。

b. 视频素材、图片素材可以从网上下载或实地拍摄，音乐素材也可以下载或自行录制。

c. 图片文件和音乐文件可能不完全满足要求，可以通过图片编辑软件和音乐编辑软件对其加以修改。

d. 本实验的素材均已备好，存储在"C:\学生文件夹"中。

3. 制作视频文件影像部分。

（1）打开"Windows Movie Maker"程序。

操作指导：

a. 依次单击"开始"→"所有程序"→"影音制作"，启动"Windows Movie Maker"程序，程序界面如图 19－1 所示。

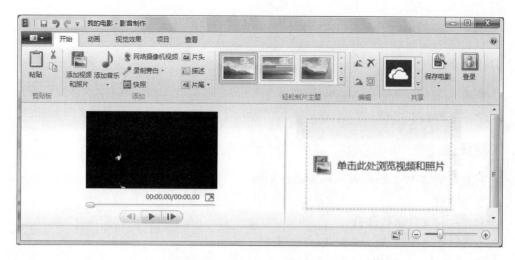

图 19-1 "Movie Maker"程序界面

b. 程序窗口左侧为视频窗口、右侧为素材窗口。

(2) 导入图片素材和视频素材。

操作指导:

a. 在【开始】选项卡【添加】组,单击"添加视频和照片",在弹出的"添加视频和照片"对话框中,设置查找范围为"C:\学生文件夹\image",一次选中 1. jpg~4. jpg,单击"打开"按钮,导入图片素材至"素材"窗口。

b. 用同样的方法,导入"C:\学生文件夹\video"目录中的视频素材 v1. mp4~v5. mp4,导入视频素材。

c. 导入图片、视频素材后,程序界面如图 19-2 所示。

图 19-2 导入图片、视频素材

(3) 编排图片和视频。

操作指导:

拖动素材窗口中的图片、视频,如图 19-3 所示,完成图片、视频编排。

图 19-3 编排后的素材顺序

4. 制作视频文件背景音乐。

操作指导:

a. 在【开始】选项卡【添加】组,单击"添加音乐",在下拉列表中,单击"从电脑添加音乐"—"添加音乐"。

b. 在"添加音乐"对话框中设置查找范围为"C:\学生文件夹\audio",选中 A07. mp3,单击"打开"按钮,即完成背景音乐的添加。

5. 设置图片的"动画"效果以及画面间的"过渡"效果。

操作指导:

a. 在素材窗口中,单击选中"钟楼"图片;在【动画】选项卡【平移放大】组中,选择"放大"—"放大中心"效果;【过渡特技】组中,选择"对角线—框出"。

b. 在素材窗口中,单击选中其他图片和视频,自行设置"动画"效果和"过渡"效果。

6. 调节视频时长与背景音乐匹配。

操作指导:

在【项目】选项卡【音频】组中,单击"匹配音乐",即可调整视频时长与音频时长匹配。

7. 添加解说词。

操作指导:

在【开始】选项卡【添加】组中,单击"录制旁白";然后在"旁白"选项卡中,单击"录制"按钮,对着话筒解说,添加解说词。(实验条件不足可跳过该步骤)

8. 预览测试。

操作指导:

a. 在如图 19-3 所示的视频窗口中,拖动进度条滑块到最左端;

b. 单击"播放"按钮,观看视频播放,如发现不足则进行调整。

9. 保存制作,生成视频文件。

操作指导:

a. 单击程序窗口左上角"影音制作"菜单按钮(![icon]),选择"保存电影"→"计算机",如图 19-3 所示;在弹出的"保存电影"对话框中,设置保存位置为"C:\学生文件夹",文件名为:宣传片,保存类型为 WMV 格式。

b. 单击"影音制作"菜单按钮(![icon]),单击"保存项目",将制作的影片保存成 WLMP 文件,留待以后修改。

实验 20　Flash 动画制作

一、实验目的

1. 熟悉 Adobe Flash Professional CS6 软件。
2. 熟悉动画制作技术。
3. 简单动画制作实践。

二、实验任务

1. 打开 Adobe Flash Professional CS6,新建 Flash 文件。
2. 制作动画——运动的小球。
3. 制作动画——文字变形。
4. 生成 GIF 动画。

三、实验步骤

设计小球运动——从画面左侧跳动到画面右侧,与此同时文字"FLASH 动画制作"在水平方向向中间逐渐收缩,垂直方向向上下扩展变大,再回到初始形状。

1. 打开 Adobe Flash Professional CS6,新建 Flash 文件。

操作指导:

a. 打开 Adobe Flash Professional CS6,建立一个"Action Script 3.0"新文件,如图 20-1 所示。

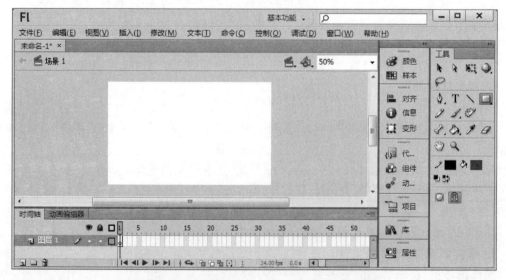

图 20-1　Adobe Flash Professional CS6 程序界面

2. 制作动画——运动的小球。

操作指导:

a. 在"工具"中,单击"矩形工具"(▢),在下拉选项中,选择"基本椭圆工具"⬭。

b. 在图层1第1帧中,如图 20-2 所示,用"基本椭圆"工具在编辑区画一个蓝色小球。

图 20-2　第 1 帧

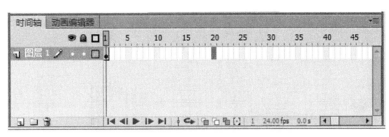

图 20-3　选择图层 1 的第 20 帧

c. 在时间轴上选择第 20 帧,如图 20-3 所示,并右击;在快捷菜单中,单击"插入关键帧"命令,用"选择工具" 把蓝色小球移动到下方中央,位置如图 20-4 所示。同样的方法选择第 40 帧,制作出如图 20-5 所示的关键帧。

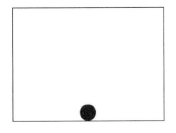

图 20-4　第 20 帧

图 20-5　第 40 帧

d. 在时间轴上,选中图层 1 的第 1 帧至第 40 帧,并右击;在快捷菜单中,单击"创建传统补间";分别查看 1~40 帧,如图 20-6 所示。

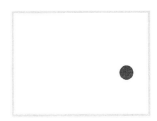

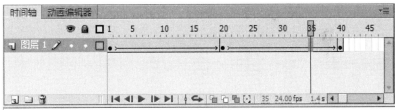

图 20-6　补间帧第 35 帧

e. 单击 中的"播放"按钮,即可看到动画效果。

3. 制作动画——文字变形。

操作指导:

a. 执行【插入】→【时间轴】→【图层】菜单命令,插入图层 2。

b. 在图层 2 的第 1 帧,用"文字工具 T"输入"FLASH 动画制作",借助【文本】菜单格式化文字为微软雅黑、48 号字、加粗,如图 20-7 所示。

c. 用"选择工具" 右击"FLASH 动画制作";在快捷菜单中,单击"转换为元件"命令;在"转换为元件"对话框中,设置转换"类型"为"图形",把文字转换为图形;拖拽图形到工作区的中央,如图 20-7 所示。

d. 在图层 2 的第 40 帧插入关键帧。第 40 帧的文字图形外形,和第一帧一样,如图 20-9 所示,无须再设计。

e. 在图层 2 的第 20 帧插入关键帧。选中【修改】→【变形】→【任意变形】,改变第 20 帧文字图形的外形,水平压缩,垂直拉伸,如图 20-8 所示。

图 20-7　图层 2 第 1 帧　　　图 20-8　图层 2 第 20 帧　　　图 20-9　图层 2 第 40 帧

f. 在时间轴上,选中图层 2 的第 1 至 40 帧,并右击之;在快捷菜单中,单击"创建传统补间"。

g. 单击 |◄ ◄| ► |► ►| 中的"播放"按钮,即可看到题目要求的动画效果。

4. 生成 GIF 动画。保存设计为 Myflash. fla,再发布为 Myflash. gif 形式和 Myflash. swf 形式动画文件。

操作指导:

a. 执行【文件】→【保存】菜单命令,设置保存位置为"C:\学生文件夹",文件名为 Myflash. fla。

b. 执行【文件】→【发布设置】菜单命令,在"发布设置"对话框的"发布"选项中,选中 FLASH,设置输出文件名为 C:\学生文件夹\Myflash. swf;在"发布设置"对话框的"其他格式"选项中,选中 GIF 图像,设置输出文件名为 C:\学生文件夹\Myflash. gif,"播放"形式设置为"循环";单击"发布"按钮,即可发布 SWF 和 GIF 两种形式文件。

第 7 章　VBA 程序设计实验

实验 21　Excel 中的 VBA 宏运用

一、实验目的

1. 掌握宏的录制、运行、编辑、保存方法。
2. 熟悉 VBA 编程技术。

二、实验任务

1. 运行 Excel 程序,打开 C:\学生文件夹\高级 Office 成绩. xlsx 工作簿。

2. 设置在 Excel 功能区,显示【开发工具】选项卡。

3. 录制"标题"宏,然后运行"标题"宏,来设置工作表标题格式。具体要求如下。

(1) 选中成绩抽样!A1:I1 单元格区域;录制"标题"宏,快捷键为 Ctrl + t,录制设置选中单元格区域格式为跨列居中、22 号、蓝色、粗体的全过程。

(2) 运行宏。运行"标题"宏,设置"中文 16""信管 16"工作表的标题格式。

(3) 编辑宏。修改"标题"宏的代码,将标题字号设置为 22 改为 28;然后,运行"标题"宏,设置其余工作表的标题格式。

4. 录制"列标题"宏;然后运行"列标题"宏,设置各工作表列标题格式。具体要求如下。

(1) 选中成绩抽样!A2:I2 列标题区域;录制"列标题"宏,快捷键 Ctrl + k,录制设置选中区域格式为文字居中、红色、加粗、12 号字的全过程。

(2) 分别选中其他工作表的列标题区域,运行"列标题"宏,设置列标题格式。

5. 录制"计算"宏,计算"成绩抽样"表的总分和等级;修改"计算"宏,使能统计"计算"宏的执行次数。

(1) 选中"成绩抽样"工作表中的 H3 单元格;录制"计算"宏,快捷键为 Ctrl + j,录制对选中单元格 H3 进行总分计算,I3 进行等级计算和 B8 输入 0 的全过程。

(2) 编辑"计算"宏,将其中的 ActiveCell. FormulaR1C1 ="0"改成:
ActiveCell. FormulaR1C1 = ActiveCell. FormulaR1C1 + 1

(3) 分别选择 H4、H5 和 H6 单元格,分别运行"计算"宏,完成计算与统计。

6. 将工作簿另存为带有宏的工作簿(C:\学生文件夹\高级 Office 成绩. xlsm)。

三、实验步骤

Visual Basic for Applications(VBA)是 VB 的一种宏语言,Word、Excel、Access、PowerPoint 等常用 Office 软件都可以利用 VBA 进行编程,实现更高级的自动化处理。这里以 Excel 2016 为例,介绍 VBA 宏操作以及 VBA 程序设计。下面通过实验熟悉、掌握 VBA 相关技术。

1. 运行 **Excel** 程序,打开 **C:\学生文件夹\高级 Office 成绩. xlsx** 工作簿。

2. 设置在 **Excel** 功能区,显示【开发工具】选项卡。如已显示,则忽略此步。

操作指导:

a. 在 Excel 窗口中,单击【文件】→【选项】命令。

b. 在打开的"Excel 选项"窗口的左窗格中,单击"自定义功能区"。

c. 在"自定义功能区"勾选"主选项"卡中的"开发工具"复选框,单击"确定"按钮;则在功能区中显示【开发工具】选项卡。如图 21-1 所示。

图 21-1 【开发工具】选项卡

3. 录制"标题"宏,然后运行"标题"宏,来设置工作表的标题格式。

利用 Excel 的录制宏功能,可以录制对工作簿的各项操作为宏代码,录制完后可以随时执行宏代码,实现宏的功能,可以查看或编辑宏代码,熟悉代码功能及用法,对宏代码进行修改。

(1) 选中成绩抽样! **A1:I1** 单元格区域,录制"标题"宏,快捷键为 **Ctrl + t**,录制设置选中单元格区域为跨列居中、**22** 号、蓝色、粗体字的全过程。

操作指导:

a. 在"成绩抽样"工作表中选择 A1:I1 单元格区域。

b. 在【开发工具】选项卡【代码】组中,单击"录制宏"按钮,在打开的"录制宏"对话框中,如图 21-2 所示,更改宏名为"标题",设置快捷键为 Ctrl + t,保存位置为"当前工作簿",单击"确定"按钮,开始录制。

c. 在【开始】选项卡【字体】组中,单击"字体颜色"按钮(**A**),将选中区域的文字设置为"蓝色";单击"加粗"按钮(**B**),设置"粗体";单击"字号"下拉列表框(22▼),设置 22 号字;【对齐方式】组中,单击"合并后居中"下拉列表,设置"合并后居中"。

d. 操作完成后,在【开发工具】选项卡【代码】组中,单击"停止录制",完成宏录制。

(2) 运行"标题"宏,设置"中文 16""信管 16"工作表的标题格式。

操作指导:

a. 切换到"中文 16"工作表,选择 A1:I1 单元格区域。

b. 在【开发工具】选项卡【代码】组中,单击"宏",在打开的"宏"对话框中,如图 21-3 所示,选中"标题"宏,单击"执行"按钮,完成"中文 16"工作表标题格式设置。

图 21-2 "录制宏"对话框

图 21-3 "宏"对话框

c. 单击"信管 16"工作表,选择 A1:I1 单元格区域,按 Ctrl+t 快捷键,设置标题格式。

(3) 编辑宏。 修改"标题"宏的代码,将标题字号设置为 22 改为 28。然后,运行"标题"宏,设置其余工作表的标题格式。

操作指导:

a. 在【开发工具】选项卡【代码】组中,单击"宏";在打开的"宏"对话框中,选中"标题",单击"编辑"按钮,打开"Microsoft Visual Basic"窗口,如图 21-4 所示。

图 21-4 Microsoft Visual Basic 窗口

b. 浏览刚刚录制的每步操作对应的宏代码;将". Size = 22"改为". Size = 28"。

c. 单击"计嵌 16"工作表,选择 A1:I1 单元格区域,按 Ctrl + t 设置标题格式,此时标题应为 28 号字。依此继续设置"工管 16""电子 16""旅游 16""工程 16"工作表的标题格式。

4. 录制"列标题"宏;然后运行"列标题"宏,设置各工作表的列标题格式。

(1) 选中成绩抽样! A2:I2 (学号 姓名 基础知识 word excel ppt access 总分 等级) **;录制"列标题"宏,快捷键 Ctrl + k,录制设置选中区域格式为居中、字体为红色、加粗、12 号字的全过程。**

注意:录制宏之前,应事先计划所执行的操作,录制过程中应避免多余动作。

(2) 分别选中其他工作表的列标题区域,运行"列标题"宏,设置列标题格式。

5. 录制"计算"宏,计算"成绩抽样"表的总分和等级;修改"计算"宏,使能统计"计算"宏的执行次数。

在"成绩抽样"表中,总分=基础知识+word+Excel+ppt+access;对于等级,如果总分≥85,则等级="优秀",否则如果总分≥60,则等级="合格",否则等级="不合格"。

(1) 选中"成绩抽样"工作表中的 H3 单元格;录制"计算"宏,快捷键为 Ctrl + j,录制对选中单元格 H3 进行总分计算、I3 进行等级计算和 B8 输入 0 的全过程。

操作指导:

a. 在"成绩抽样"工作表中选择 H3 单元格,H3 成为活动单元格。

b. 在【开发工具】选项卡【代码】组中,单击"录制宏"按钮,打开"录制宏"对话框;在"录制宏"对话框中,设置宏名为"计算",快捷键为 Ctrl + j,保存位置为"当前工作簿";单击"确定"按钮,开始录制。

c. 在公式编辑栏中,输入公式:= C3 + D3 + E3 + F3 + G3,单击 ✅ 按钮。

d. 在【开发工具】选项卡【代码】组中,单击"使用相对引用"按钮,使其处于有效状态,以实现对下面即将使用的 I3 相对 H3 进行引用(活动单元格右边的单元格)。

e. 选中 I3 并在公式编辑栏中输入:= IF(H3 > = 85,"优",IF(H3 > = 60,"合格","不合格")),单击 ✅ 按钮。

f. 在【开发工具】选项卡【代码】组中,单击"使用相对引用"按钮,使其处于无效状态,以对即将使用的单元格 B8 实现绝对引用。

g. 选中 B8 并输入:0,单击 ✅ 按钮。操作完成。

h. 在【开发工具】选项卡【代码】组中,单击"停止录制"。"计算"宏代码如下。

```
Sub 计算()
    '计算 Macro
    '快捷键: Ctrl+ j
    ActiveCell.FormulaR1C1= "= RC[- 5]+ RC[- 4]+ RC[- 3]+ RC[- 2]+ RC[- 1]"    '活动单元格
    ActiveCell.Offset(0, 1).Range("A1").Select         '相对引用—活动单元格右边的单元格
    ActiveCell.FormulaR1C1= "= IF(RC[- 1]> = 85,""优秀"",IF(RC[- 1]> = 60,""及格"",""不及格""))"
    Range("B8").Select              '绝对引用 B8
    ActiveCell.FormulaR1C1= "0"
End Sub
```

(2) 编辑"计算"宏,将其中的 ActiveCell. FormulaR1C1="0" 改成:

ActiveCell. FormulaR1C1 = ActiveCell. FormulaR1C1 + 1

操作指导：

a. 在【开发工具】选项卡【代码】组中，单击“宏”按钮；在“宏”对话框中，选中“计算”宏，单击“编辑”按钮。打开“Microsoft Visual Basic”窗口。

b. 为了能在 B8 中统计“计算”宏的执行次数(宏执行一次计数一次)，需要修改宏代码，**ActiveCell. FormulaR1C1 ="0"**改成：**ActiveCell. FormulaR1C1 = ActiveCell. FormulaR1C1 + 1**。

(3) 逐个选择 H4、H5 和 H6 单元格，分别运行“计算”宏，完成计算与统计。

操作指导：

a. 在“成绩抽样”工作表中选择 H4 单元格，H4 成为活动单元格。

b. 在【开发工具】选项卡【代码】组中，单击“宏”，在打开的“宏”对话框中，选中“计算”宏，再单击“执行”按钮，完成第 4 行的计算，B8 中的次数为 1。

c. 选择 H5 单元格，按 Ctrl + j，完成第 5 行的计算，B8 为 2。

d. 选择 H6 单元格，按 Ctrl + j，完成第 6 行的计算，B8 为 3。结果如图 21 - 5 所示。

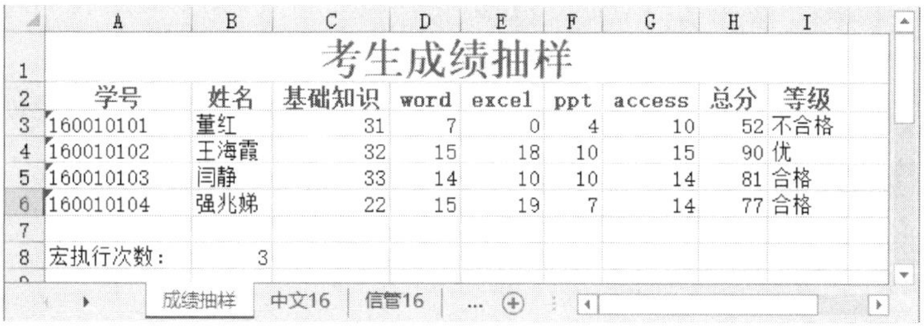

	A	B	C	D	E	F	G	H	I
1	考生成绩抽样								
2	学号	姓名	基础知识	word	excel	ppt	access	总分	等级
3	160010101	董红	31	7	0	4	10	52	不合格
4	160010102	王海霞	32	15	18	10	15	90	优
5	160010103	闫静	33	14	10	10	14	81	合格
6	160010104	强兆娣	22	15	19	7	14	77	合格
7									
8	宏执行次数：	3							

图 21 - 5 “计算”执行结果

6. 保存带有宏的工作簿。

录制宏后，工作簿必须另存为“Excel 启用宏的工作簿(*. xlsm)”类型，扩展名为. xlsm，以保存工作簿并带有宏。为了避免以后打开保存的带有宏的工作簿时宏被禁用，可以在保存带有宏的工作簿之前，先进行安全性设置，操作如下。

a. 在【开发工具】选项卡【代码】组中，单击“宏安全性”按钮。

b. 在“信任中心”对话框的“宏设置”选项卡中，选择“启用所有宏”，设置“信任对 VBA 工程对象模型的访问”。

然后，保存带有宏的工作簿，操作如下：

a. 单击【文件】→【另存为】，打开“另存为”对话框。

b. 在“另存为”对话框中，保持文件名不变，文件类型设置为“Excel 启用宏的工作簿(*. xlsm)”，单击“保存”。

实验 22　VBA 程序设计

一、实验目的

1. 掌握 VBA 程序设计过程。
2. 熟悉 VBA 的分支结构(If 语句和 Select Case 语句)。
3. 熟悉 VBA 的循环结构(For … Next 循环和 Do … Loop 循环)。
4. 熟悉子过程(Sub 过程)和自定义函数(Function 过程)的定义与使用。

二、实验任务

1. 运行 Excel 程序,打开"C:\学生文件夹\高级 Office 成绩 2. xlsm"工作簿。
2. 打开"Microsoft Visual Basic"窗口,熟悉 VBA 编程环境。
3. 插入"顺序结构""选择结构""循环结构"模块。
4. 在"顺序结构"模块代码窗口中,进行顺序结构编程实践。

(1) 在"顺序结构"模块代码窗口中,输入"计算总分()"子过程代码;选择"计算总分()"子过程,单击【运行】→【运行子程序】,计算"抽样成绩"工作表中的总分。

(2) 同上。在"顺序结构"模块代码窗口中,输入"蓝字()"子过程;运行"蓝字()"子过程,设置 A2:I2 和 A3:B6 区域文字为蓝色字。

5. 在"选择结构"模块代码窗口中,进行选择结构编程实践。

(1) 熟悉各种选择结构;应用选择结构,计算"成绩抽样"工作表 I3 单元格中的等级,总分≥90 等级为"优秀",60≤总分<90 为"合格",总分<60 为"不合格"。

(2) 使用不同的选择结构,分别编程计算"成绩抽样"工作表 I4、I5 和 I6 中的等级。

6. 在"循环结构"模块代码窗口中,进行循环结构编程实践。

(1) 熟悉 For 循环结构;应用 For 循环,编程计算"中文 16"工作表所有考生总分。

(2) 熟悉 Do 循环结构;应用 Do 循环,编程计算"中文 16"工作表所有考生总分。

(3) 编程计算"中文 16"工作表所有考生的等级,总分≥90 等级为"优",60≤总分≤90 等级为"合格",总分≤60 等级为"不合格","不合格"用红色字显示。

(4) 编程计算"信管 16"工作表所有考生的总分和等级。

7. 在"模块 1"代码窗口中,进行自定义函数编程实践。

(1) 在模块 1 代码窗口中,输入自定义函数 MySum(),实现单元格区域求和。

(2) 在模块 1 代码窗口中,输入自定义函数 Grade(Total),根据总分求等级。

(3) 调用已自定义的函数,计算"电子 16"工作表中的总分和等级。

8. 宏与 VBA 编程综合练习。在模块 1 的"加批注()"过程中完善代码,给"旅游 16"工作表 I 列加批注,可以采用录制加批注过程宏的办法,获得所需的加批注代码;执行"加批注()"过程,给"不合格"的单元格添加批注"提醒继续努力"。

9. 保存"C:\学生文件夹\高级 Office 成绩 2. xlsm"工作簿。

三、实验步骤

1. 运行 Excel 程序,打开"C:\学生文件夹\高级 Office 成绩 2. xlsm"工作簿。

2. 打开"Microsoft Visual Basic"窗口,熟悉 VBA 编程环境。

在【开发工具】选项卡【代码】组中,单击"Visual Basic"按钮,打开"Microsoft Visual Basic"窗口,也称 VBE(Visual Basic Editor))窗口,如图 22－1 所示。

VBE 主窗口包含标题栏、菜单栏和工具栏,另外还包含多个子窗口,如:工程资源管理器、"属性"窗口、代码窗口等。

① 工程资源管理器,用于显示当前 VBA 工程中包含的对象,包括已打开的工作簿及其包括的工作表、窗体以及模块等。

② 代码窗口,一种编辑器窗口,用于显示和编辑 VBA 程序代码。工作表、模块、窗体都有各自的代码窗口,在工程资源管理器中双击工作表、模块、窗体可以打开对应的代码窗口。

③ 属性窗口,用于设置与显示所选对象的属性。

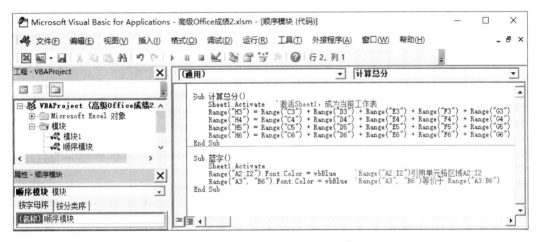

图 22－1　Microsoft Visual Basic 窗口

3. 插入"顺序结构""选择结构""循环结构"模块。

在 VBE 窗口中,单击【插入】→【模块】命令,插入模块 2;在"属性"窗口中,将名称改为"顺序结构"。用同样的方法,插入"选择结构""循环结构"模块。

4. 在"顺序结构"模块代码窗口中,进行顺序结构编程实践。

(1) 如图 22－1 所示,在"顺序结构"模块代码窗口中,输入下列"计算总分( )"子过程,其功能是计算"成绩抽样"工作表(如图 22－2 所示)中的总分;输入完成后选择"计算总分( )"子过程,单击【运行】→【运行子程序】,计算"成绩抽样"工作表中的总分。

```
Sub 计算总分()
    Sheet1.Activate          '激活 Sheet1,成为当前工作表
    Range("H3")= Range("C3")+ Range("D3")+ Range("E3")+ Range("F3")+ Range("G3")
    Range("H4")= Range("C4")+ Range("D4")+ Range("E4")+ Range("F4")+ Range("G4")
    Range("H5")= Range("C5")+ Range("D5")+ Range("E5")+ Range("F5")+ Range("G5")
    Range("H6")= Range("C6")+ Range("D6")+ Range("E6")+ Range("F6")+ Range("G6")
End Sub
```

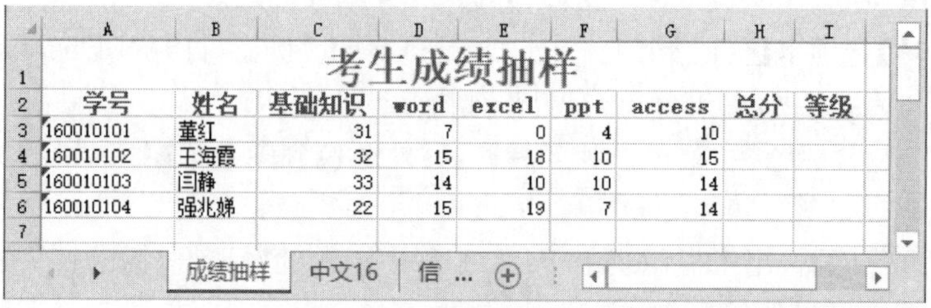

	A	B	C	D	E	F	G	H	I
1	考生成绩抽样								
2	学号	姓名	基础知识	word	excel	ppt	access	总分	等级
3	160010101	董红	31	7	0	4	10		
4	160010102	王海霞	32	15	18	10	15		
5	160010103	闫静	33	14	10	10	14		
6	160010104	强兆娣	22	15	19	7	14		
7									

图 22-2 “成绩抽样”工作表

(2) 按同样的方法,在“顺序结构”模块代码窗口中,输入下方“蓝字( )”子过程,设置“成绩抽样”工作表 A2:I2 和 A3:B6 区域的字体颜色为“蓝色”。选择“蓝字( )”子过程,单击▶按钮,设置 A2:I2 和 A3:B6 区域为蓝色字。

```
Sub 蓝字()
    Sheet1.Activate
    Range("A2:I2").Font.Color= vbBlue          'Range("A2:I2")引用单元格区域 A2:I2
    Range("A3", "B6").Font.Color= vbBlue       'Range("A3","B6")等价于 Range("A3:B6")
End Sub
```

说明:以上的单元格和单元格区域引用是 VBA 编程处理 Excel 工作簿的工作表单元格的重要途径,下面列举了各种单元格和单元格区域引用示例供参考,可在上面的计算总分()、蓝字()子过程中加以验证,以后举一反三加以应用。

Range("A1"),引用当前工作表中的单元格 A1

[C3],引用 C3 单元格

ActiveCell,引用当前单元格

Range("A1:B5") 或 Range("A1", "B5") 或[A1:B5],引用 A1:B5 的区域

Range("C3:D5,G6:H10"),引用多选区域

Range("A:C"),引用 A 到 C 列

Range("1:5"),引用 1 到 5 行

Cells(2,2),引用 B2 单元格

Cells(2, "B"),引用 B2 单元格

Range("A1:B5").Select ,选中 A1:B5

Range("A" & i), 使用变量对不确定单元格或区域的引用,i 为变量

Range("A" & i & ":C" & i),引用第 i 行 A 列至 C 列的区域,i 为变量

Cells(i,1),引用第 i 行 A 列的单元格,i 为变量

Cells(i,j),引用第 i 行第 j 列的单元格,i、j 为变量

Worksheets("中文 16").Range("A3:B6"),引用 “中文 16”工作表中的单元格区域 A3:B6。

Workbooks("MyBook.xlsx").Worksheets("工资").Range("B2"),引用 MyBook.xlsx 工作簿“工资”工作表的 B2 单元格。

Range("C10").Offset(- 1,0),引用 C9 单元格

Range("A1").Offset(2, 2),表示单元格 C3。

ActiveCell.Offset(1, 1),表示当前单元格下一行、下一列的单元格。

5. 在“选择结构”模块代码窗口中,进行选择结构编程实践。

(1) 熟悉各种选择结构,应用选择结构计算“成绩抽样”工作表(如图 22-3 所示)I3 单元格中的等级,总分≥90 等级为“优秀”,60≤总分<90 等级为“合格”,总分<60 等级为“不合格”。

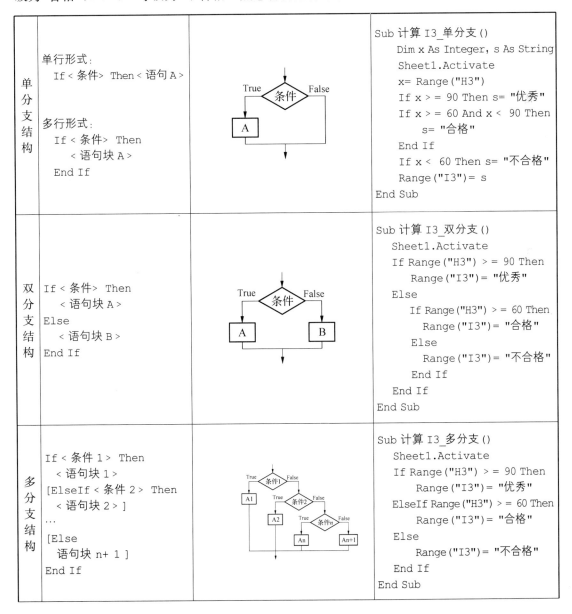

图 22 - 3　"成绩抽样"工作表

VBA 中选择结构有 If 语句、Select Case 语句、IIF 函数三种形式。If 语句又有单分支、双分支和多分支三种结构。下面分别介绍三种 If 结构、Select Case 结构以及 IIF 函数，并分别用它们编程计算"成绩抽样"工作表 I3 单元格中的等级，H3≥90 等级为"优秀"，60≤H3＜90 等级为"合格"，H3＜60 等级为"不合格"，熟悉各种选择结构的编程特点。

单分支结构	单行形式：
	　If＜条件＞ Then＜语句 A＞
	
	多行形式：
	　If＜条件＞ Then
	　　＜语句块 A＞
	　End If
		True　条件　False
		　A
			Sub 计算 I3_单分支()
			　Dim x As Integer, s As String
			　Sheet1.Activate
			　x= Range("H3")
			　If x >= 90 Then s= "优秀"
			　If x >= 60 And x < 90 Then
			　　s= "合格"
			　End If
			　If x < 60 Then s= "不合格"
			　Range("I3")= s
			End Sub

双分支结构	If＜条件＞ Then
	　＜语句块 A＞
	Else
	　＜语句块 B＞
	End If
		True　条件　False
		A　　　B
			Sub 计算 I3_双分支()
			　Sheet1.Activate
			　If Range("H3") >= 90 Then
			　　Range("I3")= "优秀"
			　Else
			　　If Range("H3") >= 60 Then
			　　　Range("I3")= "合格"
			　　Else
			　　　Range("I3")= "不合格"
			　　End If
			　End If
			End Sub

多分支结构	If＜条件 1＞ Then
	　＜语句块 1＞
	[ElseIf＜条件 2＞ Then
	　＜语句块 2＞]
	…
	[Else
	　语句块 n+ 1]
	End If
		True　条件1　False
		A1
		　True　条件2　False
		　A2
		　　True　条件n　False
		　　An　　An+1
			Sub 计算 I3_多分支()
			　Sheet1.Activate
			　If Range("H3") >= 90 Then
			　　Range("I3")= "优秀"
			　ElseIf Range("H3") >= 60 Then
			　　Range("I3")= "合格"
			　Else
			　　Range("I3")= "不合格"
			　End If
			End Sub

续表

| Select Case 结构 | Select Case < 测试表达式 ><br>Case < 表达式列表 1 ><br>语句块 1<br>[Case < 表达式列表 2 ><br>< 语句块 2 > ]<br>…<br>[Case < 表达式列表 n ><br>< 语句块 n > ]<br>[Case Else<br>< 语句块 n+ 1 > ]<br>End Select | 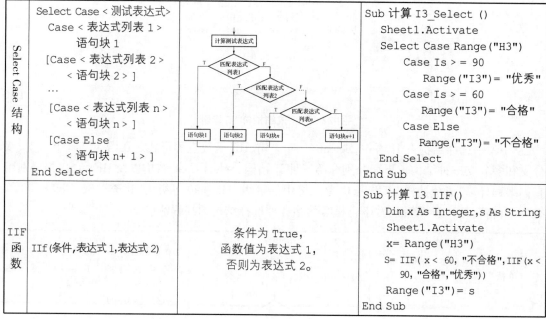 | ```
Sub 计算 I3_Select ()
  Sheet1.Activate
  Select Case Range ("H3")
    Case Is > = 90
      Range ("I3") = "优秀"
    Case Is > = 60
      Range ("I3") = "合格"
    Case Else
      Range ("I3") = "不合格"
  End Select
End Sub
``` |
| IIF 函数 | IIf(条件,表达式 1,表达式 2) | 条件为 True,<br>函数值为表达式 1,<br>否则为表达式 2。 | ```
Sub 计算 I3_IIF()
  Dim x As Integer,s As String
  Sheet1.Activate
  x= Range ("H3")
  S= IIF( x < 60, "不合格",IIF(x <
      90, "合格","优秀"))
  Range ("I3")= s
End Sub
``` |

(2)编程练习。使用不同的选择结构,分别编程计算"成绩抽样"工作表 **I4、I5** 和 **I6** 单元格中的等级。

```
Sub 计算_I4 ()
    '参照上面的程序,设计本段程序
End Sub
Sub 计算_I5 ()
    '自行设计程序
End Sub
Sub 计算_I6 ()
    '自行设计程序
End Sub
```

6. 在"循环结构"模块代码窗口中,进行循环结构编程实践。

VBA 中循环结构有 For 循环和 Do~Loop 循环二种形式。

(1)熟悉 For 循环结构;应用 For 循环,编程计算"中文 16"工作表所有考生总分。

对于事先能确定循环次数的问题,一般使用 For 循环来表达。For 循环的语法格式:

```
For 循环变量= 初值 To 终值 [Step 步长]
    [语句块]
    [Exit For]       循环体
    [语句块]
Next [循环变量]
```

功能:循环变量依次取初值到终值之间的以步长为增量的数列的值,每取一个值都执行一次循环体。执行流程如图 22-4所示。

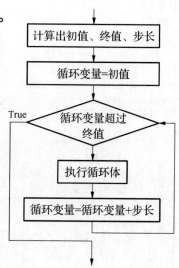

图 22-4 For ... Next 结构流程

在"循环结构"模块代码窗口中,用 For 循环编写程序,计算"中文 16"工作表(如图 22 - 5 所示)所有考生总分,**总分=基础知识+ word + excel + ppt + access。**

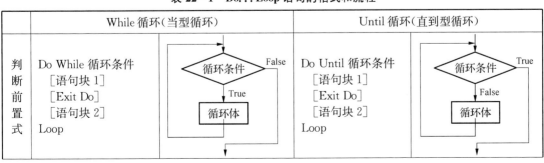

▲	A	B	C	D	E	F	G	H	I	▲
1						中文16学生成绩				
2	学号	姓名	基础知识	word	excel	ppt	access	总分	等级	
3	160010101	董红	31	7	0	4	10			
4	160010102	王海霞	32	15	18	10	15			
5	160010103	同静	33	14	10	10	14			
57	160010155	邵艳	24	15	20	10	14			
58	160010156	殷岳峰	15	11	19	7	13			
59										▼

图 22 - 5 "中文 16"工作表

程序代码如下。

```
Sub 循环_计算所有考生总分_之一()
    Dim i As Integer
    Sheet2.Activate
    For i= 3 To 58 Step 1
        Cells(i, 8)= Cells(i, 3)+ Cells(i, 4)+ Cells(i, 5)+ Cells(i, 6)+ Cells(i, 7)
    Next i
End Sub
Sub 循环_计算所有考生总分_之二()
    Dim i As Integer, sum As Integer
    Sheet2.Activate
    For i= 3 To 58 Step 1
        sum= 0
        For j= 3 To 7
            sum= sum+ Cells(i, j)
        Next j
        Cells(i, 8)= sum
    Next i
End Sub
```

(2) 熟悉 Do 循环结构;应用 Do 循环,编程计算"中文 16"工作表中的总分。

对于循环次数事先未知的问题,一般使用 Do...Loop 循环来表达。

Do...Loop 循环有四种形式,根据条件判断关键字分:当型循环和直到型循环;根据判断条件的位置分:判断前置式和判断后置。无论哪一种都是根据循环条件决定是否继续执行循环。四种 Do...Loop 语句的格式和流程如表 22 - 1 所示。

表 22 - 1 Do...Loop 语句的格式和流程

	While 循环(当型循环)		Until 循环(直到型循环)	
判断前置式	Do While 循环条件 　[语句块 1] 　[Exit Do] 　[语句块 2] Loop	循环条件 → False/True → 循环体	Do Until 循环条件 　[语句块 1] 　[Exit Do] 　[语句块 2] Loop	循环条件 → True/False → 循环体

续表

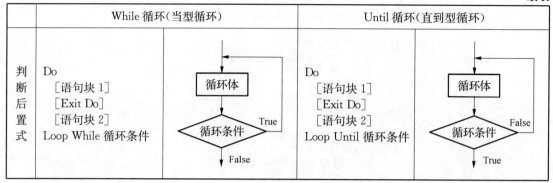

	While 循环(当型循环)	Until 循环(直到型循环)
判断后置式	Do 　[语句块 1] 　[Exit Do] 　[语句块 2] Loop While 循环条件	Do 　[语句块 1] 　[Exit Do] 　[语句块 2] Loop Until 循环条件

在"循环结构"模块中,用 Do...Loop 循环编程,计算"中文 16"工作表中的总分。

```
Sub 循环_计算所有考生总分_之三()
    Dim i As Integer
    Sheet2.Activate
    i= 3
    Do While i < = 58
        Cells(i, 8)= Cells(i, 3)+ Cells(i, 4)+ Cells(i, 5)+ Cells(i, 6)+ Cells(i, 7)
        i= i+ 1
    Loop
End Sub
```

(3) 编程计算"中文 16"工作表所有考生的等级,总分≥90 等级为"优秀",60≤总分≤90 等级为"合格",总分≤60 等级为"不合格","不合格"用红色字显示。

```
Sub 循环_总分换算等级_之一()
    Dim i As Integer, x As Integer, s As String
    Sheet2.Activate
    For i= 3 To 58
        x= Range("H" & i)
        Select Case x
            Case Is > = 90
                s= "优秀"
            Case Is > = 60
                s= "合格"
            Case Else
                s= "不合格"
                Range("I" & i).Font.Color= vbRed
        End Select
        Range("I" & i)= s
    Next i
End Sub
```

(4) 编程计算"信管 16"工作表所有考生的总分和等级。

```
Sub 循环_同时计算总分与等级 ()
            ' 根据前面的程序,自行设计本段程序
End Sub
```

7. 在"模块 1"代码窗口中,进行自定义函数编程实践。

(1) 在模块 1 代码窗口中,输入自定义函数 MySum( ),对单元格区域求和。

```
Function MySum(A As Range) As Integer    'A 为 Range 类形参变量,代表一个单元格区域
    MySum= WorksheetFunction.Sum(A)      ' 调用 Excel 提供的 Sum 函数
End Function
```

(2) 在模块 1 代码窗口中,输入自定义函数 Grade(Total),根据总分求等级。

```
Function Grade(Total As Range) As String    ' Total 为 Range 类形参变量,函数为字符类型
    If Total > = 90 Then
        Grade= "优秀"
    ElseIf Total > = 60 Then
        Grade= "合格"
    Else
        Grade= "不合格"
    End If
End Function
```

(3) 调用已自定义的函数,计算"电子 16"工作表中的总分和等级。

操作指导:

a. 选中"电子 16"工作表的 H3 单元格,单击"编辑栏"前的"插入函数"按钮(f_x);在"插入函数"对话框中,选择类别为"用户自定义",双击"MySum"自定义函数,选择形参 A 对应的实参 C3:G3,即在 H3 中输入公式:= MySum(C3:G3)(其中 C3:G3 为实参),按回车,调用函数,计算出总分。

b. 向下拖动 H3 的填充柄计算后续的总分。

c. 用同样方式,调用已自定义的函数 Grade(Total),计算出等级。

8. 宏与 VBA 编程综合练习。

在模块 1 的"加批注()"过程中完善代码,给"旅游 16"工作表(如图 22-6 所示)I 列加批注,可以采用录制加批注过程宏的办法,获得所需的加批注代码;执行"加批注()"过程,给"不合格"的单元格添加批注"提醒继续努力"。

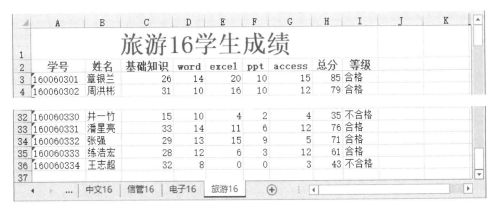

图 22-6　"旅游 16"工作表

操作指导:

a. 在【开发工具】选项卡【代码】组中,单击"录制宏",开始宏录制:在"旅游 16"工作表中单

击 C6 单元格(可任选);右击选中的 C6,在快捷菜单中单击"插入批注",输入批注"提醒继续努力"。在【开发工具】选项卡【代码】组中,单击"停止录制"按钮。

　　b. 在【开发工具】选项卡【代码】组中,单击"Visual Basic";在 Microsoft Visual Basic 窗口中,参照刚录制的宏代码,如图 22 - 7 所示,完善模块 1 中的"加批注()"过程(如图 22 - 8 所示)。

图 22 - 7　宏代码

图 22 - 8　"加批注()"过程原有代码

　　c. 选择"加批注()"子过程;单击"运行"→"运行子程序"命令(或单击 ▶ 按钮),运行"加批注()"过程。查看、确认"旅游16"工作表 I 列中所添加的批注。

　　9. 保存**"C:\学生文件夹\高级 Office 成绩 2. xlsm"**工作簿。

第 8 章　计算机网络实验

实验 23　基于对等[①]模式的资源共享

一、实验目的

1. 建立网络对等工作模式。
2. 熟悉文件共享的相关设置。
3. 熟悉打印机共享的相关设置。

二、实验任务

1. 网卡安装及其驱动程序安装。
2. 安装、配置 TCP/IP 协议,设置 IP 地址、子网掩码、网关、DNS。
3. 安装"Microsoft 网络客户端"和"Microsoft 网络的文件和打印机共享"服务。
4. 设置工作组名和计算机名,标识计算机。
5. 设置"C:\学生文件夹"为"共享",访问权限为"只读";用同一工作组的其他计算机访问本机共享的"C:\学生文件夹"。
6. 撤销"C:\学生文件夹"的共享。

三、实验步骤

1. 网卡安装及其驱动程序安装。

计算机联网一般从网卡安装和网线连接开始,但考虑到诸多原因,实验中免去这些环节。提供给大家实验用的计算机,网卡都已安装、设置到位,能够正常上网。为能经历计算机联网配置全过程,首先要求大家卸载已经安装的网卡驱动程序,然后重新安装。

操作指导:

a. 在"类别"查看方式的"控制面板"中,单击"网络和 Internet"→"网络和 Internet 中心"→"更改适配器设置",打开"网络连接"窗口,如图 23-1 所示。

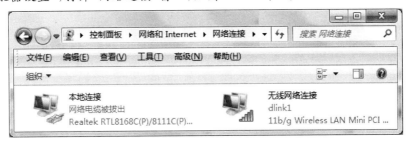

图 23-1　"网络连接"窗口

[①]　对等模式"工作组"中的每台计算机既是服务器,又是客户端,计算机的地位是对等的,故称这样的网络工作模式为对等模式。

b. 在"网络连接"窗口中，双击"本地连接"，打开"本地连接属性"对话框，如图 23-2 所示；在"本地连接属性"对话框中，双击"Internet 协议版本 4（TCP/IPv4）"项目，打开"Internet 协议版本 4（TCP/IPv4）属性"对话框，如图 23-3 所示。

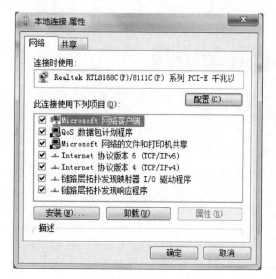

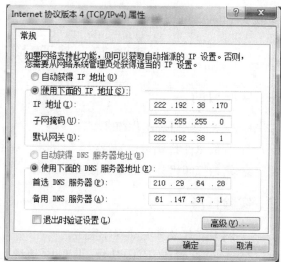

图 23-2 "本地连接属性"对话框   图 23-3 "Internet 协议（TCP/IPv4）属性"对话框

c. 记录本机使用的 IP 地址及其子网掩码、网关、DNS 等有关信息。单击"取消"按钮。

IP 地址：＿＿＿＿＿＿＿＿＿＿＿＿＿＿＿＿＿

子网掩码：＿＿＿＿＿＿＿＿＿＿＿＿＿＿＿＿

默认网关：＿＿＿＿＿＿＿＿＿＿＿＿＿＿＿＿

首选 DNS 服务器：＿＿＿＿＿＿＿＿＿＿＿＿

备用 DNS 服务器：＿＿＿＿＿＿＿＿＿＿＿＿

d. 在桌面上，右击"计算机"图标；在快捷菜单中，单击"管理"命令，打开"计算机管理"窗口，单击"设备管理器"，在中间窗格打开"设备管理器"，展开"网络适配器"信息，右击本地连接对应的网络适配器（网卡），在弹出的快捷菜单中选择"卸载"，如图 23-4 所示，完成网卡设备的卸载。

e. 在"设备管理器"窗口工具栏中，单击"扫描检测硬件改动"按钮（ ），系统会自动探测网卡设备，并进行驱动程序安装。

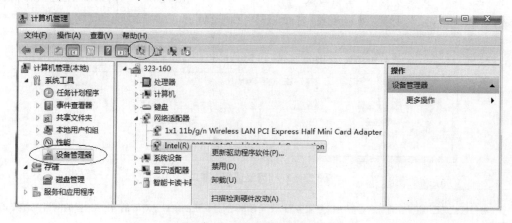

图 23-4 "设备管理器"窗口

2. 安装、配置 TCP/IP 协议，按照前面的记录，设置 IP 地址、子网掩码、网关、DNS。

操作指导：

a. 在"类别"查看方式的"控制面板"，单击"网络和 Internet"→"网络和 Internet 中心"→"更改适配器设置"，打开"网络连接"窗口。

b. 在"网络连接"窗口中，双击"本地连接"，打开"本地连接属性"对话框，如图 23-5 所示。

c. 在"本地连接属性"对话框的"网络"选项卡中，双击"Internet 协议版本 4（TCP/IPv4）"；在"Internet 协议版本 4（TCP/IPv4）属性"对话框中，如图 23-6 所示，选择单选按钮"使用下面的 IP 地址"，输入原有的 IP 地址、子网掩码和默认网关；选择单选按钮"使用下面的 DNS 服务器地址"，输入原有的首选 DNS 服务器和备选 DNS 服务器，单击"确定"按钮，完成"Internet 协议版本 4（TCP/IPv4）"属性设置。

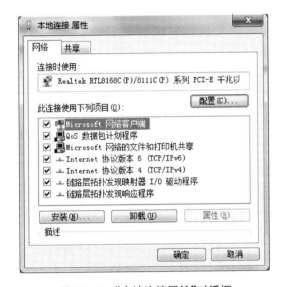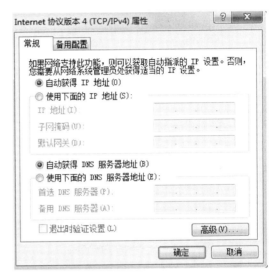

图 23-5　"本地连接属性"对话框　　　图 23-6　Internet 协议版本 4（TCP/IPv4）属性对话框

3. 安装"Microsoft 网络客户端"和"Microsoft 网络的文件和打印机共享"服务。

观察"本地连接属性"对话框，如图 23-5 所示，如果没有安装"Microsoft 网络客户端"，则要安装客户端；如果没有安装"Microsoft 网络的文件和打印机共享"，则要安装该服务。

操作指导：

a. 在"本地连接属性"对话框中，如图 23-5 所示，单击"安装"按钮；在选择"网络功能类型"对话框中，选择添加"客户端"；再在"选择网络客户端"对话框中，选择"网络客户端"，单击"确定"按钮。

b. 在"本地连接属性"对话框中，如图 23-5 所示，单击"安装"按钮，然后选择添加"服务"；在出现的"选择网络服务"对话框中，选择"Microsoft 网络的文件和打印机共享"，单击"确定"按钮。

注："网卡驱动""通信协议""客户端程序""服务程序"被称为网络组件的"四架马车"。

4. 设置工作组名和计算机名，标识计算机。

对于小型局域网环境，使用 Windows 的 TCP/IP 作为通信协议，以"工作组"的形式划分子网，以"计算机名"区分和识别计算机。本步实验，标识工作组名和计算机名。

如果机器上已经设置了工作组名和计算机名，请只查看不要改动原有配置。

操作指导:

a. 在桌面上,右击"计算机",在弹出的快捷菜单中选择"属性",打开"系统"窗口,如图23-7所示。

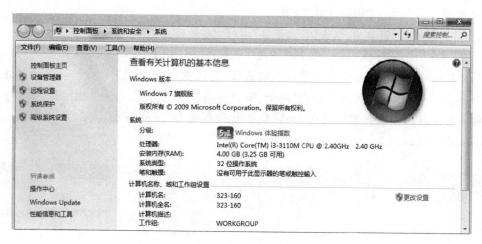

图 23-7 "系统"窗口

b. 在"计算机名称、域和工作组设置"中,单击"更改设置",打开"系统属性"对话框,如图23-8所示,单击"更改"按钮,打开"计算机名/域更改"对话框,如图23-9所示,可以查看或更改"计算机名""工作组",单击"确定"按钮,完成后需要重新启动计算机,使设置生效。

注意:同一个工作组中,不能有相同的计算机名。

图 23-8 "系统属性"对话框　　　　**图 23-9 "计算机名/域更改"对话框**

5. 设置"C:\学生文件夹"为"共享",访问权限为"只读";用同一工作组中的其他计算机访问本机共享的"C:\学生文件夹"。

操作指导:

a. 双击"计算机",再双击"本地磁盘(C:)",打开"本地磁盘(C:)"。

b. 在"本地磁盘(C:)"窗口中,右击"学生文件夹",在快捷菜单中选择"属性"命令,打开"学生文件夹属性"对话框,如图23-10所示,选择"共享"选项卡,单击"共享"按钮,出现"文件共享"对话框,如图23-11所示,选择用户"Everyone",单击"添加"按钮,把 Everyone 用户添加入用户队列,如图 23-12 所示,权限级别设置为:读取,单击"共享"按钮,如图 23-13 所示,单击"完成"按钮,完成"学生文件夹"共享设置。

图 23-10 "学生文件夹属性"对话框

图 23-11 "文件共享"对话框

图 23-12 "文件共享"对话框

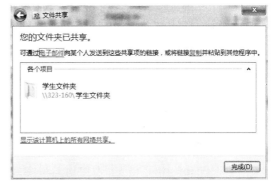

图 23-13 "文件共享"对话框

c. 在本机或其他计算机桌面上,双击"计算机"图标,在左边列表中选择"网络",在"网络"窗口地址栏中,输入\\计算机名,例如\\323-160,即可看到共享文件夹;双击共享文件夹,即可访问其中的文件夹和文件。

6. 撤销"C:\学生文件夹"的共享。

操作指导:

打开 C:盘,右击"学生文件夹",在快捷菜单中选择"属性"命令,打开"学生文件夹属性"对话框,选择"共享"选项卡,单击"高级共享",出现"高级共享"对话框(如图 23-14 所示),取消"共享此文件夹",单击"确定"按钮,即可撤销"C:\学生文件夹"的共享属性。

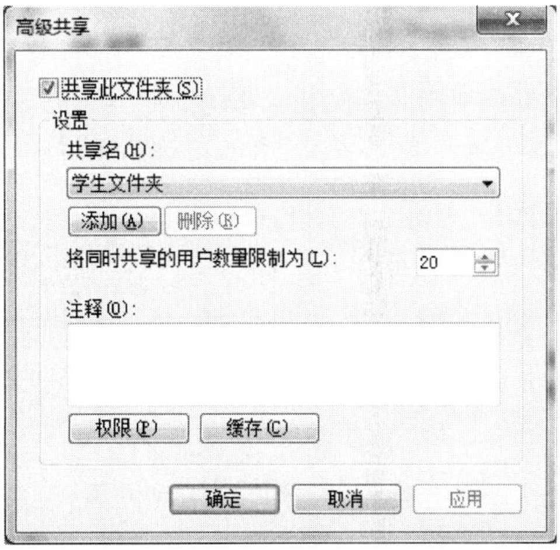

图 23-14 "高级共享"对话框

实验 24 WEB 服务器和 FTP 服务器的安装与测试

一、实验目的

1. 熟悉"Internet 信息服务"组件。
2. 熟悉 Web 服务器的配置与使用。
3. 熟悉 FTP 服务器的配置与使用。

二、实验任务

1. 在 Windows 7(10)系统中,添加功能程序"Internet 信息服务"组件 IIS。

2. WEB 服务器的配置与测试。

(1) 配置默认的 WEB 站点,设置 WEB 站点主目录为"C:\学生文件夹\MyWeb",设置其中的 Index. html 为默认文档。网站绑定 222.192.38.170(实验用机 IP 地址),80 端口。

(2) 测试 Web 站点。

(3) 添加 WEB 虚拟目录,设置物理路径为"C:\学生文件夹\net",别名为"test"。测试Web 虚拟目录。

3. FTP 服务器的安装与测试。

(1) 在 IIS(Internet Information Server)组件中,安装 FTP 服务器,提供 FTP 服务。

(2) 添加 FTP 站点,设置站点名称为 S_FTP,物理路径为 C:\学生文件夹,绑定222.192.38.170,21 端口;设置身份验证:匿名,授权:所有用户,权限:读取和写入。

(3) 测试 FTP 站点——S_FTP。

(4) 添加 FTP 虚拟目录,设置路径为"D:\CCC",别名为"Net"。测试 FTP 虚拟目录。

三、实验步骤

1. 在 Windows 系统中,添加功能程序"Internet 信息服务"组件 IIS。

操作指导:

a. 在"类别"查看方式的"控制面板"中,单击"程序",打开"程序"窗口,如图 24-1 所示;单击"打开或关闭 Windows 功能",在打开的"Windows 功能"对话框中,如果"Internet 信息服务"前面的复选按钮为▣,如图 24-2 所示,则说明已经安装了 IIS,可单击"取消"按钮;否则,选中该复选框,单击"确定"按钮,进行 IIS 安装,直至安装完成。

图 24-1 "程序"窗口

图 24-2 "Windows 功能"对话框

2. WEB 服务器的配置与测试。

（1）配置默认的 WEB 站点，设置 WEB 站点主目录为"**C:\学生文件夹\MyWeb**"文件夹，设置其中的 **Index. html** 为默认文档。网站绑定 **222. 192. 38. 170,80** 端口。

操作指导：

a. 打开"控制面板"，选择"小图标"查看方式，单击"管理工具"，打开"管理工具"窗口，双击"Internet 信息服务(IIS)管理器"，打开"Internet 信息服务(IIS)管理器"窗口；在左窗格展开树型结构，单击"Default Web Site"，如图 24－3 所示。

图 24－3 "Internet 信息服务(IIS)管理器"

b. 在"Internet 信息服务(IIS)管理器"窗口右侧，如图 24－3 所示，单击"高级设置"；在"高级设置"对话框中，如图 24－4 所示，设置物理路径：C:\学生文件夹\MyWeb，单击"确定"按钮，完成设置。

c. 在"Internet 信息服务(IIS)管理器"窗口右侧，如图 24－3 所示，单击"绑定..."；在"网站绑定"对话框中，如图 24－5 所示，单击"添加"按钮，打开"编辑网站绑定"对话框，如图 24－6 所示；在下拉列表中选择本机的 IP 地址，例如：222. 192. 38. 170，作为 Web 服务器的 IP 地址；设置"端口"号为默认值80，单击"确定"按钮，完成设置。

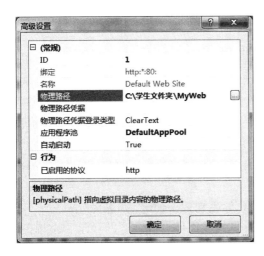 

图 24－4 "高级设置"对话框   图 24－5 "网站绑定"对话框

d. 在"Internet 信息服务(IIS)管理器"窗口 IIS 中,如图 24-3 所示,双击"默认文档",在"默认文档"窗格中,如图 24-7 所示;上移 Index. html 到第 1 位置。完成"默认 Web 站点"的属性设置。

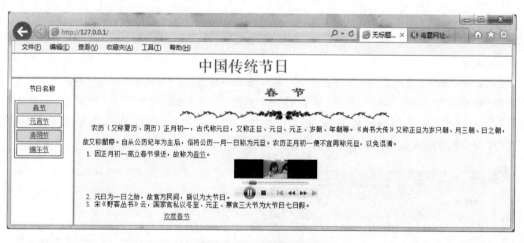

图 24-6 "编辑网站绑定"对话框   图 24-7 "默认文档"设置

(2) 测试 Web 站点。

操作指导:

a. 在本地打开浏览器,在地址栏中输入 http://127.0.0.1 或 http://Localhost,在浏览器中打开默认文档 Index. html 网页,如图 24-8 所示。

图 24-8 本地访问网站

b. 在本地计算机的 IE 地址栏中,输入 http://222.192.38.170,显示网站默认网页,如图 24-8 所示。

c. 在网络的其他机器上,打开 IE 浏览器,在地址栏中输入 http://222.192.38.170,显示网站默认网页,如图 24-8 所示。

(3) 添加 WEB 虚拟目录,设置虚拟目录为"C:\学生文件夹\net",别名为"test"。

虚拟目录可以是实际主目录下的目录,也可以是其他任何目录之下的目录。小规模用户的网站可以设置成虚拟目录,通过主目录发布信息,就感觉在主目录中一样,但它在物理上不一定是包含在主目录中。

操作指导：

a. 在"Internet 信息服务（IIS）管理器"对话框中，如图 24 - 3 所示，右击"Default Web Site"，在快捷菜单中单击"添加虚拟目录"，打开"添加虚拟目录"对话框，如图 24 - 9 所示，设置别名：test，物理路径：C:\学生文件夹\net，单击"确定"按钮，完成虚拟目录的创建。

b. 在左窗格中选择 test 虚拟目录；单击"默认文档"，将"C:\学生文件夹\net 文件夹"中的 Default. htm 添加为默认文档。

（4）测试 Web 虚拟目录。

操作指导：

a. 打开 IE 浏览器，在地址栏中输入 http://127.0.0.1/test/或 http://Localhost/test/，在浏览器中打开默认文档 Default. htm，如图 24 - 10 所示。

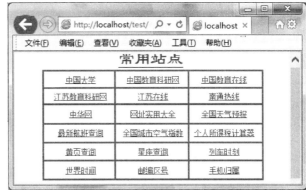

图 24 - 9　"添加虚拟目录"对话框　　　　　**图 24 - 10　IE 访问虚拟目录**

b. 在 IE 地址栏中，输入 http://222.192.38.170/test/，打开 Default. htm 网页。

c. 在其他计算机 IE 地址栏中，输入 http://222.192.38.170/test/，访问 Default. htm 网页。

3. 安装 FTP 服务器。

（1）在 IIS（Internet Information Server）组件中，安装 FTP 服务器，提供 FTP 服务。

操作指导：

a. 在"类别"查看方式的"控制面板"中，单击"程序"，打开"程序"窗口，如图 24 - 1 所示；单击"打开或关闭 Windows 功能"。

b. 在出现的"Windows 功能"对话框中，如图 24 - 2 所示，展开"Internet 信息服务"，展开"FTP 服务器"，如果"FTP 服务"组件复选框已经选中，则说明已经具有 FTP 服务功能，可单击"取消"按钮，取消本步骤操作；否则，选中"FTP 服务"复选框，单击"确定"按钮，安装 FTP 服务器，提供 FTP 服务。

（2）添加 FTP 站点，设置站点名称为 S_FTP，物理路径为"C:\学生文件夹"，绑定 222.192.38.170,21 端口；设置身份验证：匿名，授权：所有用户，权限：读取和写入。

操作指导：

a. 打开"控制面板"，选择"小图标"查看方式；单击"管理工具"，打开"管理工具"窗口，双击打开"Internet 信息服务（IIS）管理器"，如图 24 - 11 所示。

b. 在"Internet 信息服务（IIS）管理器"窗口中，右击左边窗格，在快捷菜单中单击"添加

FTP 站点"命令。

　　c. 在"添加 FTP 站点"对话框中,如图 24－12 所示,设置 FTP 站点名称:S_FTP,物理路径:C:\学生文件夹。

图 24－11　　Internet 信息服务(IIS)管理器

图 24－12　　"站点信息"设置

　　d. 单击"下一步",在"绑定和 SSL 配置"界面中,如图 24－13 所示,在下拉列表中选择本机的 IP 地址,例如:222.192.38.170,设置端口:21,SSL:无。

　　e. 单击"下一步",在"身份验证和授权信息"界面中,如图 24－14 所示,设置身份验证:匿名,授权:所有用户,权限:读取和写入。

图 24－13　　"绑定和 SSL 配置"设置

图 24－14　　"身份验证和授权信息"设置

　　f. 单击"完成"按钮,完成"FTP 站点"设置,如图 24－15 所示。

图 24‑15　FTP 站点—S_FTP

(3) 测试 FTP 站点——S_FTP。
操作指导：
　　a. 在本地用"浏览器"查看 FTP 站点，在 IE 浏览器地址栏中输入 ftp://222.192.38.170（假定本地 IP 地址为 222.192.38.170），在浏览器中打开 FTP 站点，如图 24‑16 所示。

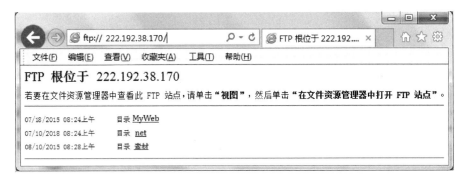

图 24‑16　本地测试 FTP 站点—浏览器查看方式

　　b. 在本地资源管理器地址栏中，输入 ftp://222.192.38.170，打开 FTP 站点，如图 24‑17所示。

图 24‑17　本地测试 FTP 站点—资源管理器查看方式

c. 在其他计算机 IE 地址栏输入 ftp://222.192.38.170,打开 FTP 站点,如图 24-16 所示。

(4) 添加 FTP 虚拟目录,设置虚拟目录路径为"D:\CCC",别名为"Net"。测试 FTP 虚拟目录。

操作指导:

a. 在"Internet 信息服务(IIS)管理器"对话框中,如图 24-15 所示,右击"S_FTP"站点,在快捷菜单中单击"添加虚拟目录",打开"添加虚拟目录"对话框,设置别名:Net,物理路径:D:\CCC,单击"完成"按钮,如图 24-18 所示。

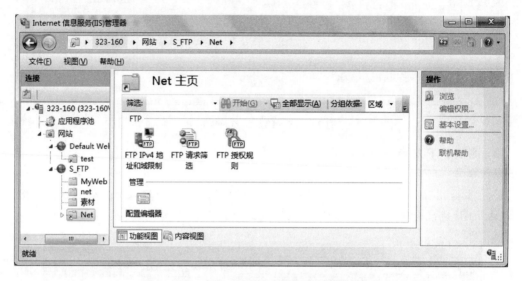

图 24-18 在"S_FTP"站点添加虚拟目录"Net"

b. 在本地 IE 浏览器地址栏中输入:ftp://222.192.38.170/Net,在浏览器中打开 FTP 站点虚拟目录"Net",如图 24-19 所示。

图 24-19 本地测试 FTP 站点虚拟目录

c. 在网络其他计算机的 IE 地址栏中输入:ftp://222.192.38.170/Net,打开 FTP 站点虚拟目录,如图 24-19 所示。

第 9 章　数据库软件 Access 的使用

实验 25　Access 数据库的建立和维护

一、实验目的

1. 熟悉 Access 2016 的工作环境。
2. 掌握数据库的创建方法。
3. 掌握表的创建方法。

二、实验任务

1. 启动 Access 2016，在"C:\学生文件夹"中，新建数据库 mydb. accdb。
2. 创建"课程开设表""学生登记表""学生选课成绩表"。
(1) 使用数据表视图，录入课程记录，设计"课程开设表"。
(2) 通过表设计视图，设计"学生登记表"。
(3) 通过表设计视图，设计"学生选课成绩表"。
3. 修改"学生登记表"，插入"出生日期"字段，设置类型为"日期/时间"的"短日期"。
4. 在"学生登记表"中录入学生记录；在"学生选课成绩表"中录入成绩记录。
5. 定义"学生登记表""学生选课成绩表"和"课程开设表"之间的数据关联方式。

三、实验步骤

1. 启动 Access 2016，在"C:\学生文件夹"中，新建数据库 mydb. accdb。
操作指导：
a. 依次单击"开始"( )→"所有程序"→"Microsoft Office"→"Microsoft Access 2016"，
启动 Access 2016。
b. 在新建或打开数据库界面中，选择单击"空白桌面数据库"模板；在"空白桌面数据库"
对话框中，如图 25 - 1 所示，单击 ，打开"文件新建数据库"对话框，如图 25 - 2 所示。

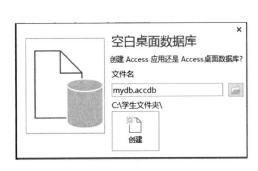

图 25 - 1　"空白桌面数据库"对话框

图 25 - 2　"文件新建数据库"对话框

c. 在"文件新建数据库"对话框中,设置保存位置为 C:\学生文件夹,输入文件名 mydb,选择保存类型为"Microsoft Access 2007—2016 数据库(* . accdb)",单击"确定"按钮;在"空白桌面数据库"对话框中,单击"创建"按钮,创建 mydb 数据库。

2. 创建"课程开设表""学生登记表""学生选课成绩表"。

(1) 使用数据表视图,录入课程记录,设计"课程开设表"。

操作指导:

a. 创建 mydb 空数据库后,默认出现"表 1"数据表视图,如图 25-3 所示。

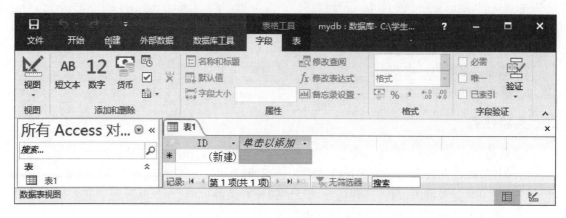

图 25-3 "表 1"数据表视图

b. 在"表 1"数据表视图中,如图 25-4 所示,输入 5 条课程记录。

ID	字段1	字段2	字段3	字段4
1	CC112	软件工程	60	春
2	CS202	数据库	45	秋
3	EE103	控制工程	60	春
4	ME234	数学分析	40	秋
5	MS211	人工智能	60	秋

图 25-4 "表 1"输入数据的数据表视图

c. 将光标定位到"字段 1",在【表格工具|字段】选项卡中,如图 25-5 所示,设置名称和标题都为"课程号",数据类型为"短文本",字段大小为 10。

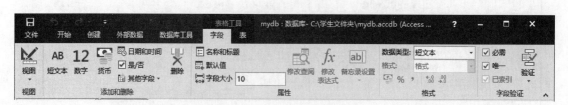

图 25-5 【表格工具|字段】选项卡

d. 按同样的方法,修改"字段 2"为"课程名",类型为"短文本",大小为 20;修改"字段 3"为"学时",类型为"数字",格式为"常规数字";修改"字段 4"为"学期",类型为"短文本",大小为 4。

e. 在【开始】选项卡【视图】组,单击"设计视图"按钮(),切换到"课程开设表"的设计视图;将光标定位到"ID"字段,在【表格工具|设计】选项卡【工具】组中,单击"主键",取消 ID 字段为主键;删除 ID 字段行。然后设置"课程号"字段为主键。

f. 单击快速访问工具栏的"保存"按钮,在"另存为"对话框中,输入表名称为:课程开设表,单击"确定"按钮,保存"课程开设表"。

(2) 通过设计视图,如图 25 - 6 所示,设计"学生登记表"。

图 25 - 6 "学生登记表"设计视图

操作指导:

a. 在【创建】选项卡【表格】组中,单击"表设计",打开"表 1"设计视图。

b. 在"表 1"设计视图中,根据表 25 - 1 的要求添加字段名称,设置相应的属性,如图 25 - 6 所示。

表 25 - 1 "学生登记表"设计参数

	字段名称	数据类型	字段大小	小数位数
主键、必需	学号	短文本	10	
	姓名	短文本	20	
	院系	短文本	40	
	性别	短文本	2	
	身高	数字	单精度型	2

c. 单击快速访问工具栏的"保存"按钮,在"另存为"对话框中,输入表名称为:学生登记表,单击"确定"按钮。关闭"学生登记表"。

(3) 通过设计视图,如图 25 - 7 所示,设计"学生选课成绩表",其中"课程号"和"学号"字段都为"短文本"类型,大小均为 10;"成绩"字段为"数字"类型,字段大小为"单精度型",小数位数为 1;设置该表的主键为"课程号"和"学号"的组合。

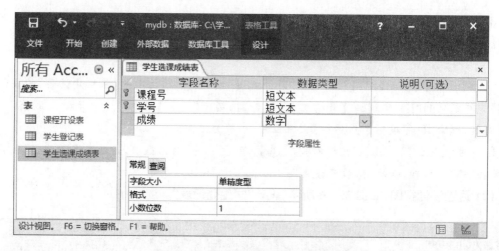

图 25-7 "学生选课成绩表"设计视图

操作指导：

a. 在【创建】选项卡【表格】组中，单击"表设计"，打开"表1"设计视图。

b. 在"表1"设计视图中，添加字段名称"课程号"，设置字段类型为"短文本"，大小为10；添加"学号"字段，设置为"短文本"，大小为10；添加"成绩"字段，设置为"数字"，字段大小为"单精度型"，小数位数为1。

c. 按住Ctrl键，然后分别单击"课程号"行和"学号"行的行选定器（行左端的方格），选中两行；单击【工具】组中的"主键"按钮，设置主键为"课程号"和"学号"的组合。

d. 单击"保存"按钮，将"表1"另存为"学生选课成绩表"。

3. 修改"学生登记表"，添加"出生日期"字段，设置数据类型为"日期/时间"，格式为"短日期"。 结果如图 25-8 所示。

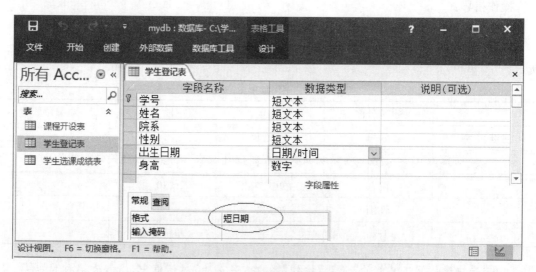

图 25-8 "学生登记表"设计视图

操作指导：

a. 在左窗格表列表中，右击"学生登记表"；在快捷菜单中，单击 ☒ 设计视图(D)。

b. 在"学生登记表"设计视图中，将光标定位到"身高"行。

　　c. 在【表格工具|设计】选项卡【工具】组中,单击"插入行",则在"身高"行的上方插入一个空白行;输入字段名称:出生日期,设置数据类型:日期/时间,格式为:短日期。

　　d. 单击"保存"按钮,关闭"学生登记表"。

4. 如样张 25 - 1 所示,在"学生登记表"中录入学生记录;如样张 25 - 2 所示,在"学生选课成绩表"中录入学生选课成绩记录。

　　样张 25 - 1

　　样张 25 - 2

操作指导:

　　a. 在左窗格的表列表框中,双击"学生登记表",打开"学生登记表"数据表视图。

　　b. 按照样 25 - 1,在"学生登记表"数据表视图中,依次输入每一行记录。

　　c. 单击要修改的单元格,可直接对单元格中的内容进行修改。

　　d. 右击需要删除的记录行的行选择器(行左端的方格),在快捷菜单中,单击"删除记录",可删除相应的记录。

　　e. 用同样的方法,如样张 25 - 2 所示,在"学生选课成绩表"中录入学生选课成绩记录。

5. 定义"学生登记表""学生选课成绩表"和"课程开设表"之间的数据关联方式。

　　创建了多个表后,下一步是定义表之间的数据关联方式,即关系,然后创建查询、窗体及报表,从多个表中获取信息并显示。下面进行三表之间的关系定义,如图 25 - 9 所示。

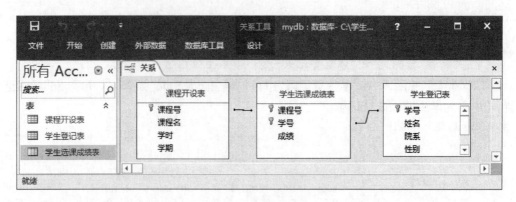

图 25-9　三表关系定义

操作指导:

a. 保存、关闭所有打开的表。

b. 在【数据库工具】选项卡【关系】组中,单击"关系"按钮(🔲)。

c. 如果数据库没有定义任何关系,将会自动显示"显示表"对话框。如果需要添加一个关系表,而没有显示"显示表"对话框,可在【关系工具|设计】选项卡【关系】组中,单击"显示表"按钮(🔲)。

d. 在"显示表"对话框中,分别双击三个表的名称,添加它们作为相关表,然后关闭"显示表"对话框。

e. 如图 25-9 所示,从某个表中将所要建立关系的字段拖动到其他表的相关字段。

f. 在弹出的"编辑关系"对话框中,检查显示在两个列中的字段名称是否一致,如果一致,则单击"创建"按钮,出现"关系线"。右击"关系线",在快捷菜单中可以选择"编辑关系"和"删除"关系。

g. 对每一对要关联的表,请重复 e、f 步骤。

h. 在关闭"关系"窗口时,Microsoft Access 将询问是否要保存此布局配置,选择"是",所创建的关系并保存在数据库中。

实验 26   选择查询与操作查询的创建

一、实验目的

1. 掌握选择查询的创建方法。
2. 掌握操作查询的创建方法。

二、实验任务

1. 打开"C:\学生文件夹\test. accdb",熟悉 test. accdb 数据库。

2. 在 test. accdb 中,按要求创建六个选择查询,分别为 CX1、CX2、CX3、CX4、CX5、CX6。

(1) 基于"学生""图书"及"借阅"表,查询学号为"090010148"的学生所借阅的图书,要求输出:学号、姓名、书编号、书名、作者,查询结果保存为 CX1。

(2) 基于"图书"表,查询收藏的各出版社图书均价,要求输出出版社及均价,查询结果保存为 CX2。

(3) 基于"院系""学生""借阅"表,查询各院系学生借阅图书总天数(借阅天数=归还日期－借阅日期),要求输出院系代码、院系名称和天数,查询结果保存为 CX3。

(4) 基于"学生""奖学金"表,查询所有获奖金额大于等于 2000 元的学生获奖情况,要求输出学号、姓名、奖励类别和奖励金额,查询结果保存为 CX4。

(5) 基于"报名"表,查询各校区各语种报名人数,只显示报名人数大于 60 人的记录,要求输出语种代码、校区和人数,查询结果保存为 CX5。语种代码为准考证号的 4～6 位,可使用 MID(准考证号,4,3)函数获得。

(6) 基于"院系""学生""成绩"表,查询操作均分(**操作分=word＋excel＋ppt＋access**)大于 45 分的院系,要求输出院系名称和操作均分,查询结果保存为 CX6。

3. 创建三个操作查询,分别是"添加学生""更新图书"和"删除借阅"。

(1) 创建"添加学生"追加查询,将新生"王小莉"的记录插入到"学生"表中。记录为:090030120,王小莉,女,1992－4－5,北京,001,00101。

(2) 创建"更新图书",将"图书"中编号为"A0001"的图书价格"21"改成"40"。

(3) 创建"删除借阅",删除"借阅"表中书编号为"T0001"的所有记录。

三、实验步骤

1. 打开"C:\学生文件夹\test. accdb",熟悉 test. accdb 数据库组织方式,浏览各表内容。

test. accdb 数据库是本实验的处理对象,熟透它有利于理解和进行后续操作。test 数据库由 9 个表组成,各表部分或全部数据如下。

（1）院系表：

院系代码	院系名称
001	文学院
002	外文院
003	数科院
004	物科院
005	生科院
006	地科院
007	化科院
008	法学院
009	公管院
010	体科院

记录：I◀ 第 1 项(共 10 项) ▶ ▶I ▶* 无筛选器 搜索

（2）学生表：

学号	姓名	性别	出生日期	籍贯	院系代码	专业代码
090010144	褚佳梦	女	1991/2/19	山东	001	00103
090010145	蔡梅敏	女	1991/2/11	上海	001	00103
090010146	赵莉林	女	1991/12/2	江苏	001	00103
090010147	糜杰义	男	1991/10/3	江苏	001	00103
090010148	周萍丽	女	1991/3/17	江苏	001	00103
090010149	王影英	女	1991/7/11	江苏	001	00103
090010150	陈雅子	男	1991/2/17	江苏	001	00103
090010151	周洁文	女	1991/3/20	上海	001	00103
090010152	成康立	男	1991/2/18	江苏	001	00103
090010153	陈影晖	男	1991/2/14	江苏	001	00103
090020204	屠康金	男	1991/6/10	江苏	002	00201
090020205	顾影继	男	1991/5/7	山东	002	00201

记录：I◀ 第 1 项(共 394 项) ▶ ▶I ▶* 无筛选器 搜索

（3）教师表：

工号	姓名	性别	职称	院系代码	出生日期	学位
00703	刘新宇	女	讲师	007	1980/7/11	博士
00704	刘池盈	男	副教授	007	1976/10/24	博士
00801	刘琦子	女	讲师	008	1981/6/21	博士
00802	吕盈池	女	助教	008	1983/6/22	博士
00901	毛子琦	男	讲师	009	1980/5/23	硕士
00902	彭佳丽	男	教授	009	1966/8/26	博士
00903	乔思可	女	助教	009	1982/11/18	硕士
01001	任佩宁	女	副教授	010	1976/10/27	博士
00101	张骐华	男	讲师	001	1984/10/1	博士
00106	穆莉宁	女	讲师	001	1978/12/23	博士
00107	钟欣华	女	助教	001	1982/7/14	博士

记录：I◀ 第 1 项(共 75 项) ▶ ▶I ▶* 无筛选器 搜索

（4）教师工资表：

工号	基本工资	绩效工资	奖励
00101	2700	1600	1400
00102	3600	2400	2700
00103	2500	1500	1800
00104	2300	1800	900
00105	3500	2400	2350
00106	2800	1700	1700
00201	2500	1500	2000
00202	3900	2600	1800
00203	2500	1500	950
00204	3800	2500	2100

记录：I◀ 第 1 项(共 75 项) ▶ ▶I ▶* 无筛选器 搜索

(5) 图书表：

书编号	书名	作者	出版社	出版日期	藏书数	价格	分类
T0001	SQL Server数据库原理及应用	张莉	高等教育出版社	2006/2/16	4	36	T
P0001	数学物理方法	路云	高等教育出版社	2003/11/9	6	28.5	P
H0001	有机化学	张琴琴	清华大学出版社	2007/10/4	3	18.5	H
G0001	图书馆自动化教程	傅守灿	清华大学出版社	2008/1/9	11	22	G
T0002	大学数学	高小松	清华大学出版社	2001/1/2	7	24	T
G0002	多媒体信息检索	华威	南京大学出版社	2001/1/2	5	20	G
F0001	现代市场营销学	倪杰	电子工业出版社	2004/1/2	10	23	F
F0002	项目管理从入门到精通	邓炎才	清华大学出版社	2003/1/2	5	22	F
G0003	数字图书馆	冯伟年	南京大学出版社	2000/8/2	2	40.5	G
D0005	政府全面质量管理:实践指南	董静	中国人民大学出版社	2002/8/2	5	29.5	D

记录: 第 1 项(共 21 项) 无筛选器 搜索

(6) 借阅表：

学号	书编号	借阅日期	归还日期
090010148	T0001	2006/3/1	2006/3/31
090010148	T0002	2007/2/2	2007/3/6
090010149	D0002	2006/3/6	2006/4/2
090010149	D0004	2006/5/6	2006/6/20
090010149	P0001	2006/10/4	2006/11/3
090020202	F0004	2006/8/15	2006/9/7
090020202	H0001	2006/10/2	2006/11/1
090020203	D0003	2006/8/2	2006/6/8
090020203	G0001	2006/8/16	2006/8/23
090020219	D0006	2006/8/12	2006/8/30

记录: 第 1 项(共 52 项) 无筛选器 搜索

(7) 报名表：

准考证号	学号	
0110430107	090010150	A校区
0110430108	090010151	A校区
0110430109	090010152	A校区
0110430110	090010153	A校区
0110430111	090010154	A校区
0110430112	090010155	A校区
0110430113	090010156	A校区
0110430120	090020207	B校区
0110430121	090020208	B校区
0110430122	090020209	B校区
0110430123	090020210	B校区
0110430124	090020211	B校区
0110430125	090020212	B校区

记录: 第 1 项(共 394 项) 无筛选器 搜索

(8) 成绩表：

学号	选择题	word	excel	ppt	access	成绩
090010101	31	9		4	8	52
090010102	32	20	18	10	10	90
090010103	33	18	10	10	10	81
090010104	31	18	19	10	7	85
090010105	27	18	20	10	9	84
090010106	28	20	18	10	10	86
090010107	29	16	18	10	9	82
090010108	30	18	20	10	9	87
090010109	32	19	20	10	9	90
090010110	22	20	19	7	9	77
090010111	32	17	17	10	7	83
090010112	34	19	18	10	8	89
090010113	23	10				33
090010114	29	19	18	10	10	86
090010117	25	17	7	1	9	59
090010118	31	15	20	4	6	76

记录: 第 1 项(共 394 项) 无筛选器 搜索

(9) 奖学金表：

2. 在 test. accdb 中，按下列要求，创建六个选择查询，分别为 CX1、CX2、CX3、CX4、CX5、CX6。

(1) 基于"学生""图书"及"借阅"表，查询学号为"090010148"的学生所借阅的图书，要求输出：学号、姓名、书编号、书名、作者，查询结果保存为 CX1。

操作指导：

a. 在【创建】选项卡【查询】组中，单击"查询设计"。

b. 显示"查询1"设计视图，弹出"显示表"对话框，如图 26-1 所示，将"学生""图书""借阅"三张表添加到"查询1"中。

c. 单击"关闭"按钮，关闭"显示表"对话框。

d. 单击"保存"按钮，在"另存为"对话框中，如图 26-2 所示，输入 CX1，单击"确定"按钮。

图 26-1 "显示表"对话框　　　　　　图 26-2 "另存为"对话框

e. 在"查询1"设计视图中，建立表之间的关系，如图 26-3 所示。

f. 分别双击"学生"表中的"学号""姓名"字段，"图书"表中的"书编号""书名"和"作者"字段，添加字段到"查询设计"表格中；设置"学号"字段的条件为：090010148，如图 26-3 所示。

g. 单击左窗格上方的下拉列表框；在下拉列表中，单击"查询"，左窗格显示"查询"列表；双击 CX1，显示 CX1 的数据表视图，如图 26-4 所示，观察查询结果，结合前面展示的表，分析 CX1 数据的来历。

h. 在【开始】选项卡【视图】组中，单击"视图"　下拉列表框，选择"SQL 视图"，将 CX1 切换为"SQL 视图"，如图 26-5 所示，理解"CX1"对应的 SELECT 语句。

i. 保存并关闭 CX1 查询。

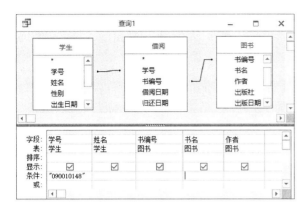

图 26-3　CX1 的"设计视图"

图 26-4　CX1 的"数据表视图"

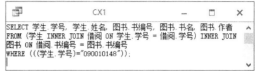

图 26-5　CX1 的"SQL 视图"

（2）基于"图书"表,查询收藏的各出版社图书均价,要求输出出版社及均价,查询结果保存为 **CX2**。

操作指导:

a. 在【创建】选项卡【查询】组中,单击"查询设计"。

b. 出现"查询1"设计视图和"显示表"对话框,把"图书"添加到"查询1"中,关闭"显示表"对话框。

c. 单击快速访问工具栏的"保存"按钮(💾),在"另存为"对话框中,输入 CX2,单击"确定"按钮。

d. 在【查询工具|设计】选项卡【显示/隐藏】组中,单击"汇总"按钮,在"查询设计"表格中增添"总计"行。

e. 在"图书"表中,分别双击"出版社"和"价格"字段,向"查询设计"表格中添加字段;设置"出版社"字段的总计为"分组"(Group By),"价格"字段的总计为"平均值",将"价格"改成"均价:价格"(注意:其中的冒号是英文中的冒号),如图 26-6 所示。

f. 切换到"SQL 视图",可以看到该查询对应的 SQL 语句,如图 26-7 所示。

g. 切换到数据表视图,如图 26-8 所示,观察查询结果。

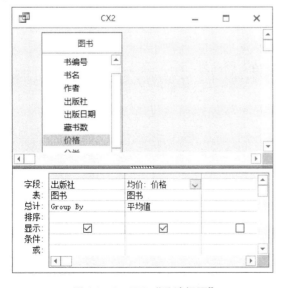

图 26-6　CX2-"设计视图"

图 26-7　CX2-"SQL 视图"

出版社	均价
电子工业出版社	23
高等教育出版社	32.25
南京大学出版社	30.25
清华大学出版社	18.12
人民出版社	16.5
山东人民出版社	21
上海教育出版社	16.5
社会科学文献出版社	28.5
世界知识出版社	29
武汉出版社	95
中共中央党校出版社	44.5
中国人民大学出版社	25.75

图 26-8　CX2-"数据表视图"

h. 单击"保存"按钮(📁),保存 CX2,然后关闭 CX2 查询。

(3) 基于"院系""学生""借阅"表,查询各院系学生借阅图书总天数(借阅天数=归还日期—借阅日期),要求输出院系代码、院系名称和天数,查询结果保存为 **CX3**。

操作指导:

a. 在【创建】选项卡【查询】组中,单击"查询设计"。

b. 将"院系""学生"和"借阅"三张表添加到"查询 1"中。

c. 单击"保存"按钮(📁),输入 CX3,保存查询。

d. 为"查询设计"表格增添"总计"行;建立表之间的关系,如图 26-9 所示。

e. 向"查询设计"表格添加"院系代码"和"院系名称"字段;字段行第三列输入"天数:(归还日期—借阅日期)"。并设置这三个字段的总计分别为"分组""分组""合计",如图 26-9 所示。

f. 切换到数据表视图,显示查询结果,如图 26-10 所示。

g. 切换到"SQL 视图",可以看到该查询对应的 SQL 语句,如图 26-11 所示。

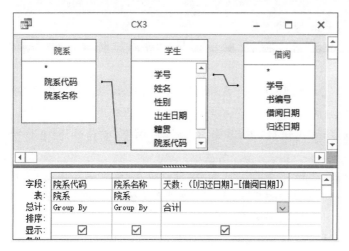

图 26-9 CX3-"设计视图"

图 26-10 CX3-"数据表视图"

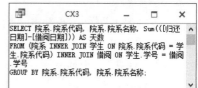

图 26-11 CX3-"SQL 视图"

h. 单击"保存"按钮,保存 CX3;关闭 CX3 查询。

(4) 基于"学生""奖学金"表,查询所有获奖金额大于等于 **2000** 元的学生获奖情况,要求输出学号、姓名、奖励类别和奖励金额,查询结果保存为 **CX4**。

操作指导:

a. 创建查询;添加"学生"和"奖学金"表,保存查询为 CX4。

b. 建立表之间的关系,如图 26-12 所示。

c. 在"查询设计"表格添加"学号""姓名""奖励类别"和"奖励金额"字段;在"奖励金额"字段下的条件中设置:>=2000,如图 26-12 所示。

d. 切换到 CX4 数据表视图,如图 26-13 所示,观察查询结果。

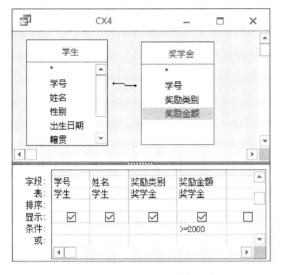

图 26 - 12　CX4 -"设计视图"

图 26 - 13　CX4 -"数据表视图"

e. 单击"保存"按钮,保存 CX4。关闭 CX4 查询。

(5) 基于"报名"表,查询各校区各语种报名人数,只显示报名人数大于 60 人的记录,要求输出语种代码、校区和人数,查询结果保存为 CX5。语种代码为准考证号的 4～6 位,可使用 MID(准考证号,4,3)函数获得。

操作指导:

a. 创建查询;添加"报名"表,保存查询为 CX5。

b. 为"查询设计"表格增添"总计"行。

c. 在"查询设计"表格第一列字段行中输入:语种代码:mid(准考证号,4,3)(注:输入冒号、括号、逗号均为英文状态);第二列添加"校区"字段,第三列添加"学号"字段;把"学号"字段改为"人数:学号"。设置三个字段的总计分别为"分组""分组""计数"。在"人数:学号"列的条件行设置:>60,如图 26 - 14 所示。

d. 切换到 CX5 数据表视图,如图 26 - 15 所示,观察查询结果。

图 26 - 14　CX5 -"设计视图"

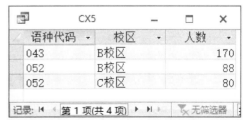

图 26 - 15　CX5 -"数据表视图"

e. 单击"保存"按钮,保存 CX5。关闭 CX5 查询。

(6) 基于"院系""学生""成绩"表,查询操作均分(操作分＝word + excel + ppt + access)大于 45 分的院系,要求输出院系名称和操作均分,查询结果保存为 CX6。

操作指导:

a. 创建查询;添加"院系""学生"和"成绩"表,保存查询为 CX6。

b. 建立表之间的关系,如图 26-16 所示。为"查询设计"表格增添"总计"行。

c. 往"查询设计"表格添加"院系名称"字段;在第二列字段行输入:操作均分:**avg(word + excel + ppt + access)**;设置两个字段的总计分别为"分组""expression"。在第二个字段列的条件行单元格中设置:>45,如图 26-16 所示。

d. 切换到 CX6 数据表视图,如图 26-17所示,观察查询结果。

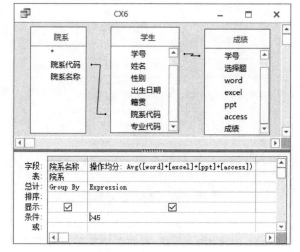

图 26-16 CX6-"设计视图"

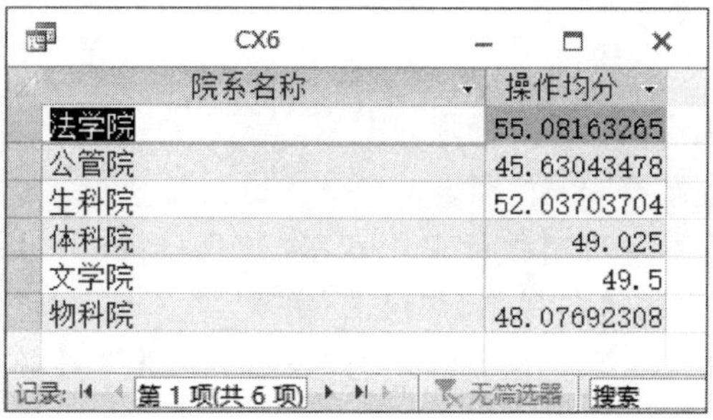

图 26-17 CX6-"数据表视图"

e. 单击"保存"按钮,保存 CX6。关闭 CX6 查询。

3. 创建三个操作查询,分别是"添加学生""更新图书"和"删除借阅"。

(1) 创建"添加学生"追加查询,将新生"王小莉"的记录插入到"学生"表中。记录:090030120,王小莉,女,1992-4-5,北京,001,00101。

操作指导:

a. 在【创建】选项卡【查询】组中,单击"查询设计"按钮。

b. 系统弹出"查询1"设计视图和"显示表"对话框,直接关闭"显示表"对话框。

c. 在【查询工具|设计】选项卡【查询类型】组中,单击"追加";在"追加"对话框中,设置追加到"学生"表,单击"确定"。

d. 单击"保存"按钮,在"另存为"对话框的"查询名称"中输入:添加学生,单击"确定"。

e. 在【查询工具|设计】选项卡【结果】组的"视图"按钮下拉列表中,选择"SQL 视图";在"添加学生"SQL 视图中,修改 INSERT 语句,如图 26-18 所示。

f. 在【结果】组中,单击"运行"按钮(!);在警示对话框中,单击"是",执行追加(INSERT)操作,插入记录。

图 26‑18　"添加学生"之"SQL 视图"

g. 打开"学生"表,在表末找出已插入的记录,如图 26‑19 所示。

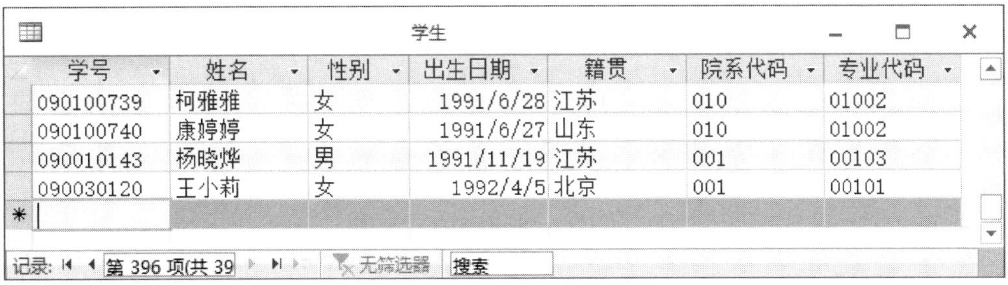

学号	姓名	性别	出生日期	籍贯	院系代码	专业代码
090100739	柯雅雅	女	1991/6/28	江苏	010	01002
090100740	康婷婷	女	1991/6/27	山东	010	01002
090010143	杨晓烨	男	1991/11/19	江苏	001	00103
090030120	王小莉	女	1992/4/5	北京	001	00101

记录: ◄ ◄ 第 396 项(共 39 ► ►► ► 无筛选器 搜索

图 26‑19　"添加学生"运行后的"学生"表

(2) 创建"更新图书",将"图书"中编号为"A0001"的图书价格"21"改成"40"。

操作指导:

a. 在【创建】选项卡【查询】组中,单击"查询设计"按钮。

b. 出现"查询1"设计视图和"显示表"对话框,把"图书"添加到"查询1"中,关闭"显示表"对话框。

c. 在【查询工具│设计】选项卡【查询类型】组中,单击"更新"按钮。

d. 在【结果】组的"视图"按钮下拉列表中,选择"SQL 视图";在"查询 1"SQL 视图中,修改 UPDATE 语句,如图 26‑20 所示。

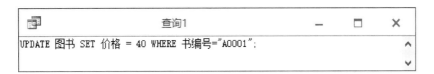

图 26‑20　"查询 1:更新查询"SQL 视图

e. 单击"保存"按钮;在"另存为"对话框中,输入:更新图书,单击"确定"按钮。

f. 在【结果】组中,单击"运行"按钮;在出现的对话框中,单击"是",执行更新操作。

g. 打开"图书"表,寻找到"A0001"记录,如图 26‑21 所示,更新成功。

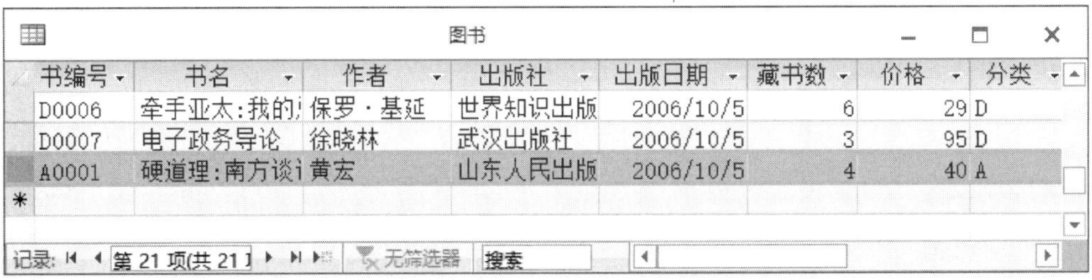

书编号	书名	作者	出版社	出版日期	藏书数	价格	分类
D0006	牵手亚太:我的	保罗·基延	世界知识出版	2006/10/5	6	29	D
D0007	电子政务导论	徐晓林	武汉出版社	2006/10/5	3	95	D
A0001	硬道理:南方谈	黄宏	山东人民出版	2006/10/5	4	40	A

记录: ◄ ◄ 第 21 项(共 21 ► ►► ► 无筛选器 搜索

图 26‑21　"更新图书"运行后的"图书"表

(3) 创建"删除借阅",删除"借阅"表中书编号为"T0001"的所有记录。

操作指导:

a. 在【创建】选项卡【查询】组中,单击"查询设计"按钮。

b. 出现"查询1"设计视图和"显示表"对话框,把"借阅"表添加到"查询1"中,关闭"显示表"对话框。

c. 在【查询工具|设计】选项卡【查询类型】组中,选择"删除"。

d. 在【结果】组的"视图"下拉列表框中,选择"SQL视图",切换成"查询1"SQL视图,修改 DELETE语句,如图26-22所示。

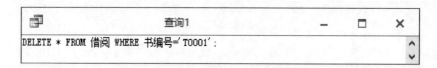

图 26-22　"查询1"SQL 视图

e. 单击"保存"按钮,在"另存为"对话框的"查询名称"中,输入"删除借阅",单击"确定"。

f. 在【结果】组中,单击"运行"按钮;在出现的对话框中,单击"是",执行删除操作。

g. 打开"借阅"表,书编号为"T0001"的所有记录已被删除。

实验 27　窗体与报表的创建

一、实验目的

1. 掌握窗体的创建方法。
2. 掌握报表的创建方法。

二、实验任务

1. 使用"窗体向导",创建"学生图书借阅信息浏览"窗体。
2. 使用"报表向导",创建"院系图书借阅报表"。

三、实验步骤

1. 使用"窗体向导",创建"学生图书借阅信息浏览"窗体,如样张 27 – 1 所示。

样张 27 – 1

操作指导:

a. 打开"C:\学生文件夹\test. accdb"数据库;在【数据库工具】选项卡【关系】组中,单击"关系";在"显示表"对话框中,双击添加"院系"表、"学生"表、"借阅"表、"图书"表;如图 27 – 1 所示,定义四个表之间的关系;关闭"关系"窗口,保存对关系布局的更改。

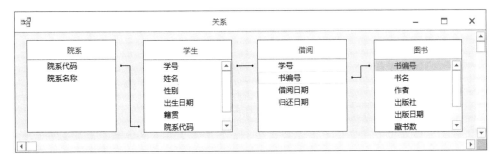

图 27 – 1　"关系"定义窗口

b. 在【创建】选项卡【窗体】组中,单击"窗体向导"。

c. 在"窗体向导"对话框中,如图 27 – 2 所示,将"学生"表中的"姓名","图书"表中的"书名","借阅"表中的"借阅日期"和"归还日期",依次添加到"选定字段"中,单击"下一步"。

d. 选择"纵栏表",如图 27 – 3 所示,单击"下一步"。

e. 输入标题为：学生图书借阅信息浏览，如图 27-4 所示；单击"完成"按钮，完成窗体的创建。

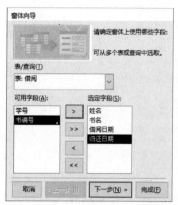  

图 27-2 "窗体向导"对话框 1   图 27-3 "窗体向导"对话框 2   图 27-4 "窗体向导"对话框 3

f. 单击左窗格上方的下拉列表框，在下拉列表中单击"窗体"，左窗格显示"窗体"列表；双击"学生图书借阅信息浏览"窗体，显示结果，如样张 27-1 所示；在"学生图书借阅信息浏览"窗体中，使用底部按钮组 ⊨ ◄ [6   ] ► ⊨ ⊨＊ 浏览学生的借阅记录。

2. 使用"报表向导"，创建"院系图书借阅报表"，如样张 27-2 所示。

样张 27-2

院系名称	姓名	书名	借阅日期	归还日期
生科院				
	王桃生	全球化:西方理论前沿	2006/5/9	2006/7/2
	徐玮	现代公有制与现代按劳分配度分析	2006/8/15	206/8/20
	邝辰阳	"第三波"与21世纪中国民主	2006/5/5	2006/6/16
数科院				
	龚金丽	硬道理:南方谈话回溯	2006/3/1	2006/3/13
	李萍	数学物理方法	2006/10/5	2006/11/4
	王叶萍	电子政务导论	2006/8/14	2006/9/7

院系图书借阅报表

操作指导：

a. 在【创建】选项卡【报表】组中，单击"报表向导"。

b. 在"报表向导"对话框中，如图 27-5 所示，依次将"院系"表的"院系名称"，"学生"表的"姓名"；"图书"表的"书名"；"借阅"表的"借阅日期"和"归还日期"，添加到"选定字段"，单击"下一步"。

c. 在如图 27-6 所示的对话框中，选择添加"院系名称"作为分组依据，单击"下一步"。

图 27-5　"报表向导"对话框之一　　　　图 27-6　"报表向导"对话框之二

d. 对于"请确定明细记录使用的排序次序"不做要求,单击"下一步"。

e. 在如图 27-7 所示的对话框中,确定布局方式的方向为"横向",单击"下一步"。

f. 在如图 27-8 所示对话框中,输入标题"院系图书借阅报表",单击"完成"按钮。

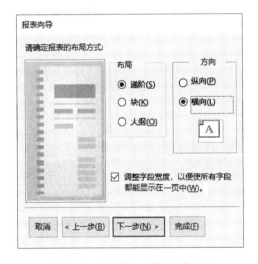

图 27-7　"报表向导"对话框之四　　　　图 27-8　"报表向导"对话框之五

　　g. 单击左窗格上方的下拉列表框,在下拉列表中选择单击"报表",左窗格显示"报表"列表;双击"院系图书借阅报表",显示如样张 27-2 所示的结果。

第 10 章　网页设计与网站创建

实验 28　Dreamweaver 网页设计(一)

一、实验目的

1. 学习使用 Dreamweaver CS6 创建网站、设计网页。
2. 掌握网站/网页的创建、保存和打开方法。
3. 掌握网页内容编辑及其格式设置方法。
4. 掌握背景/超链接/滚动效果设置方法。
5. 掌握图片/声音/视频插入及其属性设置方法。

二、实验任务

1. 创建一个空站点,设置站点位置为"C:\学生文件夹\MyWeb"。
2. 用"资源管理器"浏览站点①"C:\学生文件夹\MyWeb",查看它的目录构成。并将"C:\学生文件夹"中的音乐文件"girl. mid"和视频文件"little girl. wmv"复制到"C:\学生文件夹\MyWeb"文件夹中。
3. 在站点 C:\学生文件夹\MyWeb 中,新建网页,并以"Jr_1. html"为文件名保存。
4. 按下列要求进行 Jr_1. html 网页设计。

(1) 复制 C:\学生文件夹\春节. htm 文件中的文字内容,粘贴到新网页中。

(2) 设置标题"春节",隶书、加粗、24 磅、红色、加下划线。

(3) 设置正文第一段落格式,左对齐、首行缩进 2 字符、段后间距 8px、双倍行距。

(4) 将正文第 2 段从"因正月初一……"开始的三个句子,拆分成三段,并为其设置编号。

(5) 设置网页背景颜色为♯FFFFCC。

(6) 在文档末尾插入文字"欢度春节",设置其超链接到 https://www. ntu. edu. cn,并将其设置成一个滚动的文本字幕。

(7) 在标题"春节"下,插入图片 C:\学生文件夹\z42. gif,设置宽度 500 px,高度 24 px。

(8) 选中编号 1 段落中的"春节",设置超链接,链接到声音文件 C:\学生文件夹\MyWeb\girl. mid。

(9) 将鼠标定位到编号 2 段落的最后位置,插入视频文件 C:\学生文件夹\MyWeb\little girl. wmv,并设置宽 400,高 200。

(10) 用浏览器预览网页,观察各项设置效果。

---

① 这里的站点是指建立在本地磁盘上的一个文件夹,其中包含了建立一个网站所包含的一系列文件及文件夹,便于网站的文件管理,便于网页的制作与调试。不是指 Internet 上供人访问的网站,要想供别人访问,需将该站点设置为 Web 服务器的默认站点的主目录,或设置为 Web 服务器的虚拟站点,或发布到 WWW 服务器。

三、实验步骤

1. 创建一个新的空站点，站点位置为"C:\学生文件夹\MyWeb"。

操作指导：

a. 依次单击"开始"→"所有程序"→"Adobe Dreamweaver CS6"，启动 Dreamweaver 程序。

b. 在 Dreamweaver 界面上，执行【站点】→【新建站点】菜单命令，打开"站点设置"对话框，如图 28-1 所示，输入站点名称"MyWeb"，输入本地站点文件夹"C:\学生文件夹\MyWeb"，单击"保存"按钮，创建新的站点。

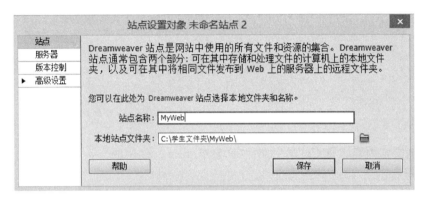

图 28-1 "站点设置"对话框

2. 用"资源管理器"浏览站点[①]"C:\学生文件夹\MyWeb"，查看它的目录构成。并将"C:\学生文件夹"中的音乐文件"girl.mid"和视频文件"little girl.wmv"复制到"C:\学生文件夹\MyWeb"文件夹中。

3. 在站点 C:\学生文件夹\MyWeb 中，创建一个新网页，并以"Jr_1.html"为文件名保存；

操作指导：

a. 执行【文件】→【新建】命令，打开新建文档对话框，如图 28-2 所示。

b. 在左侧单击"空白页"，选择"HTML"类型，单击"创建"按钮，创建空白页。

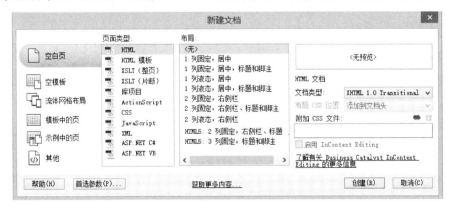

图 28-2 "新建文档"对话框

---

① 这里的站点是指建立在本地磁盘上的一个文件夹，其中包含了建立一个网站所包含的一系列文件及文件夹，便于网站的文件管理，便于网页的制作与调试。不是指 Internet 上供人访问的网站，要想供别人访问，需将该站点设置为 Web 服务器的默认站点的主目录，或设置为 Web 服务器的虚拟站点，或发布到 WWW 服务器。

c. 选择【文件】→【保存】命令,在"另存为"对话框中,设置保存位置为 C:\学生文件夹\MyWeb,文件名为"Jr_1"。注:可以不输入文件扩展名".html",系统会自动添加。

4. 参照样张 28_1,按照下列要求进行 Jr_1.html 网页设计。

样张 28－1

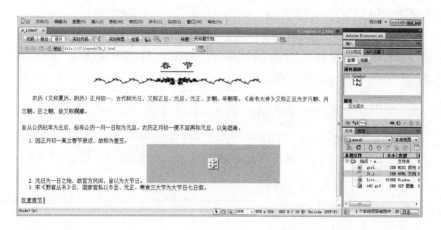

(1) 添加文字内容。将 C:\学生文件夹\春节.htm 文件中的文字内容复制到空白页中。

操作指导:

a. 用 IE 浏览器,打开"C:\学生文件夹\春节.htm"文件。

b. 在 IE 浏览器中,执行【编辑】→【全选】菜单命令,全选网页内容;右击选定的内容,在快捷菜单中单击"复制";单击【文件】→【关闭】命令,关闭春节.htm。

c. 在 Dreamweaver 窗口的空白网页上,右击;在快捷菜单中,单击"粘贴"。

(2) 设置标题"春节"字体为隶书、加粗、24 磅、红色、加下划线。

操作指导:

a. 选中标题"春节";在下方"属性"窗口中,单击"CSS",单击"编辑规则";在"新建 CSS 规则"对话框中,选择"选择器类型"为"ID(仅应用于一个 HTML 元素)",输入选择器名称"a1",如图 28－3 所示,点击"确定"按钮。

b. 在弹出的"a1 的 CSS 规则定义"对话框中,如图 28－4 所示,单击分类中的"类型",再设置 Font-family(字体)为"隶书"、Font-weight(字形)为"bold"、Font-size(大小)为"24pt"、Color(颜色)为"红色"、Text-decoration(效果)为"在 underline 前面打勾";单击"确定"按钮,完成设置。

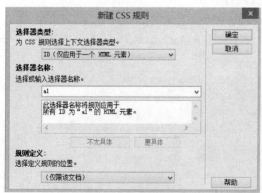

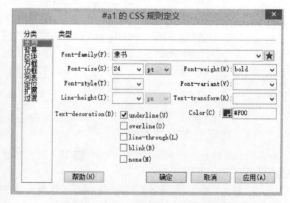

图 28－3 "新建 CSS 规则"—a1   图 28－4 "a1 的 CSS 规则"对话框

（3）设置正文第一段落格式，左对齐、首行缩进 2 字符、段后间距 8px、双倍行距。

操作指导：

a. 在文件 Jr_1.html 文档窗口中，用鼠标选中正文第一段内容。

b. 在"属性"子窗口中，单击"CSS"，再单击"编辑规则"；在"新建 CSS 规则"对话框中，设置"选择器类型"为"ID（仅应用于一个 HTML 元素）"，输入选择器名称"a2"，如图 28－5 所示，单击"确定"。

c. 在弹出的"a2 的 CSS 规则定义"对话框中，单击"分类"→"类型"，设置 Line－height（行距）为"200％"，如图 28－6 所示。

图 28－5　"新建 CSS 规则"－a2

图 28－6　"a2 的 CSS 规则"对话框—类型

d. 单击"分类"→"区块"，设置 Text-align（对齐方式）为"left"，Text-indent（首行缩进）为"2 ems"，如图 28－7 所示；单击"分类"→"方框"，Margin 取消"全部相同"，Bottom 为"8 px"，如图 28－8 所示；单击"确定"按钮，完成设置。

图 28－7　"a2 的 CSS 规则"对话框—区块

图 28－8　"a2 的 CSS 规则"对话框—方框

（4）将正文第 2 段从"因正月初一……"开始的三句，拆分成三个段落，再对这三个段落设置编号；保存 Jr_1.html 文档。

操作指导：

a. 将插入点定位在正文第 2 段的"因正月初一……"前面，按"Enter"键，形成新的段落。用同样的方法，分出后两个段落。

b. 选中这三个段落,依次单击【格式】→【列表】→【编号列表】菜单命令,完成设置。

c. 执行【文件】→【保存文件】命令。

(5) 设置网页背景颜色为♯FFFFCC。

操作指导:

a. 单击【修改】→【页面属性】菜单命令,打开"页面属性"对话框。

b. 单击分类中的"外观(html)",设置背景颜色为♯FFFFCC,单击"确定",完成设置。

(6) 在文档末尾插入文字"欢度春节",设置其超链接到 https://www.ntu.edu.cn,并将其设置成一个滚动的文本字幕。

操作指导:

a. 将插入点移到网页末尾空行上,输入"欢度春节"。

b. 选中"欢度春节";执行【插入】→【标签】菜单命令;在"标签选择器"对话框中,如图 28-9 所示,展开"HTML 标签",单击"页面元素",选择"marquee",单击"插入"按钮,单击"关闭"按钮。

c. 选中"欢度春节",单击菜单【插入】→【超级链接】;在"超级链接"对话框中,如图 28-10 所示,输入链接:https://www.ntu.edu.cn,选择目标:new,单击"确定"。

图 28-9 "标签选择器"对话框　　图 28-10 "超级链接"对话框

d. 执行【文件】→【在浏览器中预览】→【IExplore】菜单命令,浏览网页,观察字幕"滚动"效果,单击"欢度春节"超链接,查看超链接效果。

e. 执行【文件】→【保存】菜单命令,保存"Jr_1.html"文档。

(7) 在标题"春节"下,插入图片 C:\学生文件夹\z42.gif,设置宽度 500 px,高度 24 px。

操作指导:

a. 将插入点定位到标题"春节"后,按<Enter>键,插入一空行。

b. 执行【插入】→【图像】菜单命令;在"选择图像原文件"对话框中,如图 28-11 所示,选择 C:\学生文件夹\z42.gif,单击"确定"按钮;在弹出的提示对话框中,如图 28-12 所示,点击"是";在"图像标签辅助功能属性界面"直接单击"确定",完成图片的插入。

图 28‐11　"选择图像原文件"对话框　　　　　图 28‐12　"提示"对话框

c. 选中该图片,在窗口下面的"图片属性"窗口中,设置宽度 500 px,高度 24 px。

(8) 选中编号 1 段落中的"春节",设置超链接,链接到声音文件 C:\学生文件夹\MyWeb\ girl. mid。

操作指导:

a. 选中编号 1 段落中的"春节";选择【插入】→【超级链接】菜单命令。

b. 在"超级链接"对话框中,如图 28‐13 所示,链接设置为"C:\学生文件夹\MyWeb\ girl. mid",单击"确定"按钮,完成声音文件的插入。

c. 执行【文件】→【在浏览器中预览】→【IExplore】菜单命令,点击链接,进行试听。

(9) 将鼠标定位到编号 2 段落的最后位置,插入视频文件 C:\学生文件夹\MyWeb\little girl. wmv,并设置其宽 400,高 200。

操作指导:

a. 将插入点移到编号 2 段落的最后位置;执行【插入】→【媒体】→【插件】菜单命令。

b. 在"选择文件"对话框中,如图 28‐14 所示,选择"C:\学生文件夹\MyWeb\little girl. wmv"视频文件,单击"确定"按钮,完成视频文件的插入。

图 28‐13　"超级链接"对话框　　　　　图 28‐14　"选择文件"对话框

c. 选中插入的插件;在"属性"窗口中,设置宽 400,高 200。

d. 执行【文件】→【在浏览器中预览】→【IExplore】菜单命令,观察视频效果。

实验 29　Dreamweaver 网页设计之二

一、实验目的

1. 掌握表格插入及其属性设置方法。
2. 掌握框架网页制作及其属性设置方法。

二、实验要求

1. 打开站点 C:\学生文件夹\MyWeb,创建空白页,以"Left. html"为文件名保存在站点中。

2. 按下列要求,进行 Left. html 网页设计。

(1) 在空白网页中,输入标题"节日名称",插入 4 行 1 列的表格,各单元格分别输入"春节""元宵节""清明节"和"端午节"。

(2) 设置表格属性。宽度为 90%,边框为 1,单元格边距(填充)为 4,间距为 4。

(3) 设置单元格属性,将"春节""清明节"单元格背景设置为"黄色"。

3. 创建"上方及左侧嵌套"的框架网页,以"Index. html"为文件名保存在站点中。

4. 如样张 29 - 2 所示,在顶部框架中输入"中国传统节日",并设置其格式为居中、24 pt、红色、加粗,将顶部框架网页保存为 top. html;在左侧框架中,打开网页 Left. html。

5. 设置框架的属性。设置外框架属性,有边框,宽度为 2,边框颜色为 #00FF00,行为 70 像素;设置嵌套的框架属性,边框宽度为 2,边框颜色为 #00FF00,列为 150 像素。

6. 将"C:\学生文件夹"中的文件 Jr_2. html、Jr_3. html、Jr_4. html 复制到站点 C:\学生文件夹\MyWeb 中;为左框架网页中的文字"春节""元宵节""清明节"和"端午节"设置超链接,分别链接到 Jr_1. html、Jr_2. html、Jr_3. html、Jr_4. html,目标均为:mainFrame。

7. 浏览所设计的网站,检验网站各项功能。

三、实验步骤

1. 打开站点 C:\学生文件夹\MyWeb,创建空白网页,以"Left. html"为文件名保存在站点中。

2. 按下列要求,如样张 29 - 1 所示,进行 Left. html 网页设计。

样张 29 - 1(Left. html)

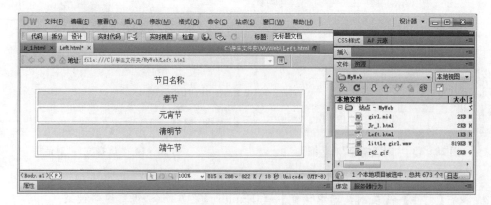

（1）在空白网页中，输入标题"节日名称"，插入 **4 行 1 列**的表格，各单元格分别输入"春节""元宵节""清明节"和"端午节"。

操作指导：

a. 将光标定位到空白网页中，输入"节日名称"，设置其"居中"显示。

b. 执行【插入】→【表格】菜单命令，在"表格"对话框中，设置 4 行 1 列，单击"确定"按钮，完成表格插入。

c. 在表格各单元格中，分别输入春节、元宵节、清明节和端午节，并设置为"居中"。

（2）设置表格属性。宽度为 **90%**，边框为 **1**，单元格边距（填充）为 **4**，间距为 **4**。

操作指导：

a. 选中整个表格；在"Table 属性"窗格中，设置表格宽度 90%，边框粗细为"1"，单元格边距为"4"，单元格间距为"4"，如图 29 - 1 所示。

图 29 - 1　表格属性设置

（3）设置单元格属性，将"春节""清明节"单元格背景设置为"黄色"。

操作指导：

a. 选中"春节"单元格，按住 Ctrl 键，再选中"清明节"。

b. 在"单元格属性"窗格中，如图 29 - 2 所示，设置背景为"黄色"，其他属性保持不变。

图 29 - 2　单元格属性设置

c. 保存、关闭 Left. html 网页文档。

3. 创建"上方及左侧嵌套"的框架网页，以"Index. html"为文件名保存在站点中。

操作指导：

a. 双击打开 Jr_1. html 网页。

b. 执行【插入】→【HTML】→【框架】→【上方及左侧嵌套】菜单命令，创建框架网页。如图 29 - 3 所示。

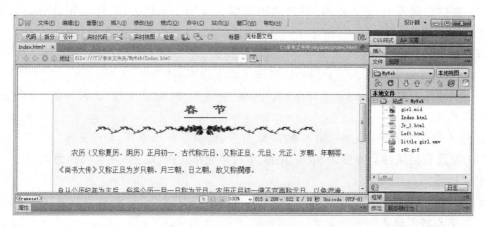

图 29-3　框架网页 Index. html

　　c. 执行【文件】→【保存框架页】菜单命令，输入文件名：Index. html，保存框架网页。

　　4. 如样张 29-2 所示，在顶部框架中，输入"中国传统节日"，并设置其格式为居中、24 pt、红色、加粗，顶部框架保存为 **top. html**；在左侧框架中，打开网页 **Left. html**。

　　样张 29-2(Index. html)

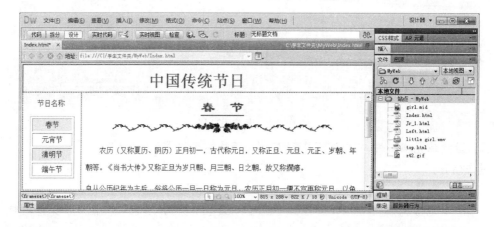

　　操作指导：

　　a. 在顶部框架中，输入"中国传统节日"，设置其格式：居中，24 pt，红色，加粗；执行【文件】→【保存框架】菜单命令，输入文件名：top. html，保存顶部框架页面。

　　b. 将光标置于左侧框架中，执行【文件】→【在框架中打开】菜单命令；在"选择 HTML 对话框"中，选择网页"Left. html"，单击"确定"按钮，在左框架中打开"Left. html"。

　　5. 设置框架的属性，设置外框架属性，有边框，宽度为 2，边框颜色为 # 00FF00，行为 70 像素；设置嵌套的框架属性，边框宽度为 2，边框颜色为 #00FF00，列为 150 像素。

　　操作指导：

　　a. 执行【窗口】→【框架】菜单命令，打开"框架"窗口，如图 29-4 所示。

　　b. 选中外框架，在"<frameset>属性"窗口中，设置框架的属性，边框选择"是"，边框宽度：2，边框颜色：#00FF00，行：70 像素。

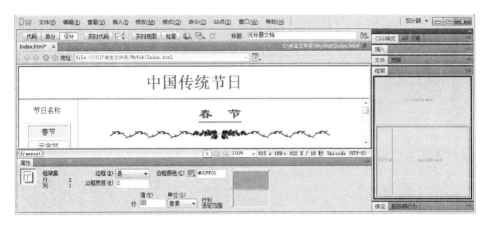

图 29-4 设置外框架<frameset>属性

c. 选中嵌套的框架,在"<frameset>的<frameset>"属性窗口中,设置框架的属性,边框选择"是",边框宽度:2,边框颜色:#00FF00,列:150 像素,如图 29-5 所示。

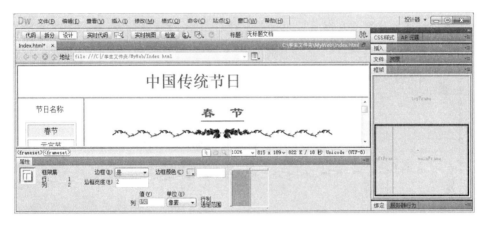

图 29-5 设置嵌套框架<frameset> <frameset>属性

6. 将"C:\学生文件夹"中的文件 Jr_2. html、Jr_3. html、Jr_4. html 复制到站点 C:\学生文件夹\MyWeb 中;为左框架网页中的文字"春节""元宵节""清明节"和"端午节"设置超链接,分别链接到 Jr_1. html、Jr_2. html、Jr_3. html、Jr_4. html,目标均为:mainFrame。

操作指导:

a. 将"C:\学生文件夹"中的文件 Jr_2. html、Jr_3. html、Jr_4. html 复制到 C:\学生文件夹\MyWeb 中。

b. 在左框架中选中"春节",设置 HTML 属性,链接:Jr_1. html,目标:mainFrame。如图 29-6 所示。

c. 同上,设置"元宵节"链接到 Jr_2. htm、"清明节"链接到 Jr_3. htm、"端午节"链接到 Jr_4. htm,目标均为:mainFrame。保存 Index. html 页面。

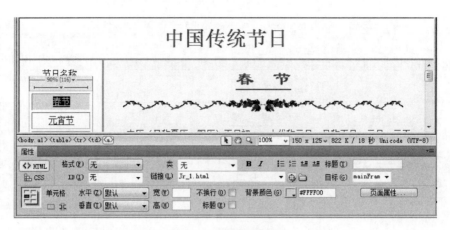

图 29-6 "属性"面板

7. 浏览所设计的网站。

操作指导:

a. 打开框架网页 Index. html,切换到"实时视图",浏览你的网站。

b. 或者,执行【文件】→【在浏览器中预览】→【IExplore】菜单命令,如图 29-7 所示,浏览你的网站,体会你每一步的设置。

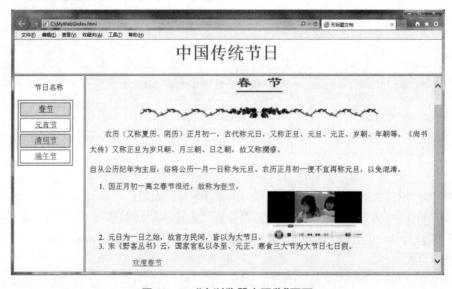

图 29-7 "在浏览器中预览"页面

图 29‑4 设置外框架＜frameset＞属性

c. 选中嵌套的框架,在"＜frameset＞的＜frameset＞"属性窗口中,设置框架的属性,边框选择"是",边框宽度:2,边框颜色:#00FF00,列:150 像素,如图 29‑5 所示。

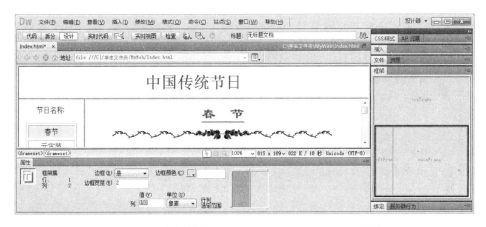

图 29‑5 设置嵌套框架＜frameset＞＜frameset＞属性

6. 将"C:\学生文件夹"中的文件 Jr_2.html、Jr_3.html、Jr_4.html 复制到站点 C:\学生文件夹\MyWeb 中;为左框架网页中的文字"春节""元宵节""清明节"和"端午节"设置超链接,分别链接到 Jr_1.html、Jr_2.html、Jr_3.html、Jr_4.html,目标均为:mainFrame。

操作指导:

a. 将"C:\学生文件夹"中的文件 Jr_2.html、Jr_3.html、Jr_4.html 复制到 C:\学生文件夹\MyWeb 中。

b. 在左框架中选中"春节",设置 HTML 属性,链接:Jr_1.html,目标:mainFrame。如图 29‑6 所示。

c. 同上,设置"元宵节"链接到 Jr_2.htm,"清明节"链接到 Jr_3.htm,"端午节"链接到 Jr_4.htm,目标均为:mainFrame。保存 Index.html 页面。

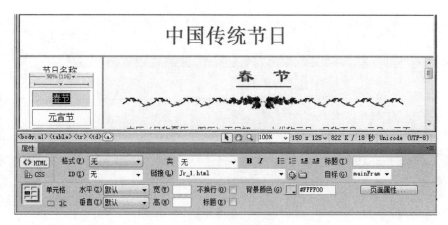

图 29‑6 "属性"面板

7. 浏览所设计的网站。

操作指导:

a. 打开框架网页 Index. html,切换到"实时视图",浏览你的网站。

b. 或者,执行【文件】→【在浏览器中预览】→【IExplore】菜单命令,如图 29‑7 所示,浏览你的网站,体会你每一步的设置。

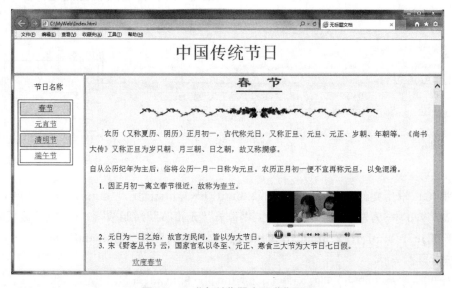

图 29‑7 "在浏览器中预览"页面

实验 30　创建一个简易的学生信息系统

一、实验目的

1. 掌握动态网页的设计方法。
2. 掌握 ODBC 的数据库连接技术。
3. 创建一个简易的学生信息系统网站。

二、实验任务

1. 在"控制面板"中，打开"ODBC 数据源管理器"，创建 MyData 数据源，连接 Access 数据库 Mydb. accdb。

2. 新建站点，设置名称为"学生信息"，路径为"C:\StuInfo"。

3. 在站点 C:\StuInfo 中，新建 AllStudent. asp 网页。按下列要求设计网页，实现浏览 Mydb. accdb 的"学生登记表"中的所有记录。

(1) 输入标题"学生信息"；插入表单；在表单中，插入 2 行 6 列的表格，表格的第一行输入列标题，分别为学号、姓名、院系、性别、出生日期、身高。

(2) 连接数据源；设置记录集；将单元格与记录集中的相应字段绑定。

(3) 设置重复区域；用浏览器检验网页，显示学生登记表中所有数据。

4. 在站点 C:\StuInfo 中，新建 AddStudent. asp 网页。按要求设计网页，实现通过网页插入记录到 Mydb. accdb 的"学生登记表"中。

(1) 输入标题"添加学生信息"；插入"表单"；在表单中，插入 6 行 2 列的表格；表格第一列分别输入：学号、姓名、院系、性别、出生日期、身高；第二列单元格分别插入文本域；在表单中，表格的下一行，插入"提交"按钮。

(2) 进行"插入记录"相关设置，连接为"conn"，"插入到表格"为"学生登记表"，插入后转到"AllStudent. asp"，表单元素：textfield 插入到"学号"列中，textfield2～5 分别插入到其他对应列中。

(3) 在浏览器中浏览网页，输入学生记录，提交数据。

三、实验步骤

1. 打开"ODBC 数据源管理器"，创建 MyData 数据源，连接 Access 数据库 Mydb. accdb。
操作指导：

a. 在 Windows"控制面板"(小图标)窗口中，单击"管理工具"；在"管理工具"列表中，双击"数据源 ODBC"，打开"ODBC 数据源管理器"对话框，单击"系统 DSN"标签，如图 30-1 所示，单击"添加"按钮。

b. 在"创建新数据源"对话框中，选择安装"Microsoft Access Driver(*. mdb, *. accdb)"数据源驱动程序，如图 30-2 所示，单击"完成"按钮。

图 30-1　"ODBC 数据源管理器"对话框

图 30-2　"创建新数据源"对话框

c. 在"ODBC Microsoft Access 安装"对话框中,设置数据源名:MyData,数据库选择:C:\
学生文件夹\Mydb. accdb,如图 30-3 所示,选择"确定"按钮。

d. 返回"ODBC 数据源管理器",如图 30-4 所示,选择"确定"按钮,完成数据源 MyData
的添加。

图 30-3　"ODBC Microsoft Access 安装"

图 30-4　"ODBC 数据源管理器"对话框

2. 新建站点,设置名称为"学生信息",站点路径为"C:\StuInfo"。
操作指导:

a. 运行 Dreamweaver CS6 程序,执行【站点】→【新建站点】菜单命令,在弹出的"站点设置
对象"对话框中,设置站点名称:学生信息,站点路径:C:\StuInfo。

b. 选择"服务器"进行设置,单击 ➕,添加新服务器;在"基本"选项卡中,设置连接方法:
本地/网络,服务器文件夹:C:\StuInfo,Web URL:http://192.168.0.101(本地 IP 地址),如
图 30-5 所示。

c. 切换到"高级"选项卡,设置服务器模型:ASP VBScript,如图 30-6 所示,单击"保存"按钮。

图 30-5　"站点基本设置"对话框

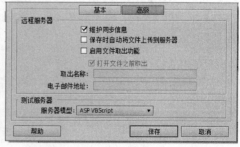

图 30-6　"站点高级设置"对话框

d. 在"站点设置对象"对话框中,勾选远程和测试,如图 30 – 7 所示,单击"保存"按钮,完成网站的创建。

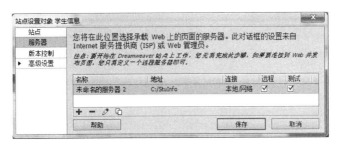

图 30 – 7 "站点设置对象"对话框

3. 在站点 **C:\StuInfo** 中,新建 **AllStudent. asp** 网页。然后,按要求设计网页,以能浏览 **Mydb. accdb** 数据库"学生登记表"中的所有记录。

操作指导:

a. 执行【文件】→【新建】菜单命令。在"新建文档"窗格中,选择"空白页"下的"ASP VBScript",单击"创建"按钮,创建空白网页。

b. 执行【文件】→【保存】菜单命令,输入文件名"AllStudent. asp",保存网页。

(1) 参照样张 30 – 1。输入标题"学生信息";插入表单;在表单中,插入 2 行 6 列的表格,表格的第一行输入列标题,分别为学号、姓名、院系、性别、出生日期、身高。

样张 30 – 1(AllStudent. asp)

操作指导:

c. 在空白页面中,输入标题"学生信息"。

d. 插入表单。

e. 在表单中,插入表格 2 行 6 列;在表格的第一行单元格中,依次输入学号、姓名、院系、性别、出生日期、身高。

(2) 连接数据源,设置记录集,将单元格与字段绑定。

操作指导:

a. 执行【窗口】→【数据库】菜单命令,打开"数据库"面板。

b. 单击"＋"按钮,选择"数据源名称(DSN)"命令,如图 30 – 8 所示。

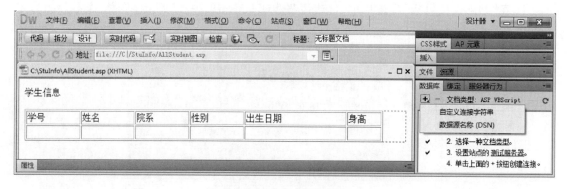

图 30-8 "数据库"面板

    c. 在"数据源名称(DSN)"对话框中,如图 30-9 所示,输入连接名称:conn,设置数据源:MyData,单击"确定"按钮,完成数据库的连接,如图 30-10 所示。

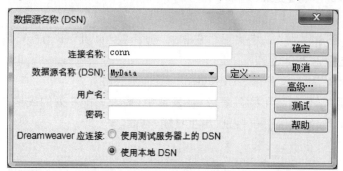

图 30-9 "数据源名称"对话框

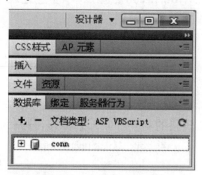

图 30-10 "数据库"面板

    d. 切换至"绑定"选项卡,单击"+"按钮;在弹出菜单中,如图 30-11 所示,单击"记录集"。

    e. 在"记录集"对话框中,如图 30-12 所示,设置连接:conn,表格:学生登记表,列:全部,单击"确定"按钮,完成记录集的设置,如图 30-13 所示。

图 30-11 "绑定"面板

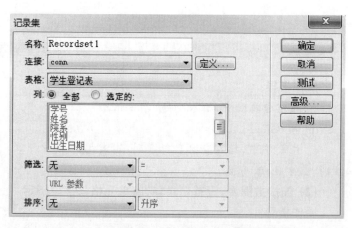

图 30-12 "记录集"对话框

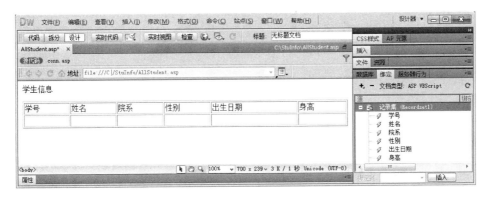

图 30-13 "绑定"面板

f. 定位光标在表格中的"学号"下面的单元格中；在"记录集"中，选中"学号"字段，单击"插入"按钮，将该单元格与学号绑定。

g. 使用同样的方法，绑定其他字段，效果如图 30-14 所示。

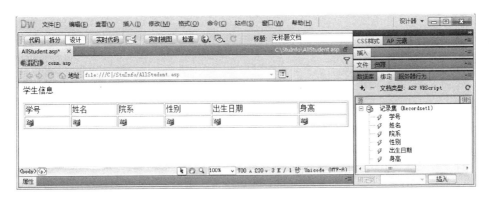

图 30-14 数据绑定效果

h. 保存文件。

i. 执行【文件】→【在浏览器中预览】→【IExplore】菜单命令，效果如图 30-15 所示，显示一行数据。

图 30-15 "AllStudent. asp"页面

(3) 设置重复区域；用浏览器浏览网页，显示学生登记表中所有数据。
操作指导：
a. 选择表格中的已与记录集绑定的第二行。

b. 执行【插入】→【数据对象】→【重复区域】菜单命令；在打开的"重复区域"对话框中,设置显示:所有记录,如图30-16所示,单击"确定"按钮,完成行的重复区域的设置。效果如图30-17所示。

图30-16 "重复区域"对话框　　　　**图30-17 "重复区域"设置完成页面**

c. 保存文件。

d. 执行【文件】→【在浏览器中预览】→【IExplore】命令,效果如图30-18所示,显示"学生登记表"中所有数据。

学号	姓名	院系	性别	出生日期	身高
A041	周光明	自动控制	男	1982/8/10	1.7
C005	张雷	计算机	男	1983/6/30	1.75
C008	王宁	计算机	女	1982/8/20	1.62
C011	王小莉	计算机	女	1985/3/16	1.62
M038	李霞霞	应用数学	女	1984/10/20	1.65
R098	钱欣	管理工程	男	1982/5/16	1.8

图30-18 浏览 AllStudent. asp 效果

e. 在其他电脑IE地址栏中,输入"http://192.168.0.101/AllStudent.asp",查看效果。

4. 在站点 C:\StuInfo 中,新建 AddStudent. asp 网页。按要求设计网页,以通过网页插入记录到 Mydb. accdb 数据库的"学生登记表"中。

操作指导:

a. 执行【文件】→【新建】菜单命令。在"新建文档"窗格中,选择"空白页"下的"ASP VBScript",单击"创建"按钮,创建空白网页。

b. 执行【文件】→【保存】菜单命令,输入文件名"AddStudent. asp",保存网页。

(1) 参照样张30-4。输入标题"添加学生信息";插入"表单";在表单中,插入6行2列的表格;表格第一列分别输入:学号、姓名、院系、出生日期、身高;第二列单元格分别插入文本域;在表单中的表格下一行,插入"提交"按钮。

样张 30－4(AddStudent. asp)

操作指导：

a. 在空白页面中，输入标题"添加学生信息"。

b. 插入"表单"。

c. 在表单中，插入 6 行 2 列的表格；参照样张 30－4，在表格的第一列，依次输入：学号、姓名、院系、性别、出生日期、身高；在表格第二列各单元格中，依次单击【插入】→【表单】→【文本域】(不设置)，分别插入文本域；插入点定位在表格的下一行，依次单击【插入】→【表单】→【按钮】(不设置)，插入"提交"按钮。

d. 保存网页 AddStudent. asp。

(2) 进行"插入记录"相关设置，连接为"conn"，插入到表格为"学生登记表"，插入后转到"AllStudent. asp"，表单元素：textfield 插入到"学号"列中，textfield2～5 分别插入到其他对应列中。

操作指导：

a. 依次单击【窗口】→【服务器行为】；在"服务器行为"窗口，单击"＋"按钮；在弹出菜单中，选择"插入记录"命令。

b. 在"插入记录"对话框中，设置连接：conn，选择"插入到表格"为：学生登记表，插入后转到：AllStudent. asp，表单元素：textfield 插入到"学号"列中，textfield2～5 分别插入其他对应列中，如图 30－19 所示。单击"确定"按钮，页面如图 30－20 所示。

图 30－19 "插入记录"对话框

图 30-20 "AddStudent.asp"网页

(3) 在浏览器中浏览网页,输入学生记录,提交数据。

操作指导:

a. 执行【文件】→【在浏览器中预览】,如图 30-21 所示,输入学生记录。

b. 单击"提交"按钮,随即打开 AllStudent.asp 页面,显示插入效果,如图 30-22 所示。

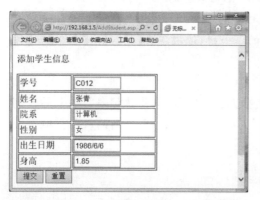

图 30-21 "AddStudent.asp"页面

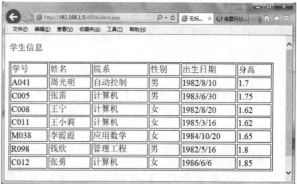

图 30-22 "AllStudent.asp"页面

c. 在网络其他电脑上,用浏览器访问 http://192.168.0.101/AddStudent.asp;在网页中输入数据,单击"提交",查看添加效果。(说明:若不能访问网页,可考虑关闭防火墙)

测试篇

CESHI PIAN

操作

操作测试 1

一、Word 操作题

打开"C:\学生文件夹"中的 ed1.docx 文件，参考样张一按下列要求进行操作。

样张一

1. 将页面设置为：A4 纸，上、下、左、右页边距均为 **2.9 厘米**，每页 **45 行**，每行 **40 个字符**。

操作指导：

a. 启动 Word 2016，打开 ed1.docx。

b. 在【布局】选项卡【页面设置】组中，单击对话框启动按钮(▣)。在"页面设置"对话框的"页边距"选项卡中，设置上、下、左、右页边距均为 2.9 厘米；在"文档网格"选项卡中，选择"指定行和字符网格"，设置每页 45 行，每行 40 个字符。

2. 设置正文 **1.5 倍行距**；设置第一段首字下沉 **3 行**、距正文 **0.2 厘米**，首字字体为黑体、蓝色，其余各段首行缩进 2 字符。

操作指导：

a. 选中全文；在【开始】选项卡【段落】组中，单击对话框启动按钮(▣)，在"段落"对话框的"缩进和间距"选项卡中，设置行距为"1.5 倍行距"。

b. 将光标定位于第一段中；在【插入】选项卡【文本】组，依次单击"首字下沉"—"首字下沉选项"。在"首字下沉"对话框中，选"位置"为"下沉"，"字体"为"黑体"，"下沉行数"为"3"、距正文0.2厘米，单击"确定"按钮。选中"公"字；在【开始】选项卡【字体】组中，将字体颜色设置为"蓝色"。

c. 选中其余段落；在【开始】选项卡【段落】组中，单击对话框启动按钮(▣)，在"段落"对话框"缩进和间距"选项卡中，设置特殊格式为首行缩进 2 字符。

3. 在正文适当位置插入艺术字"城市公共自行车",采用第 **3** 行第 **1** 列样式,设置艺术字字体格式为黑体、**32** 字号,文本填充蓝色,文本效果为"两端近",紧密型环绕方式。

操作指导:

a. 在【插入】选项卡【文本】组中,单击"艺术字",选择第 3 行第 1 列艺术字式样。在文本框中输入文字"城市公共自行车",设置字体为黑体、字号为 32。

b. 在【绘图工具|格式】选项卡【艺术字样式】组中,单击"▲文本填充"下拉箭头,设置标准色"蓝色";单击"🅰文本效果",在下拉列表中,单击"转换",选择"弯曲"中的"两端近"型。在【排列】组单击"环绕文字",在下拉选项中,选择"紧密型环绕"。

c. 参考样张一,拖动艺术字到指定位置。

4. 为正文第三段设置 **1** 磅浅蓝色带阴影边框,填充浅绿色底纹。

操作指导:

a. 选正文档的第三段。

b. 在【开始】选项卡【段落】组中,单击▦▾按钮的下拉箭头,在下拉列表中选择"边框和底纹";在"边框和底纹"对话框"边框"选项卡中,选择"阴影",设置颜色为"浅蓝",宽度为 1 磅;在"底纹"选项卡中,设置填充颜色"浅绿",应用于"段落",单击"确定"按钮。

5. 参考样张一,在正文适当位置插入图片 **pic1.jpg**,设置图片高度为 **3.5** 厘米,宽度为 **5** 厘米,环绕方式为紧密型。

操作指导:

a. 在【插入】选项卡【插图】组中,单击"图片"。

b. 在"插入图片"对话框中,双击"C:\学生文件夹"文件列表中的"pic1.jpg"。

c. 在【图片工具|格式】选项卡【大小】组中,单击对话框启动按钮(▯);在"布局"对话框的"文字环绕"选项卡中,设置"紧密型"环绕方式;在"大小"选项卡中,取消"锁定纵横比",设置高度为 3.5 厘米,宽度为 5 厘米;单击"确定"按钮。

d. 参考样张一,拖动图片到相应的位置。

6. 将正文中所有的"自行车"设置为深红色,并加双波浪下划线。

操作指导:

a. 在【开始】选项卡【编辑】组中,单击"替换"按钮。

b. 在"查找和替换"对话框"替换"选项卡中,输入查找内容:自行车,输入替换为:自行车;单击"更多"按钮,展开对话框;选定"替换为"后的"自行车","格式"按钮,选择"字体",在"替换字体"对话框中,设置深红色,下划线为"双波浪线",单击"确定";在"查找和替换"对话框,单击"全部替换"按钮;完成替换后关闭"查找和替换"对话框。

7. 参考样张一,在正文适当位置插入"圆角矩形标注"形状,添加文字"低碳环保",设置其为四号字,设置形状填充浅绿色,四周型环绕方式、左对齐。

操作指导:

a. 在【插入】选项卡【插图】组中,单击"形状";在"形状"下拉列表的"标注"中,单击"圆角矩形标注",在文档相应位置拖动鼠标,绘出圆角矩形标注。

b. 在"圆角矩形标注"图形中,输入"低碳环保",设置其字号为四号。

c. 在【绘图工具|格式】选项卡【形状样式】组,单击"形状填充",设置填充"浅绿色";在【排列】组,单击"环绕文字",选择"四周型",单击"对齐",选择"左对齐"。

8. 将编辑好的文章以文件名:**ed1. docx**,存放于"**C:\学生文件夹**"中。

二、Excel 操作题

根据工作簿 ex1. xlsx 提供的数据,制作如样张二所示的 Excel 图表,具体要求如下:

样张二

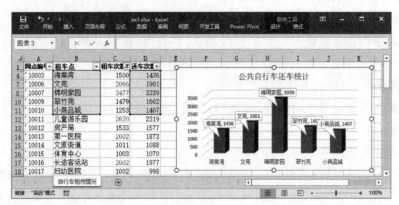

1. 将工作表 Sheet1 改名为"自行车租用情况"。

操作指导:

a. 启动 Excel 2016,打开 ex1. xlsx。

b. 右击工作表名 Sheet1,在快捷菜单中单击"重命名",输入"自行车租用情况"。

2. 在工作表"自行车租用情况"的 A42 单元格中输入"合计",并在 C42、D42 单元格中分别计算租车次数合计和还车次数合计。

操作指导:

a. 在 A42 单元格中输入"合计"。

b. 选中 C42 单元格;在【开始】选项卡【编辑】组中,单击"$\sum$ 求和",在 C42 单元格计算出租车次数合计。拖 C42 单元格的填充柄填充 D42,得到还车次数合计。

3. 在"自行车租用情况"表 A 列,生成"网点编号"为"10001,10002,…,10040"。

操作指导:

在 A2 中输入:'10001;选中 A2,双击 A2 填充柄,即可完成序列填充。

4. 在"自行车租用情况"工作表的 C 列数值区域,设置条件格式:租车次数超过 2000,采用红色显示。

操作指导:

a. 选中 C2:C41 单元格区域;在【开始】选项卡【样式】组中,依次单击"条件格式"→"突出显示单元格规则"→"大于"。

b. 在"大于"对话框中,输入 2000,"设置为"选择"自定义格式";在"设置单元格格式"对话框中,"背景色"设置"红色",单击"确定"按钮;返回"大于"对话框,单击"确定"按钮,完成设置。

5. 在"自行车租用情况"工作表中,筛选出"租车次数"大于等于 1000 的记录。

操作指导:

a. 单击或选中 A1:D41 整个数据区域;在【开始】选项卡【编辑】组中,单击"排序和筛选"—"筛选",此时数据清单各列标题右侧都将出现自动筛选按钮。

b. 单击"租车次数"右侧的筛选按钮(▼),在下拉列表中,单击"数字筛选",单击"大于或等于",在"自定义自动筛选方式"对话框中,输入1000,单击"确定"按钮,即可将"租车次数"大于等于1000的记录筛选出来。

6. 参考样张一,根据工作表"自行车租用情况"自动筛选后的前五个租车点的还车数据,生成一张反映还车次数的"三维簇状柱形图",嵌入当前工作表中,图表标题为"公共自行车还车统计",数据标注,无图例。

操作指导:

a. 在"自行车租用情况"表中,选中B列前五个租车点和D列前五个还车数据;在【插入】选项卡【图表】组,选择"柱形图",单击"三维簇状柱形图",插入图表。

b. 修改图表标题为"公共自行车还车统计";在【图表工具|设计】选项卡【图表布局】组中,单击"添加图表元素",单击"图例",选择"无";再单击"添加图表元素",单击"数据标签",选择"数据标注"。

7. 将工作簿以文件名:**ex1.xlsx**,保存于"**C:\学生文件夹**"中。

三、PowerPoint 操作题

调入"C:\学生文件夹"中的pt1.pptx文件,参考样张三按下列要求进行操作。

样张三

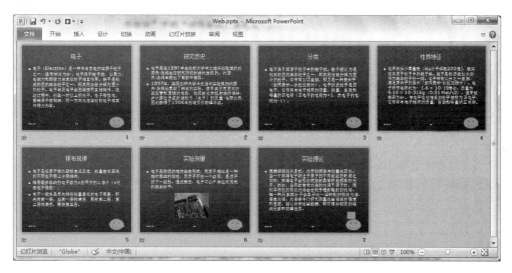

1. 所有幻灯片应用设计模板 **moban01.pot**,所有幻灯片切换方式为推进。

操作指导:

a. 在【设计】选项卡【主题】组,单击"其他"按钮(▽),选择"浏览主题",在"选择主题或主题文档"对话框中,设置C:\学生文件夹\moban01.pot,单击"应用"按钮,完成设置。

b. 在【切换】选项卡【切换到此幻灯片】组,单击"推进";【计时】组,单击"全部应用"。

2. 设置所有幻灯片显示自动更新的日期(样式为"××××/××/××")及幻灯片编号,页脚内容为"电子"。

操作指导:

在【插入】选项卡【文本】组,单击"页眉和页脚",在"页眉和页脚"对话框中,设置自动更新的日期(样式为"××××/××/××")及幻灯片编号,页脚内容为"电子",单击"全部应用"。

3. 在第六张幻灯片文字下方插入图片 **dz1.jpg,**设置图片高度、宽度缩放比例均为 **50%,**图片动画效果为飞入。

操作指导:

a. 在幻灯片列表中单击第六张幻灯片。

b. 在【插入】选项卡【图像】组中,单击"图片";在"插入图片"对话框中,设置插入图片"C:\学生文件夹\dz1.jpg"。

c. 右击图片;在快捷菜单中单击"大小和位置";在"设置图片格式"窗格,单击"▦"(大小与属性),设置图片高度、宽度缩放比例均为 50%。

d. 在【动画】选项卡【动画】组中,单击"飞入"。

4. 在最后一张幻灯片右下角插入"自定义"动作按钮,超链接到第一张幻灯片。

操作指导:

a. 单击选择最后一张幻灯片。

b. 在【插入】选项卡【插图】组,单击"形状";在"形状"下拉列表中,单击"动作按钮"中的"动作按钮:自定义"。

c. 利用出现"十字"鼠标形状,在演示文稿右下角画出按钮。

d. 在出现的"操作设置"对话框中,设置超链接到"第一张幻灯片",单击"确定"按钮。

5. 利用幻灯片母版,在所有幻灯片右下角插入笑脸形状,超链接到第一张幻灯片。

操作指导:

a. 在【视图】选项卡【母板视图】组,单击"幻灯片母版",切换到"标题和内容"版式母板视图;在【插入】选项卡【插图】组,单击"形状";在"形状"下拉列表中,单击"基本形状"中的"笑脸",利用出现"十字"鼠标形状,在幻灯片母板右下角插入"笑脸"形状。在【链接】组,单击"超链接",在"插入超链接"对话框中,选择"本文档中的位置",再设置超链接到"第一张幻灯片",单击"确定"按钮。

b. 在【幻灯片母版】选项卡【关闭】组,单击"关闭母版视图"。

6. 将制作好的演示文稿以文件名:**pt1.pptx,**保存于"C:\学生文件夹"中。

操作测试 2

一、Word 操作题

调入"C:\学生文件夹"中的 ed2.docx 文件,参考样张一按下列要求进行操作。

样张一

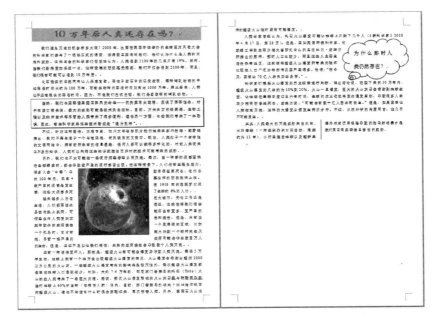

1. 页面设置,A4 纸,上、下、左、右页边距均为 2.5 厘米,每页 40 行,每行 38 字符。

2. 给文章加标题"10 万年后人类还存在吗?",设置其格式为华文新魏、二号字、加粗、蓝色、字符间距缩放 120%,标题段底纹填充"橙色,个性色 2,淡色 60%",段后间距 0.5 行,居中显示。

3. 将正文所有段落设置为首行缩进 2 字符。

4. 为正文第三段设置 1.5 磅红色带阴影边框,填充黄色底纹。

5. 在正文适当位置插入图片 pic2.jpg,设置图片高度、宽度均缩放 90%,四周型环绕。

6. 参考样张一,在正文中插入自选图形"云形标注",添加文字"为什么那时人类仍然存在?",字号为四号字,设置自选图形格式为:黄色填充色、紧密型环绕方式、右对齐。

7. 将正文最后一段分为等宽两栏,栏间加分隔线。

8. 将编辑好的文章以文件名:ed2.docx,存放于"C:\学生文件夹"中。

二、Excel 操作题

根据工作簿 ex2.xlsx 提供的数据,制作如样张二所示的 Excel 工作表,具体要求如下:

1. 将工作表"sheet2"改名为"合计"。

2. 将工作表"地质灾害"中的数据,按"灾害类别"升序排序。

3. 在工作表"地质灾害"中,按"灾害类别"进行分类汇总,分别汇总出各"灾害类别"的"死亡人数"之和与"失踪人数"之和与"经济损失"之和。

4. 在"合计"工作表中,填充各"灾害类别"的死亡人数和失踪人数;要求直接引用"地质灾害"工作表中的分类汇总结果。

样张二

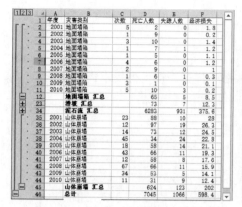

5. 在"合计"工作表中,利用公式计算"死亡人数"和"失踪人数"总计。

6. 在"合计"表 D2:D5 区域,利用公式分别计算各"灾害类别"死亡人数占"总计"死亡人数的比例,结果以带 2 位小数的百分比格式显示。注意:使用绝对地址引用"总计"值。

7. 根据工作表"合计"中"灾害类别"和"死亡人数比例"两列数据,生成一张反映各"灾害类别"死亡人数占"总计"死亡人数比例的"三维饼图",嵌入当前工作表中,图表标题为"地质灾害各类死亡比例",图例显示在"右侧",设置数值标签"最佳匹配"。

8. 将工作簿以文件名:ex2.xlsx,保存于"C:\学生文件夹"中。

三、PowerPoint 操作题

调入"C:\学生文件夹"中的 pt2.pptx 文件;参考样张三,按下列要求进行操作。

样张三

1. 所有幻灯片应用设计模板 moban02.pot;所有幻灯片"切换"效果为"擦除""从右下部",持续时间:02.00。

2. 将第三张幻灯片的版式更改为"标题和内容"。

3. 将第三张幻灯片中带项目符号的文字转换为"垂直曲形列表"样式的 SmartArt 图形,并为其中的四行文字创建超链接,分别指向具有相应标题的幻灯片。

4. 在最后一张幻灯片中插入图片 zhi.jpg,设置图片动画效果为单击时飞出到右侧。

5. 将幻灯片页面设置为"纵向",幻灯片编号起始值为 0,除标题幻灯片外,在其他幻灯片中插入"页脚"和"幻灯片编号",页脚为"中国四大发明"。

6. 将制作好的演示文稿以文件名:pt2.pptx,保存于"C:\学生文件夹"中。

操作测试 3

一、Word 操作题

调入"C:\学生文件夹"中的 ed3.docx 文件;参考样张一,按下列要求进行操作。

样张一

1. 将页面设置为:A4 纸,上、下、左、右页边距均为 3 厘米,每页 46 行,每行 43 个字符。
2. 给文章加标题"学校体育",设置其为隶书、一号字、红色、居中,字符间距缩放 130%。
3. 设置正文 1.2 倍行距,第三段首字下沉 3 行、幼圆、绿色,其余各段首行缩进 2 字符。
4. 将正文中所有的"体育活动"设置为加粗、红色。
5. 在正文中,以"紧密型"环绕方式插入图片 pic3.jpg,并设置其高度、宽度缩放均为 70%。
6. 给正文第一段首个"学校体育"添加脚注"国民体育的基础"。
7. 设置页眉,奇数页为"校内体育",偶数页为"全民健身",所有页底端居中插入页码。
8. 将编辑好的文章以文件名:ed3.docx,存放于"C:\学生文件夹"中。

二、Excel 操作题

根据工作簿 ex3.xlsx 提供的数据,制作如样张二所示的 Excel 工作表,具体要求如下:

1. 在"统计"工作表中,在 B9 单元格计算在校生总人数。
2. 在"运动开展情况"工作表中,高级筛选出"运动项目"为"足球"的数据,放置在单元格 A47 开始的区域;在"统计"工作表中,直接引用"运动开展情况"工作表中的筛选数据,使用公式计算出各校的"足球运动时间(小时/天)"。
3. 在"运动开展情况"工作表中,按"学校名称"分类汇总"经常运动人数"。

4. 在"统计"表中,直接引用"运动开展情况"表的分类汇总结果,填充各校"经常运动人数"。

样张二

 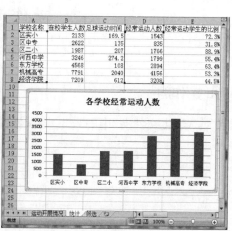

5. 在"统计"工作表中,利用公式在 E 列计算各校经常运动学生的比例,结果以带 1 位小数的百分比格式显示(比例=经常运动人数/在校学生人数)。

6. 在工作表"统计"中,隐藏"合计"行。

7. 参考样张二,根据工作表"统计"中的数据,生成一张反映各学校经常运动人数的"簇状柱形图"(不包括合计行),嵌入当前工作表中,图表标题为"各学校经常运动人数",无图例,设置标题字体格式为 16 字号。

8. 将工作簿以文件名:ex3. xlsx,保存于"C:\学生文件夹"中。

三、PowerPoint 操作题

调入"C:\学生文件夹"中的 pt3. pptx 文件;参考样张三,按下列要求进行操作。

样张三

1. 设置所有幻灯片背景图片为 gd. jpg。

2. 所有幻灯片切换效果为水平"百叶窗"。

3. 将第二张幻灯片与第三张幻灯片位置互换,并删除最后一张幻灯片。

4. 将第五张幻灯片中带项目符号的文字转换为"垂直曲形列表"样式的 SmartArt 图形,并为其中的文字创建超链接,分别指向具有相应标题的幻灯片。

5. 在最后一张幻灯片的右下角插入"自定义"动作按钮,设置超链接到第一张幻灯片,然后添加文字"返回"。

6. 将制作好的演示文稿以文件名:pt3. pptx,保存于"C:\学生文件夹"中。

操作测试 4

一、Word 操作题

调入"C:\学生文件夹"中的 ed4.docx 文件,参考样张一按下列要求进行操作。

样张一

1. 设置正文第一段首字下沉 3 行,首字字体为幼圆、蓝色,其余各段首行缩进 2 字符。

2. 参考样张一,在正文适当位置插入竖排文本框"英超联赛的发展",设置其字体格式为隶书、二号字、蓝色,环绕方式为紧密型,填充色为浅绿色。

3. 将正文中所有的"俱乐部"设置为红色、加粗、加着重号。

4. 在文档中插入图片 yc.jpg,设置图片宽度、高度缩放均为 50%,四周型环绕方式。

5. 设置页面边框:1 磅、绿色、方框。

6. 将正文最后一段分为等宽两栏,栏间加分隔线。

7. 设置页眉为"英超联赛",页脚为页码,均居中显示。

8. 将编辑好的文章以文件名:ed4.docx,存放于"C:\学生文件夹"中。

二、Excel 操作题

根据工作簿 ex4.xlsx 提供的数据,制作如样张二所示的 Excel 图表,具体要求如下:

1. 在"积分榜"表中,设置标题文字在 A1:H1 区域合并后居中,格式为楷体、18 号、红色。

2. 在"积分榜"表 G 列,利用公式分别计算各个球队的积分(积分=胜场得分+平局得分,胜一场积 3 分,平一场积 1 分,负一场积 0 分)。

3. 将"积分榜"表按积分降序排序;在 A 列填充球队赛季排名,1,2,…,并居中。

4. 在"积分榜"表 I2 单元格添加文本"胜率",利用公式分别计算各个球队的胜率,结果以带 2 位小数的百分比格式显示(胜率=胜/场次)。

样张二

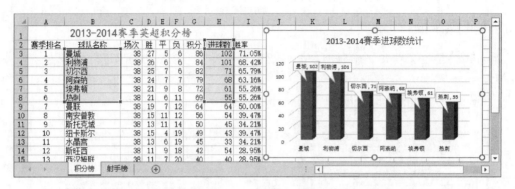

5. 在"射手榜"表的 C 列数值区域,设置条件格式:进球总数超过 15,采用红色显示。

6. 在"射手榜"表中,自动筛选出"球队名称"为"曼联"的记录。

7. 在"积分榜"表中,依据积分排名前 6 的球队数据,生成一张反映球队进球数的"三维簇状柱形图",嵌入当前表中,图表标题为"2013—2014 赛季进球数统计",无图例,显示数据标签。

8. 工作簿以文件名:ex4. xlsx,保存于"C:\学生文件夹"中。

三、PowerPoint 操作题

调入"C:\学生文件夹"中的 pt4. pptx 文件,参考样张三按下列要求进行操作。

样张三

1. 为第一张幻灯片添加备注,内容为"布勒松是法国著名摄影家"。

2. 将第二张幻灯片中带项目符号的文字转换为"垂直曲形列表"样式的 SmartArt 图形,并为其中的文字创建超链接,分别指向具有相应标题的幻灯片。

3. 所有幻灯片背景填充"新闻纸"纹理。

4. 除"标题幻灯片"外,其他幻灯片添加幻灯片编号和页脚,页脚内容为"国际摄影大师"。

5. 选择所有偶数页幻灯片,添加切换效果水平"百叶窗"。

6. 将制作好的演示文稿以文件名:pt4. pptx,保存于"C:\学生文件夹"中。

操作测试 5

一、Word 高级操作题

打开"C:\学生文件夹"中的"陕西十大怪.docx"文件,参考样图一按下列要求进行操作。

样图一

1. 运用替换功能将每一怪中歌谣和解说自然分段(提示:将全角省略符替换为段落标记)。

2. 新建样式"节标题":字体为黑体、小三号,段落间距为段前 10 磅、段后自动、1.5 倍行距,编号样式为"一、二、…",将该样式应用于正文中的十大怪标题中。

3. 为文档插入"边线型"封面,设置标题为"陕西十大怪歌谣解说",副标题为"节选自百度百科",年份插入当前日期(可根据系统时间自动更新),删去其他多余文字内容。

4. 在封面和正文之间插入"空白页";在空白页上插入"优雅型"目录,制表符前导符为点线"……"。设置所有目录文字设置为黑体、常规字形，段落间距为 2 倍行距。

5. 在正文最后一段的"富有生活情趣的题材。"文字后添加尾注（在【引用】选项卡【脚注】组，单击"插入尾注"），输入"该文档共 X 页，共 Y 字符数。"（提示：X 使用 NumPages 域，Y 使用 NumWords 域，在【插入】选项卡【文本】组，单击"文档部件"，在"域"中选择）。

6. 保存文档"陕西十大怪.docx"，存放于"C:\学生文件夹"中。

二、PowerPoint 高级操作题

打开"C:\学生文件夹"中的"世界八大奇迹.pptx"文件，参考样图二按下列要求进行操作。

样图二

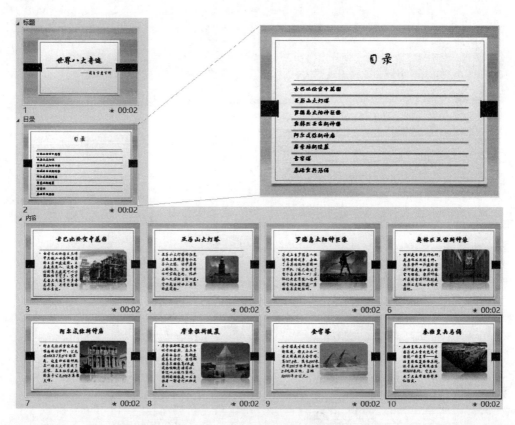

1. 设置所有幻灯片的主题为"环保"内置主题，切换效果为"涟漪"，自动换片时间为 2 秒；新建"标题""目录""内容"三个节（方法：在普通视图左窗格中，右击第一张幻灯片，单击"新增节"，新增"无标题节"，再"重命名节"为"标题"），位置如样图二所示。

2. 将第 2 张"目录"幻灯片中的内容区域文字转换为"线型列表"结构的 SmartArt 图形，更改 SmartArt 颜色为"彩色—个性色"，并设置 SmartArt 样式为"强烈效果"。

3. 将第 4 张幻灯片的版式改为"两栏内容"，并在右侧占位符中添加素材文件"亚历山大灯塔.jpg"，参照第 3 张幻灯片中图片设置相同的图片样式（用格式刷），并适当调整其大小与位置。

4. 参照第 3 张幻灯片中图片，设置第 4 至 10 张幻灯片中图片相同的动画效果。用动画刷。

5. 保存演示文稿"世界八大奇迹.pptx"，存放于"C:\学生文件夹"中。

三、Access 操作题

打开"C:\学生文件夹\test2. accdb"文件,涉及的表及联系如样图三所示,按下列要求进行操作。

1. 将素材文件"新院系. xlsx"导入数据库,表名为"新院系"。

2. 基于"教师工资"表,设计更新查询,将所有教师绩效工资增加 1000 元,查询保存为"CX1"。

3. 基于"院系"及"教师"表,查询各院系各类学位教师的人数,要求输出"院系代码""院系名称""学位""人数",查询保存为"CX2"。

4. 保存数据库"test2. accdb",存放于"C:\学生文件夹"中。

样图三

四、Excel 高级应用题

打开"C:\学生文件夹"中的"图书借阅. xlsm"文件,参考样图四,按下列要求进行操作。

样图四

	A	B	C	D	E	F	G
1	学号	书编号	书名	借阅日期	归还日期	借阅天数	罚款
2	090010148	T0001	SQL Server数据库原理及应用	2006-3-1	2006-3-31	30	0
3	090010148	T0002	大学数学	2007-2-2	2007-3-6	32	0.4
4	**090010148 汇总**						0.4
5	090010149	D0002	NGO与第三世界的政治发展	2006-3-6	2006-4-2	27	0
6	090010149	D0004	全球化:西方理论前沿	2006-5-6	2006-6-20	45	1.5
7	090010149	P0001	数学物理方法	2006-10-4	2006-11-3	30	0
8	**090010149 汇总**						1.5
9	090020202	F0004	现代公有制与现代按劳分配方式分析	2006-8-15	2006-9-7	23	0
10	090020202	H0001	有机化学	2006-10-2	2006-11-1	30	0
11	**090020202 汇总**						0
12	090020203	D0003	"第三波"与21世纪中国民主	2006-5-3	2006-6-8	36	0.6
13	090020203	G0001	图书馆自动化教程	2006-8-16	2006-8-23	7	0
14	**090020203 汇总**						0.6
15	090020206	D0004	全球化:西方理论前沿	2006-5-7	2006-6-24	48	1.8
16	090020206	T0002	大学数学	2007-2-3	2007-3-9	34	0.8
17	**090020206 汇总**						2.6
18	090020207	G0002	多媒体信息检索	2006-8-18	2006-8-29	11	0
19	*090020207*	*T0004*	*政府网站的创建与管理*	*2008-3-7*	*2008-4-20*	*44*	*2.8*
20	**090020207 汇总**						2.8
21	090020208	F0001	现代市场营销学	2006-8-17	2006-8-26	9	0
22	**090020208 汇总**						0
23	090020216	F0002	项目管理从入门到精通	2007-9-1	2007-9-14	13	0
24	**090020216 汇总**						0
25	*090020217*	*D0005*	*政府全面质量管理:实践指南*	*2006-5-10*	*2006-7-6*	*57*	*2.7*
26	090020217	G0003	数字图书馆	2006-8-20	2006-9-4	15	0

院系 / 学生 / 图书 / 借阅

1. 根据"图书"表数据,在"借阅"表 C 列,利用 VLOOKUP 函数,填写对应的书名。

提示:C2 单元格输入 = VLOOKUP(B2, 图书!A\$2:H\$22,2,False),返回值为"SQL Server 数据库原理及应用",其中第 1 参数 B2 为要查找的值,第 2 参数 图书!A\$2:H\$22 为查找区域,第 3 个参数值 2 是指查找区域的第 2 列,其中包含返回值,精确匹配或近似匹配指定为 0/FALSE 或 1/TRUE。

2. 在"借阅"表 F 列,利用公式计算借阅天数(借阅天数＝归还日期–借阅日期)。

3. 在工作表"借阅"G 列中,利用公式计算罚款(借阅天数超过 30 天罚款:书编号首字符为"T",每超 1 天罚款 0.2 元;其他图书每超 1 天罚款 0.1 元)。

提示:G2 单元格输入＝IF(F2>30, IF(LEFT(B2, 1)＝"T", (F2−30)＊0.2, (F2−30)＊0.1), 0),如下图所示。

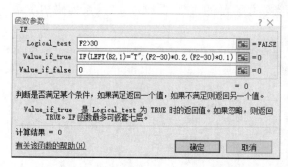 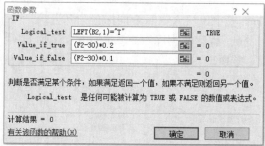

4. 在工作表"借阅"中,按学号分类汇总,统计每位学生罚款总额。

5. 在模块 1 的"标注()"中,完成代码实现设置罚款超过 2 元的借阅记录(不包括汇总行)为红色斜体字(可用录制宏功能,获得所需代码)。

提示:在【开发工具】选项卡【代码】组,单击"录制宏"按钮,开始 Macro1 宏录制:在"借阅"表单击一个单元格,如 C3;右击选中的 C3,在快捷菜单中执行"设置单元格格式"命令,设置:红色、斜体字。在【开发工具】选项卡【代码】组,单击"停止录制"按钮。

在【开发工具】选项卡【代码】组,单击"Visual Basic"按钮;在 Microsoft Visual Basic 窗口中,根据模块 2 的内容修改模块 1 的内容,如下图所示。

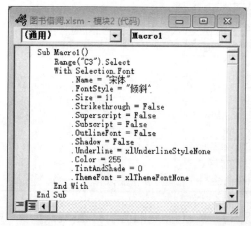 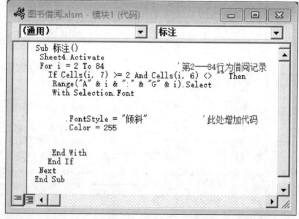

6. 执行"标注()"过程。

提示:在 Microsoft Visual Basic 窗口中,选择"标注()"子过程;单击"运行"→"运行子程序"命令(或单击 ▶ 按钮),运行"标注()"过程。

7. 保存工作簿"图书借阅. xlsm"及其代码,存放于"C:\学生文件夹"中。

操作测试 6

一、Word 高级操作题

打开"C:\学生文件夹"中的"成绩通知单.docx"文件,参考样图一,按下列要求进行操作。

样图一

1. 以素材文件"学生成绩.docx"中数据作为数据源,在对应横线及表格相应位置插入"学号""姓名"以及各对应课程名称的合并域。

2. 建立名为"学号"的书签,在文档页眉处"成绩单编号:"后,通过交叉引用书签文字获取当前成绩通知单的学生学号。

提示:选择"学号",在【插入】选项卡【链接】组中,单击"书签";在"书签"对话框中,输入书签名"学号",单击"添加"。

3. 给文档添加文字水印"工程大学计算机学院",并在页脚处通过域设置页码,形如:当前页—总页数,居中显示。

提示:在【设计】选项卡【页面背景】组,添加水印;在【插入】选项卡【文本】组,单击"文档部件",单击"域",选择采用 Page 和 NumPages 域,设置页码。

4. 编辑收件人列表,设置筛选条件,筛选出有科目不及格同学的成绩通知单。

5. 将主文档保存为"成绩通知单主文档.docx",合并生成的文档保存为"有不及格科目成绩通知单.docx",均存放于"C:\学生文件夹"中。

二、PowerPoint 高级操作题

打开"C:\学生文件夹"中的"人工智能.pptx"文件,参考样图二,按下列要求进行操作。

1. 设置幻灯片"水滴"内置主题,将主题字体修改为"Office"。建立"人工智能应用""人工智能定义与技术""趋势与忧虑"三个小节,并以此命名。

2. 在第2张"目录"幻灯片中,将内容部分转换为"基本循环"布局的 SmartArt 图形,样式设为"优雅",更改颜色为"彩色范围-个性色4至5",设置各项文字分别链接到相应节的第1页。

3. 为每一节的第1张幻灯片设置切换效果:切换效果为自左侧的"揭开",持续时间为2秒;在第6张幻灯片增加自定义类型的动作按钮,编辑文字"演示"。设置幻灯片上的图片动画效果:动画效果为"翻转式由远及近"进入,持续时间为3秒。单击"演示"按钮,触发动画执行。

4. 新增一个名为"文字图片"的版式(在母版视图的幻灯片版式母版最后,插入版式),插入的占位符类型为"图片";将该版式应用于第1张幻灯片(在普通视图中进行,更改第1张幻灯片的版式为"文字图片"版式),插入素材文件"AI.jpg",设置图片样式为"映像右透视"。

5. 保存演示文稿"人工智能.pptx",存放于"C:\学生文件夹"中。

样图二

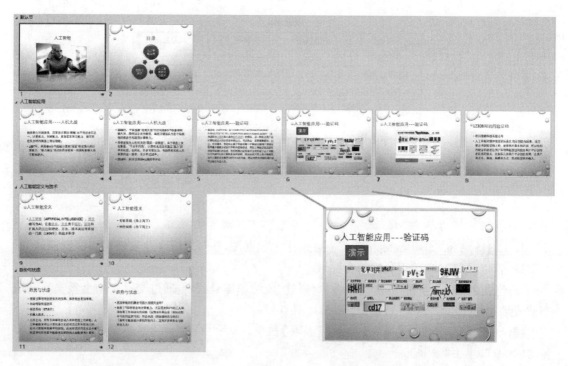

三、Access 操作题

打开"C:\学生文件夹\test2.accdb",涉及的表及联系如样图三所示,按下列要求进行操作。

样图三

1. 基于"学生""图书"和"借阅"表,查询作者为"高小松"的图书借阅情况,要求输出"学号""姓名""书编号""书名",查询保存为"CX3"。

2. 基于"学生"和"借阅"表,查询学生借阅图书超期次数((归还日期-借阅日期)>30 为超期,未归还的图书不参加统计,用 IS NULL 条件),要求输出"学号""姓名""次数",查询保存为"CX4"。

3. 将"CX4"查询结果导出为工作簿"超期次数. xlsx",存放于"C:\学生文件夹"中。

4. 保存数据库"test2. accdb",存放于"C:\学生文件夹"中。

四、Excel 高级应用题

打开"C:\学生文件夹\考试成绩. xlsm",参考样图四,按下列要求进行操作。

样图四

	A	B	C	D	E	F	G	H
1	准考证号	学号	科目名称	理论	操作	总分	分数段	
2	0232400521	090010101	C语言	31	21	52	5	
3	0232400522	090010102	C语言	32	58	90	9	
4	0232400523	090010103	C语言	33	48	81	8	
40	0232400629	090010139	C语言	21	1	22	2	
41	0232400630	090010140	C语言	29	53	82	8	
42	0232400701	090010141	C语言	30	56	86	8	
43	0232400702	090010142	C语言	17	55	72	7	
44	0215200101	090010144	VFP	14	40	54	5	
45	0215200102	090010145	VFP	11	57	68	6	
46	0215200103	090010146	VFP	35	53	88	8	
72	0215200129	090020216	VFP	19	33	52	5	
73	0215300101	090020217	VB	23	27	50	5	
74	0215300102	090020218	VB	16	43	59	5	
75	0215300103	090020219	VB	25	54	79	7	

考试成绩

	A	B	C	D	E	F	G	H	I	J	K
1											
2											
3	计数项:准考证号	列标签									
4	行标签		1	2	3	4	5	6	7	8	9 总计
5	C语言		1	5	5	11	18	30	44	73	33 220
6	JAVA				1		1	2	3	15	7 29
7	VB			1	3		7	5	4		20
8	VFP					4	2	13	9	2	30
9	三级1		1	1	5	7	5	9	16	20	2 66
10	三级2				2			1	4	5	2 14
11	一级					2		2	5	2	2 13
12	总计		2	6	14	23	35	51	89	124	48 392
13											

分数段统计 考试成绩

1. 根据工作表"考试科目"中的数据,利用 VLOOKUP 等函数完成工作表"考试成绩"C列内容(科目代码为"准考证号"字段中第 4-5 位)。

提示:C2 单元格输入=VLOOKUP(MID(A2,4,2),考试科目!$A$2:$B$8,2,FALSE),执行结果为"C 语言",其中第 1 参数函数MID(A2,4,2)的值是从 A2 的第 4 个字符开始取 2 个字符,即"24",第 3 个参数值 2 指是单元格区域考试科目!$A$2:$B$8 的第 2 列。

2. 在工作表"考试成绩"的 F 列,利用函数重新计算总分(部分总分有错)。

3. 在工作表"考试成绩"的 G 列,利用 INT 函数计算总分所在分数段,总分在 0~9 之间,分数段为 0;在 10~19 之间,为 1;…;在 90~99 之间,为 9;总分 100,分数段为 10。

提示:G2 单元格输入=INT(F2/10)。函数 INT(X)的值为小于等于 X 的最大整数。

4. 根据工作表"考试成绩"中的数据,参考样图四,创建数据透视表,统计各考试科目分数段分布情况,并将生成的新工作表命名为"分数段统计"。

提示:选择"考试成绩表",单击"插入"→"数据透视表",在"创建数据透视表"对话框中,设置数据区域:考试成绩!$A$1:$G$393,位置为:新工作表;在新工作表中,添加"分数段"为列标签,"科目名称"为行标签,添加"准考证号"为∑数值。

5. 在模块 1 的"清除()"中,完成代码,以能删除"考试成绩"表 F 列的所有批注。

提示:在【开发工具】选项卡【代码】组,单击"录制宏"按钮,开始 Macro1 宏录制:在"考试成绩表"中,右击 F11,在快捷菜单中执行"删除批注"命令。单击"停止录制"按钮。

在【开发工具】选项卡【代码】组,单击"Visual Basic"按钮。在 VB 集成开发窗口中,根据模块 2 的内容修改模块 1 的内容,如下图所示。

模块 2 代码窗口　　　　　　　　　　模块 1 代码窗口

6. 执行"清除()"过程,实现其功能。

7. 保存工作簿"考试成绩.xlsm"及其代码,存放于"C:\学生文件夹"中。

测试篇

CESHI PIAN

理 论

第 1 章　信息技术概述

1.1　信息与信息技术

一、判断题

1. 信息处理过程就是人们传递信息的过程。 （　　）
2. 信息技术是用来扩展人们信息器官功能、协助人们进行信息处理的一类技术。 （　　）
3. 信息系统的感测与识别技术可用于替代人的感觉器官功能,但不能增强人的信息感知的范围和精度。 （　　）
4. 现代信息技术涉及众多领域,例如通信、广播、计算机、微电子、遥感遥测、自动控制、机器人等。 （　　）
5. 现代遥感遥测技术进步很快,其功能往往远超过人的感觉器官。 （　　）
6. 信息技术是指用来取代人的信息器官功能,代替人们进行信息处理的一类技术。 （　　）

二、选择题

1. 下列关于信息的叙述错误的是_____。
　 A. 信息是指事物运动的状态及状态变化的方式
　 B. 信息是指认识主体所感知或所表述的事物运动及其变化方式的形式、内容和效用
　 C. 信息与物质和能源同样重要
　 D. 在计算机信息系统中,信息都是用文字表示的
2. 下列说法中,比较合适的说法是:"信息是一种_____"。
　 A. 物质　　　　　　 B. 能量　　　　　　 C. 资源　　　　　　 D. 知识
3. 一般而言,信息处理的内容不包含_____。
　 A. 查明信息的来源与制造者　　　　 B. 信息的收集和加工
　 C. 信息的存储与传递　　　　　　　 D. 信息的控制与显示
4. 扩展人类感觉器官功能的信息技术中,一般不包括_____。
　 A. 感测技术　　 B. 识别技术　　 C. 获取技术　　 D. 存储技术
5. 日常听说的"IT"行业一词中,"IT"的确切含义是_____。
　 A. 交换技术　　 B. 信息技术　　 C. 制造技术　　 D. 控制技术
6. 信息技术是指用来扩展人们信息器官功能、协助人们进行信息处理的一类技术,其中_____可以帮助扩展人的效应器官的功能。
　 A. 计算技术　　　　　　　　　　 B. 通信与存储技术
　 C. 控制与显示技术　　　　　　　 D. 感知与识别技术
7. 信息技术可以帮助扩展人们信息器官的功能,例如,使用_____最能帮助扩展大脑的功能。
　 A. 控制技术　　 B. 通信技术　　 C. 计算与存储技术　　 D. 显示技术
8. 现代信息技术的核心技术主要是_____。
　 ① 微电子技术、② 机械技术、③ 通信技术、④ 计算机技术。
　 A. ①②③　　　　 B. ①③④　　　　 C. ②③④　　　　 D. ①②④

9. 信息处理系统是综合使用多种信息技术的系统。下面叙述中错误的是_____。

    A. 从自动化程度来看,信息处理系统有人工的、半自动的和全自动的

    B. 银行以识别与管理货币为主,不必使用先进的信息处理技术

    C. 信息处理系统是用于辅助人们进行信息获取、传递、存储、加工处理及控制的系统

    D. 现代信息处理系统大多采用了数字电子技术

10. 在现代信息处理系统中,通信系统用于实现信息的_____。

    A. 获取　　　　　B. 存储　　　　　C. 加工　　　　　D. 传递

11. 下列关于"信息化"的叙述中错误的是_____。

    A. 信息化是当今世界经济和社会发展的大趋势

    B. 我国目前的信息化水平已经与发达国家的水平相当

    C. 信息化与工业化是密切联系又有本质区别的

    D. 各国都把加快信息化建设作为国家的发展战略

12. 近年来我国信息产业发展迅速,已有一些 IT 企业在全球上市公司市值排名中位居前列。在下列 IT 企业中,不是我国 IT 公司的是_____。

    A. 腾讯　　　　　B. 阿里巴巴　　　　　C. 百度　　　　　D. 高通

13. 下列有关信息技术和信息产业的叙述中,错误的是_____。

    A. 信息产业专指生产制造信息设备的行业与部门,不包括信息服务业

    B. 我国现在已经成为世界信息产业的大国

    C. 信息技术与传统产业相结合,对传统产业进行改造,极大提高了传统产业的劳动生产率

    D. 信息产业已经成为世界范围内的朝阳产业和新的经济增长点

14. 在下列有关信息、信息技术、信息产业、信息化的叙述中,错误的是_____。

    A. 信息产业具有高投入、高风险和增长快、变动大等特点

    B. 信息技术是随着计算机技术的发展而发展的,没有计算机的出现则没有信息技术

    C. 信息化是一个推动人类社会从工业社会向信息社会转变的社会转型过程

    D. 信息、物质和能量是客观世界的三大构成要素,没有信息则任何事物都没有意义

1.2　数字技术基础

一、填空题

1. 在计算机系统中,处理、存储和传输信息的最小单位是_____,用小写字母 b 表示。

2. 在计算机 CPU 中,使用了一种称为触发器的双稳态电路来存储比特,1 个触发器可以存储_____个比特。

3. 在表示计算机外存储器容量时,1MB 等于_____kB。

4. 计算机中使用的计数制是_____进制。

5. 计算机中 1 个字节为_____个二进位。

6. 与十六进制数 FF 等值的二进制数是_____。

7. 与十进制数 63 等值的八进制数是_____。

8. 与十进制数 0.25 等值的二进制数是_____。

9. 与八进制数 377 等值的二进制数是_____。

10. 十进制算式 $2\times64+2\times8+2\times2$ 的运算结果用二进制数表示为_____。

11. 十进制数 20 用二进制数表示为_____。

12. 十进制数 205.5 的八进制数表示为_____。

13. 二进制数 10101 用十进制数表示为_____。

14. 在计算机内部,带符号二进制整数是采用_____码方法表示的。

15. 在计算机内部,8 位带符号二进制整数可表示的十进制最大值是_____。

16. 在计算机内部,8 位带符号二进制整数(补码)可表示的十进制最小值是_____。

17. 用原码表示的8 位带符号整数的数值范围是_____～127。

18. 用 8 个二进位表示无符号整数时,可表示的十进制整数的数值范围是 0 ～_____。

19. 带符号整数最高位使用"0""1"表示该数的符号,用"_____"表示负数。

20. 若 A=1100,B=0010,A 与 B 运算的结果是 1110,则其运算可以是算术加,也可以是逻辑_____。

21. 二进制信息最基本的逻辑运算有 3 种,即逻辑加、取反以及_____。

22. 二进位数进行逻辑运算 110∨101 的运算结果是_____。

23. 二进位数进行逻辑运算 10101∧10011 的运算结果是_____。

24. 二进位数进行逻辑运算 1010 OR 1001 的运算结果是_____。

25. 二进位数进行逻辑运算 1010 AND 1001 的运算结果是_____。

26. 二进位数 1011 与 0101 进行减法运算后,结果是_____二进位数。

27. 二进位数 0110 与 0101 进行算术加法运算后,结果是二进位数_____。

28. 对"1"和"0"实施逻辑乘操作的结果是_____。

二、判断题

1. 对二进制信息进行逻辑运算是按位独立进行的,位与位之间不发生关系。 (　　)

2. 美国标准信息交换码(ASCII 码)只在美国、加拿大等英语国家使用。 (　　)

3. 计算机中的整数分不带符号的整数和带符号的整数两类,只有后者才可以表示负整数。 (　　)

4. 计算机硬件中不仅使用二进制表示数据,也经常使用十六进制。 (　　)

5. 任意二进制小数都能准确地表示为有限位十进制小数。 (　　)

6. 任意十进制小数都能准确地表示为有限位二进制小数。 (　　)

7. 在八进制数中,每一位数的最大值为 7。 (　　)

8. 在十六进制数中,每一位数的最小值为 0,最大值为 F。 (　　)

三、选择题

1. 当前使用的个人计算机中,在 CPU 内部,比特的两种状态是采用_____表示的。
   A. 灯泡的亮或暗　　　　　　　　　　B. 电容的大或小
   C. 电平的高或低　　　　　　　　　　D. 电流的有或无

2. 计算机硬盘存储器容量的计量单位之一是 TB,制造商常用 10 的幂次来计算硬盘的容量,那么 1 TB 硬盘容量相当于_____字节。
   A. 10 的 3 次方　　B. 10 的 6 次方　　C. 10 的 9 次方　　D. 10 的 12 次方

3. 某 U 盘的容量是 1 GB,这里的 1 GB 是_____字节。
   A. 2 的 30 次方　　B. 2 的 20 次方　　C. 10 的 9 次方　　D. 10 的 6 次方

4. 数字通信系统的数据传输速率是指单位时间内传输的二进位数目,一般不采用_____作为它的计量单位。
   A. kB/s　　　　　　B. kb/s　　　　　　C. Mb/s　　　　　　D. Gb/s

5. 下列关于比特(二进位)的叙述中错误的是_____。
   A. 比特是组成数字信息的最小单位
   B. 比特既可以表示数值和文字,也可以表示图像或声音
   C. 比特只有"0"和"1"两个符号
   D. 比特通常使用大写的英文字母 B 表示

6. 硬盘存储器中,所存储二进制信息的两种状态是采用_____表示的。
   A. 电容的充电与否   B. 电平的高低状态
   C. 磁盘表面有无凹槽   D. 磁表面区域的磁化状态

7. 在计算机网络中传输二进制信息时,衡量数据传输速率的单位,一般不使用下列_____选项。
   A. 字/秒   B. 比特/秒   C. 千比特/秒   D. 兆比特/秒

8. 采用某种进位制时,如果 $3 \times 6 = 15$,那么,$4 \times 5 = $_____。
   A. 17   B. 18   C. 19   D. 20

9. 将十进制数 89.625 转换成二进制数后是_____。
   A. 1011001.101   B. 1011011.101
   C. 1011001.110   D. 1010011.101

10. 十进制数 101 对应的二进制数、八进制数和十六进制数分别是_____。
    A. 1100101B、145Q 和 65H   B. 1100111B、143Q 和 63H
    C. 1011101B、145Q 和 67H   D. 1100101B、143Q 和 61H

11. 十进制算式 $7 \times 64 + 4 \times 8 + 4$ 的运算结果用二进制数表示为_____.
    A. 111001100   B. 111100100
    C. 110100100   D. 111101100

12. 下列四个不同进位制的数中,数值最大的是_____。
    A. 十进制数 84.5   B. 八进制数 124.2
    C. 二进制数 1010100.101   D. 十六进制数 54.8

13. 下列四个不同进位制的数中,数值最小的是_____。
    A. 十进制数 63.1   B. 二进制数 111111.101
    C. 八进制数 77.1   D. 十六进制数 3F.1

14. 以下选项中,其中相等的一组数是_____。
    A. 十进制数 54020 与八进制数 54732
    B. 八进制数 13657 与二进制数 1011110101111
    C. 八进制数 7324 与十六进制数 B93
    D. 十六进制数 F429 与二进制数 1011010000101001

15. 在计算机学科中,常用的数制系统有十进制、二进制、八进制和十六进制。下列数中,与十六进制数 BB 等值的八进制数是_____。
    A. 312   B. 273   C. 272   D. 313

16. PC 机中带符号整数有四种不同的长度,十进制整数 128 在 PC 中使用带符号整数表示时,至少需要用_____个二进位表示。
    A. 64   B. 8   C. 16   D. 32

17. PC 机中无符号整数有四种不同的长度，十进制整数 256 在 PC 中使用无符号整数表示时，至少需要用_____个二进位表示最合适。

    A. 32   B. 8   C. 16   D. 64

18. 存储在 U 盘和硬盘中的文字、图像等信息，都采用_____代码表示。

    A. 十进制   B. 二进制   C. 八进制   D. 十六进制

19. 关于带符号整数在计算机中表示方法的叙述中，_____是错误的。

    A. 负数的符号位是"1"

    B. 正整数采用补码表示，负整数采用原码表示

    C. 数值"0"使用全 0 表示

    D. 正整数采用原码表示，负整数采用补码表示

20. 若 10000000 是采用补码表示的一个带符号整数，该整数的十进制数值为_____。

    A. 128   B. −127   C. −128   D. 0

21. 若十进制数"−57"在计算机内表示为 11000111，则其表示方式为_____。

    A. ASCII 码   B. 反码   C. 原码   D. 补码

22. 若在一个非零的无符号二进制整数右边加两个零形成一个新的数，则其数值是原数值的_____。

    A. 二倍   B. 四分之一   C. 四倍   D. 二分之一

23. 数值、文字、图形、声音等不同的信息在计算机中的表示方法是不同的。在下列有关数值信息表示的叙述中，错误的是_____。

    A. 整数（也叫作"定点数"）分为无符号整数和带符号整数，其表示方法不同

    B. 计算机中的数值信息分成整数和实数两大类，其表示方法不同

    C. 相同长度的浮点数和定点数，前者可表示的数的范围要大得多

    D. 数值为负的整数，在计算机内通常使用"反码"表示

24. 无符号整数是计算机中最常用的一种数据类型，其长度（位数）决定了可以表示的正整数的范围。假设无符号整数的长度是 12 位，那么它可以表示的最大正整数是_____。

    A. 2048   B. 4096   C. 4095   D. 2047

25. 假设无符号整数的长度是 8 位，那么它可以表示的最大正整数是_____

    A. 256   B. 255   C. 512   D. 127

26. 已知 X 的补码为 10011000，则它的原码表示为_____。

    A. 01101000   B. 01100111   C. 10011000   D. 11101000

27. 下列关于比特的叙述中，错误的是_____。

    A. 比特的英文是 byte

    B. 比特可以表示文字、图像、声音等多种不同形式的信息

    C. 比特需要使用具有两个状态的物理器件进行表示和存储

    D. 比特是组成数字信息的最小单位

28. 下列十进制整数中，能用二进制 8 位无符号整数正确表示的是_____。

    A. 201   B. 296   C. 257   D. 312

29. 一个 8 位二进制带符号整数，其取值范围为_____。

    A. −128～128   B. −255～255   C. −256～256   D. −127～127

30. 整数"0"采用 8 位二进制补码表示时,只有一种表示形式,该表示形式为_____。
    A. 10000000　　　　B. 11111111　　　　C. 01111111　　　　D. 00000000

31. 在个人计算机中,带符号整数中负数是采用_____编码方法表示的 。
    A. 原码　　　　　　B. 反码　　　　　　C. 补码　　　　　　D. 移码

32. 在计算机中,8 位的二进制数可表示的最大无符号十进制数是_____。
    A. 128　　　　　　B. 255　　　　　　 C. 127　　　　　　 D. 256

33. 在网络上传输的文字、图像、声音等信息,都采用_____代码表示。
    A. 十进制　　　　　B. 八进制　　　　　C. 十六进制　　　　D. 二进制

34. 若 A=1100,B=1010,A 与 B 运算的结果是 1000,则其运算一定是_____。
    A. 算术加　　　　　B. 算术减　　　　　C. 逻辑加　　　　　D. 逻辑乘

35. 对于比特的运算而言,1100∨0101 的运算结果是_____。
    A. 10001　　　　　B. 1101　　　　　　C. 0111　　　　　　D. 0100

36. 计算机在进行以下运算时,高位的运算结果可能会受到低位影响的是_____操作。
    A. 两个数作"逻辑加"　　　　　　　　B. 两个数作"逻辑乘"
    C. 对一个数作按位"取反"　　　　　　D. 两个数"相减"

1.3　微电子技术简介

一、判断题

1. 集成电路可按包含的晶体管元件的数目分类,其中大规模集成电路的英文缩写是 VLSI。
    （　　）

2. 集成电路是计算机的硬件核心。它的特点是体积小,重量轻,可靠性高,但功耗很大。
    （　　）

3. 集成度小于 100 万个电子元件的集成电路称为小规模集成电路(SSI),超过 100 万个电子元件的集成电路称为大规模集成电路(LSI),按集成度可将集成电路分成这两类。（　　）

4. 集成电路是 20 世纪的重大发明之一,在此基础上出现了世界上第一台计算机 ENIAC。
    （　　）

5. 所谓集成电路,指的是在半导体单晶片上制造出含有大量电子元件和连线的微型化的电子电路或系统。　　　　　　　　　　　　　　　　　　　　　　　　　　　（　　）

6. 早期的电子技术以真空电子管为基础元件。　　　　　　　　　　　　　　　（　　）

7. 集成电路按用途可分为通用和专用两类,PC 机中的微处理器和存储器芯片属于专用集成电路。　　　　　　　　　　　　　　　　　　　　　　　　　　　　　　　（　　）

8. 目前,PC 机中的 CPU、芯片组、图形处理芯片等都是集成度超过百万甚至千万晶体管的超大规模和极大规模集成电路。　　　　　　　　　　　　　　　　　　　　　（　　）

9. 集成电路为个人计算机(PC)的快速发展提供了基础,目前 PC 机所使用的集成电路都属于大规模集成电路(LSI)。　　　　　　　　　　　　　　　　　　　　　　　（　　）

10. 集成电路的功能和工作速度主要取决于组成逻辑门电路的晶体管的尺寸:尺寸越小,速度越快;相同面积的晶片可容纳的晶体管就越多,功能就越强,速度也越快。　（　　）

11. 30 多年来,集成电路技术的发展,大体遵循着单块集成电路的集成度平均每 18～24 个月翻一番的规律,这就是著名的 Moore 定律。　　　　　　　　　　　　　　　（　　）

12. 集成电路的集成度与组成逻辑门电路的晶体管尺寸有关,尺寸越小,集成度越高。（　　）

13. 接触式 IC 卡必须将 IC 卡插入读卡机卡口中,通过金属触点传输数据。　　　(　　)

14. 非接触式 IC 卡利用电磁感应方式给芯片供电,实现无线传输数据。　　　(　　)

15. 公交 IC 卡利用无线电波传输数据,属于非接触式 IC 卡。　　　(　　)

16. 非接触式 IC 卡中自带纽扣电池供电,以实现数据的读写和传输。　　　(　　)

二、选择题

1. 下列是关于集成电路的叙述,其中错误的是_____。
 A. 集成电路是将大量晶体管、电阻及互连线等制作在尺寸很小的半导体单晶片上
 B. 现代集成电路使用的半导体材料通常是硅或砷化镓
 C. 集成电路根据它所包含的晶体管数目可分为小规模、中规模、大规模、超大规模和极大规模集成电路
 D. 集成电路按用途分为通用和专用两大类。微处理器和存储器芯片属于专用集成电路

2. 目前,个人计算机使用的电子元器件主要是_____。
 A. 晶体管　　　　　　　　　　B. 中小规模集成电路
 C. 大规模或超大规模集成电路　　D. 光电路

3. 可以从不同角度给集成电路分类,按照集成电路的_____可将其分为通用集成电路和专用集成电路两类。
 A. 晶体管数目　　B. 晶体管结构和电路 C. 工艺　　　　D. 用途

4. 关于集成电路(IC),下列说法中正确的是_____。
 A. 集成电路的发展导致了晶体管的发明
 B. 中小规模集成电路通常以功能部件、子系统为集成对象
 C. IC 芯片是个人计算机的核心器件
 D. 数字集成电路都是大规模集成电路

5. 集成电路根据其包含的电子元件数目可以分为多种类型。下列缩写所表示的集成电路中,集成度最高的是_____。
 A. VLSI　　　　　　B. MSI　　　　　　C. LSI　　　　　　D. ULSI

6. 在下列有关集成电路的叙述中,错误的是_____。
 A. 现代集成电路使用的半导体材料主要是硅
 B. 大规模集成电路一般以功能部件、子系统为集成对象
 C. 我国第 2 代居民身份证中包含有 IC 芯片
 D. 目前超大规模集成电路中晶体管的基本线条已小到 1 纳米左右

7. 下面关于集成电路的叙述中错误的是_____。
 A. 微电子技术以集成电路为核心
 B. 集成电路的许多制造工序必须在恒温、恒湿、超洁净的无尘厂房内完成
 C. 制造集成电路都需要使用半导体材料,使用的都是半导体硅材料
 D. 集成电路的工作速度与组成逻辑门电路的晶体管尺寸有密切关系

8. 微电子技术是信息技术领域中的关键技术,是发展现代信息产品和各项高技术的基础。下列有关叙述中,错误的是_____。
 A. Intel 公司的创始人之一摩尔曾预测,单块 IC 的集成度平均每一年翻一番
 B. 按集成电路所处理的信号来分,集成电路分为模拟集成电路和数字集成电路
 C. 集成电路(IC)是 20 世纪 50 年代出现的,它主要以半导体单晶片作为材料

D. 微电子技术是电子电路和电子系统超小型化和微型化的技术,以集成电路为核心

9. 近 30 年来微处理器的发展非常迅速,下面关于微处理器发展的叙述不准确的是_____。
   A. 微处理器中包含的晶体管越来越多,功能越来越强大
   B. 微处理器中 Cache 的容量越来越大
   C. 微处理器的指令系统越来越标准化
   D. 微处理器的性能价格比越来越高

10. 在下列有关微电子技术与集成电路的叙述中,错误的是_____。
    A. 微电子技术是以集成电路为核心的技术
    B. 集成度是指单个集成电路所含电子元件的数目
    C. Moore 定律指出,单个集成电路的集成度平均每 18～24 个月翻一番
    D. IC 卡中仅有存储器和处理器,卡中不可能存储有软件

11. 下列关于 IC 卡的叙述中,错误的是_____。
    A. IC 卡是"集成电路卡"的简称
    B. IC 卡又称为 Chip Card 或 Smart Card
    C. IC 卡不仅可以存储数据,还可以通过加密逻辑对数据进行加密
    D. 非接触式 IC 卡依靠自带电池供电

12. IC 卡是"集成电路卡"或"芯片卡"的简称,国外称为 Chip Card 或 Smart Card。下列有关 IC 卡的叙述中,错误的是_____。
    A. 长期以来我国使用的银行卡(磁卡)都是 IC 卡,卡中记录了用户信息和账户信息
    B. IC 卡通常是把 IC 芯片密封在塑料卡基片内部,成为能存储、处理和传递数据的载体
    C. 手机中使用的 SIM 卡是一种 CPU 卡,它可以在接入通信网络时进行身份认证,并可以对通话时的语音信息进行加密处理,防止窃听
    D. IC 卡既可以作为电子证件(如身份证),也可以作为电子钱包(如校园卡)使用

【微信扫码】
本章参考答案

第 2 章　计算机组成原理

2.1　计算机组成与分类

一、填空题

1. 从逻辑功能上讲,计算机硬件系统中最核心的部件是_____,它控制着内存储器、外存储器和 I/O 设备有条不紊地工作。

2. 从逻辑上(功能上)讲 PC 机,计算机的硬件主要由 CPU、_____、外存储器、输入/输出设备、系统总线与 I/O 端口等部件组成。

3. 用于在 CPU、内存、外存和各种输入/输出设备之间传输信息并协调它们工作的部件称为_____,它含传输线和控制电路。

4. 高性能的计算机一般都采用"并行计算技术",要实现此技术,至少应该有_____个 CPU。

5. 个人计算机分为_____和便携机两类,前者在办公室或家庭中使用,后者体积小,便于携带,又有笔记本和手持式计算机两种。

6. 根据计算机的性能、价格和用途进行分类,通常把计算机分为_____、大型机和个人计算机。

7. _____计算机大多包含数以百计、千计甚至万计的 CPU,它的运算处理能力极强,在军事和科研等领域有重要的作用。

8. 目前,高性能计算机大多采用并行处理技术,即在一台计算机中使用许多个_____实现超高速运算。

9. _____计算机是内嵌在其他设备中的计算机,它广泛应用于数码相机、手机和 MP3 等产品中。

二、判断题

1. 世界上第一台计算机 ENIAC,主要采用的是集成电路。　　　　　　　　　　（　　）

2. 微型计算机属于第 4 代计算机。　　　　　　　　　　　　　　　　　　　（　　）

3. 早期的电子电路以真空电子管作为其基础元件。　　　　　　　　　　　　（　　）

4. 从逻辑上讲,计算机硬件包括 CPU、内存储器、外存储器、输入设备和输出设备等,它们通过系统总线互相连接。　　　　　　　　　　　　　　　　　　　　　　　　　（　　）

5. 计算机硬件指的是计算机系统中所有实际物理装置和文档资料。　　　　　（　　）

6. 输入/输出设备,即 I/O 设备,是计算机与外界联系和沟通的桥梁。　　　（　　）

7. 计算机中往往有多个处理器,其中承担系统软件和应用软件运行任务的处理器,称为"中央处理器"。　　　　　　　　　　　　　　　　　　　　　　　　　　　　　　（　　）

8. 为了提高计算机的处理速度,计算机中可以包含多个 CPU,以实现多个操作的并行处理。
　　　　　　　　　　　　　　　　　　　　　　　　　　　　　　　　　　　（　　）

9. 一台计算机只能有一个处理器。　　　　　　　　　　　　　　　　　　　（　　）

10. 在 PC 机中,微处理器和中央处理器是完全等同的概念。   （   ）

11. 计算机的分类方法有多种,按照计算机的性能和用途来分类,台式机和便携机均属于传统的小型计算机。   （   ）

12. 智能手机、数码相机、MP3 播放器等产品中一般都含有嵌入式计算机。   （   ）

三、选择题

1. 从计算机诞生以来,计算机的应用模式发生了几次变化。目前,计算机的应用模式属于_____。

   A. 集中计算模式　　　B. 分散计算模式　　　C. 网络计算模式　　　D. 数据计算模式

2. 第一代计算机主要应用于_____。

   A. 数据处理　　　　　B. 工业控制　　　　　C. 人工智能　　　　　D. 科学计算

3. 关于计算机信息处理能力,下面叙述正确的是_____。

   ① 它不但能处理数据,而且还能处理图像和声音;② 它不仅能进行计算,而且还能进行分析推理;③ 信息存储容量大、存取速度快;④ 它能方便而迅速地与其他计算机交换信息。

   A. ①、②和④　　　　B. ①、③和④　　　　C. ①、②、③和④　　　D. ②、③、④

4. 就计算机对人类社会的进步与发展所起的作用而言,下列叙述中不够确切的是_____。

   A. 提高了人类物质生产水平和社会生产率

   B. 增强了人类认识自然以及开发、改造和利用自然的能力

   C. 改变着人们的工作方式与生活方式

   D. 创造了人类的新物质资源

5. 一般认为,电子计算机的发展已经历了 4 代,第 1～4 代计算机使用的主要元器件分别是_____。

   A. 电子管,晶体管,中、小规模集成电路,光纤

   B. 电子管,晶体管,中小规模集成电路,大规模或超大规模集成电路

   C. 晶体管,中小规模集成电路,激光器件,大规模或超大规模集成电路

   D. 电子管,数码管,中小规模集成电路,激光器件

6. 一般说来,计算机的发展经历了四代,"代"的划分是以计算机的_____为依据的。

   A. 运算速度　　　　　　　　　　　B. 应用范围

   C. 主机所使用的元器件　　　　　　D. 功能

7. 银行使用计算机和网络实现个人存款业务的通存通兑,这属于计算机在_____方面的应用。

   A. 辅助设计　　　　　B. 科学计算　　　　　C. 数据处理　　　　　D. 自动控制

8. 下列关于计算机组成的叙述中正确的是_____。

   A. 一台计算机内只有一个微处理器

   B. 外存储器中的数据是直接传送给 CPU 处理的

   C. 输出设备能将计算机中用"0"和"1"表示的信息转换成人可识别的形式

   D. I/O 控制器用来连接 CPU、内存、外存和各种输入、输出设备

9. 下列有关微型计算机的描述错误的是_____。

   A. 微型计算机中的微处理器就是 CPU

   B. 微型计算机的性能在很大程度上取决于 CPU 的性能

   C. 一台微型计算机中包含多个微处理器

   D. 微型计算机属于第四代计算机

10. 计算机硬件系统中指挥、控制计算机工作的核心部件是_____。
    A. 输入设备　　　B. 输出设备　　　C. 存储器　　　D. CPU

11. 计算机中采用多个CPU的技术称为"并行处理"，其目的是为了_____。
    A. 降低每个CPU性能　　　　　B. 提高处理速度
    C. 降低每个CPU成本　　　　　D. 扩大存储容量

12. 从计算机外部获取信息的设备称为_____。
    A. 读写设备　　　B. 外存储器　　　C. 输入设备　　　D. 输出设备

13. 从逻辑功能上讲，计算机硬件系统中最核心的部件是_____。
    A. 内存储器　　　B. 中央处理器　　　C. 外存储器　　　D. I/O设备

14. 下列有关计算机发展与分类的叙述中，错误的是_____。
    A. 第一代计算机是采用电子管作为主要元器件，其体积大、耗电高、运算速度慢
    B. 从硬件结构、配置和应用等角度看，平板电脑、智能手机可以归类于个人计算机，但通常情况下人们将其称为"移动终端"
    C. 嵌入式计算机的发展促进了各种消费电子产品的发展和更新换代，目前世界上10%左右的计算机都以嵌入方式在各种设备中运转
    D. PC机是20世纪80年代初由于单片微处理器的出现而开发成功的

15. 计算机的分类方法有多种，按照计算机的性能和用途分，台式机和便携机属于_____。
    A. 巨型计算机　　　B. 大型计算机　　　C. 嵌入式计算机　　　D. 个人计算机

16. 计算机有很多分类方法，按其字长和内部逻辑结构目前可分为_____。
    A. 专用机/通用机　　　　　B. 小型机/大型机/巨型机
    C. 16位/32位/64位机　　　　D. 服务器/工作站

17. 目前运算速度达到千万亿次/秒以上的计算机通常被称为_____计算机。
    A. 大型　　　B. 巨型　　　C. 小型　　　D. 个人

18. 天气预报往往需要采用_____计算机来分析和处理气象数据，这种计算机的CPU由数以百计、千计、万计的处理器组成，有极强的运算处理能力。
    A. 小型　　　B. 微型　　　C. 个人　　　D. 巨型

19. 下面关于个人计算机（PC）的叙述中，错误的是_____。
    A. 目前PC机中广泛使用的是奔腾、酷睿及其兼容的微处理器
    B. 个人计算机性能不高，大多用于学习和娱乐，很少应用于工作（商用）领域
    C. 个人计算机一般不能由多人同时使用
    D. Intel公司是国际上研制和生产微处理器最大的专业公司

20. 下列不属于个人计算机范围的是_____。
    A. 便携计算机　　　B. 刀片式服务器　　　C. 平板电脑　　　D. 台式计算机

21. 在带电脑控制的家用电器中，有一块用于控制家用电器工作流程的大规模集成电路芯片，它把处理器、存储器、输入/输出接口电路等都集成在一起，这块芯片称为_____。
    A. 芯片组　　　　　　　　　　B. 内存条
    C. 嵌入式计算机（微控制器）　　D. ROM

22. 在数码相机、MP3播放器中，使用的计算机通常称为_____。
    A. 手持式计算机　　　B. 工作站　　　C. 小型计算机　　　D. 嵌入式计算机

2.2　CPU 的结构与原理

一、填空题

1. CPU 是计算机硬件中的核心部件,主要由控制器、寄存器和_____三部分组成。

2. CPU 中,用于分析指令的含义,并控制指令执行的部件是_____。

3. CPU 主要由运算器和控制器组成,其中运算器用来对数据进行算术运算和_____运算。

4. PC 机存储体系中,直接与 CPU 相连、用来存放正在运行的程序以及待处理数据的部件是_____。

5. CPU 主要由运算器和控制器等组成,其中运算器用来对数据进行各种_____运算和逻辑运算。

6. 随着计算机的发展,其功能不断增强,结构越来越复杂,但基本工作原理仍然没有改变,都是基于数学家冯·诺依曼提出的_____原理进行工作的。

7. 计算机指令是一种使用_____代码表示的操作命令,它规定了计算机执行什么操作以及操作对象的位置。

8. 每一种不同类型的 CPU 都有自己独特的一组指令,一个 CPU 所能执行的全部指令称为_____系统。

9. 每种 CPU 都有自己的指令系统,某一类计算机的程序代码未必能在其他计算机上运行,这个问题称为"兼容性"问题。目前 AMD 公司生产的微处理器与 Intel 公司生产的微处理器是_____的。

10. 指令是一种使用二进制表示的命令语言(又称机器语言),它规定了计算机执行什么操作以及操作的对象,多数指令由_____和操作数(或操作数地址)组成。

11. Pentium 4 微处理器的外部数据线数目是 64 条,通用寄存器位数是 32 位,该微处理器的字长是_____位。

12. 对于巨型机和大型机,度量其 CPU 性能的指标之一是"MIPS",它的中文意义是_____/秒。

13. 快存 Cache 的有无与大小是影响 CPU 性能的重要因素之一。通常 Cache 容量越大,访问 Cache 命中率就越_____,CPU 速度就越快。

14. 计算机字长是指 CPU 中_____的宽度,即一次能同时进行二进制整数运算的位数。

二、判断题

1. CPU 所执行的指令和处理的数据都是直接从硬盘中取出,处理结果也直接存入硬盘。
（　　）

2. 微处理器通常以单片集成电路制成,具有运算和控制功能,但不具备数据存储功能。
（　　）

3. PC 机中的 CPU 不能直接执行硬盘中的程序。　　　　　　　　　　（　　）

4. 不同厂家生产的计算机一定互相不兼容。　　　　　　　　　　　　（　　）

5. 大部分 PC 机都使用 Intel 公司的微处理器作为 CPU,而许多平板电脑、智能手机使用的则是英国 ARM 公司设计的微处理器,它们的指令系统存在有很大差别。因此,它们互相不兼容。
（　　）

6. 指令采用二进位表示,它用来规定计算机执行什么操作。　　　　　（　　）

7. 在 CPU 内部,它所执行的指令都是使用 ASCII 字符表示的。　　　（　　）

8. 指令是控制计算机工作的二进位码,计算机的功能通过一连串指令的执行来实现。（　　）
9. 如果两台计算机采用相同型号的微处理器作为 CPU,那么这两台计算机完成同一任务的时间一定相同。　　　　　　　　　　　　　　　　　　　　　　　　　　　（　　）

三、选择题

1. CPU 中用来对数据进行各种算术运算和逻辑运算的部件是_____。
   　　A. 数据 Cache　　　　B. 运算器　　　　　C. 寄存器　　　　　D. 控制器
2. 根据"存储程序控制"的原理,准确地说计算机硬件各部件如何动作是由_____决定。
   　　A. CPU 所执行的指令　B. 操作系统　　　　C. 用户　　　　　　D. 控制器
3. 根据"存储程序控制"的工作原理,计算机执行的程序连同它所处理的数据都使用二进位表示,并预先存放在_____中。
   　　A. 运算器　　　　　B. 存储器　　　　　C. 控制器　　　　　D. 总线
4. 下列关于 CPU 结构的说法错误的是_____。
   　　A. 控制器是用来解释指令含义、控制运算器操作、记录内部状态的部件
   　　B. 运算器用来对数据进行各种算术运算和逻辑运算
   　　C. CPU 中仅仅包含运算器和控制器两部分
   　　D. 运算器可以有多个,如整数运算器和浮点运算器等
5. CPU 的工作就是执行指令。CPU 执行每一条指令都要分成若干步:①取指令、②指令译码、③取操作数、④执行运算、⑤保存结果等。正确的操作次序是_____。
   　　A. ①、②、③、④、⑤　　　　　　　　B. ①、②、④、③、⑤
   　　C. ②、①、③、④、⑤　　　　　　　　D. ①、②、⑤、③、④
6. CPU 执行每一条指令都要分成若干步:取指令、指令译码、取操作数、执行运算、保存结果等。CPU 在取指令阶段的操作是_____。
   　　A. 从内存储器(或 Cache)读取一条指令放入指令寄存器
   　　B. 从硬盘读取一条指令并放入内存储器
   　　C. 从内存储器读取一条指令放入运算器
   　　D. 从指令寄存器读取一条指令放入指令计数器
7. CPU 中包含了多个用来临时存放操作数和中间运算结果的存储装置,这种装置称为_____。
   　　A. 运算器　　　　　B. 寄存器组　　　　C. 前端总线　　　　D. 控制器
8. CPU 中用来对数据进行各种算术运算和逻辑运算的部件是_____。
   　　A. 寄存器组　　　　B. 控制器　　　　　C. 运算器　　　　　D. 总线
9. CPU 中用来解释指令的含义、控制运算器的操作、记录内部状态的部件是_____。
   　　A. CPU 总线　　　　B. 运算器　　　　　C. 寄存器　　　　　D. 控制器
10. CPU 主要由寄存器组、运算器和控制器等部分组成,其中控制器的基本功能是_____。
   　　A. 进行算术运算和逻辑运算
   　　B. 存储各种数据和信息
   　　C. 保持各种控制状态
   　　D. 指挥和控制各个部件协调一致地工作
11. 计算机的所有功能归根结底都是由 CPU 一条一条地执行_____来完成的。
   　　A. 键盘指令　　　　B. 用户命令　　　　C. 机器指令　　　　D. BIOS 程序

12. 迄今为止,我们所使用的计算机大多是_____提出的"存储程序控制"的原理进行工作的。
    A. 计算机之父冯·诺依曼(John von Neumann)
    B. 计算机科学之父图灵(A. M. Turing)
    C. 信息论创始人香农(C. E. Shannon)
    D. 控制论创始人维纳(N. Wiener)

13. 下列关于 CPU 结构的说法,错误的是_____。
    A. CPU 中仅仅包含运算器和控制器两部分
    B. 运算器是用来对数据进行各种算术运算和逻辑运算
    C. 控制器是用来解释指令含义、控制运算器操作、记录内部状态的部件
    D. 运算器可以有多个,如整数运算器和浮点运算器等

14. 下列哪部分不属于 CPU 的组成部分_____。
    A. 控制器   B. BIOS   C. 运算器   D. 寄存器

15. 下面是关于 PC 机 CPU 的若干叙述,其中错误的是 _____。① CPU 中包含几十个甚至上百个寄存器,用来临时存放数据和运算结果;② CPU 是 PC 机中不可缺少的组成部分,它担负着运行系统软件和应用软件的任务;③ CPU 的速度比主存储器低得多;④ PC 机中只有 1 个微处理器,它就是 CPU。
    A. ③和④   B. ①和③   C. ②和③   D. ②和④

16. 以下关于指令系统的叙述中,正确的是_____。
    A. 用于解决某一问题的一个指令序列称为指令系统
    B. 指令系统中的每条指令都是 CPU 可执行的
    C. 不同类型的 CPU,其指令系统是完全一样的
    D. 不同类型的 CPU 其指令系统完全不一样

17. 使用 Pentium 4 处理器作为 CPU 的计算机,无法完全执行_____所拥有的全部指令。
    A. 80386   B. Core 2   C. 8086   D. 80286

18. 指令是一种命令语言,它用来规定 CPU 执行什么操作以及操作对象所在的位置。指令大多是由_____两部分组成的。
    A. 操作码和操作数地址   B. ASCII 码和汉字码
    C. 运算符和寄存器号   D. 程序和数据

19. Pentium 4 处理器中的 Cache 是用 SRAM 组成的一种高速缓冲存储器,其作用是_____。
    A. 发挥 CPU 的高速性能   B. 扩大主存储器的容量
    C. 提高数据存取的安全性   D. 提高与外部设备交换数据的速度

20. 在下列有关目前 PC 机 CPU 的叙述中,错误的是 _____。
    A. CPU 芯片主要是由 Intel 公司提供的
    B. "双核"是指 PC 机主板上含有两个独立的 CPU 芯片
    C. Pentium 4 微处理器的指令系统由数百条指令组成
    D. Pentium 4 微处理器中包含一定容量的 Cache 存储器

21. CPU 的 Cache 中的数据是_____中部分内容的映射。
    A. 硬盘   B. 软盘   C. 外存   D. 主存

22. CPU 的性能表现为它每秒钟能执行的指令数目。下面_____是提高 CPU 性能的有效

措施。① 增加 CPU 中寄存器的数目;② 提高 CPU 的主频;③ 增加高速缓存(Cache)的容量;④ 扩充磁盘存储器的容量。

    A. ①、②和③   B. ①、③和④   C. ②、③和④   D. ①和④

23. CPU 的性能主要表现在程序执行速度的快慢,_____是决定 CPU 性能优劣的重要因素之一。

    A. 内存容量的大小 B. 主频的高低   C. 功耗的大小   D. 价格

24. 计算机性能在很大程度上由 CPU 决定,CPU 性能主要表现在执行程序的速度。下列有关 CPU 性能指标的叙述中,错误的是_____。

    A. 人们在测试个人计算机性能时,通常使用度量 CPU 性能指标的 MIPS、MFLOPS 高低来表示个人计算机性能的高低

    B. 字长指的是 CPU 中通用寄存器/定点运算器的宽度,CPU 可访问的最大内存空间与其密切相关

    C. CPU 总线(前端总线)的工作频率与数据线宽度决定着 CPU 与内存之间传输数据的速度快慢

    D. CPU 主频是指 CPU 中电子线路的工作频率,它决定着 CPU 芯片内部数据传输与操作速度

25. 若一台计算机的字长为 32 位,则表明该计算机_____。

    A. CPU 总线的数据线共 32 位

    B. 在 CPU 中定点运算器和寄存器为 32 位

    C. 能处理的数据最多由 4 个字节组成

    D. 在 CPU 中运算的结果最大为 2 的 32 次方

26. 为了提高计算机中 CPU 的性能,可以采用多种措施,但以下措施中_____没有直接效果。

    A. 使用多个 ALU   B. 增大外存的容量   C. 提高主频   D. 增加字长

27. 以下_____与 CPU 的性能有关。①工作频率②指令系统③Cache 容量④运算器的逻辑结构

    A. 只有①   B. 只有①和②

    C. ①、②、③和④   D. 除③以外①、②和④

28. 下列有关个人计算机(包括台式机、笔记本电脑、平板电脑和智能手机)使用的微处理器的叙述中,错误的是_____。

    A. 目前平板电脑和智能手机均采用 ARM 处理器,其 CPU 芯片均由英国 ARM 公司提供

    B. 目前广泛使用的 Core i3/i5/i7 处理器均是 64 位的多内核 CPU 芯片,出自 Intel 公司

    C. 目前 PC 机使用的 CPU 芯片主要由 Intel 公司和 AMD 公司提供

    D. 目前平板电脑和智能手机采用的 CPU 芯片大多数是 32/64 位的多内核芯片

29. 某 PC 机广告中标有"Core i7/3.2 GHz/4 G/1 T",其中 Core i7/3.2 GHz 的含义为_____。

    A. CPU 的型号和内存容量   B. 微机的品牌和 CPU 的主频

    C. CPU 的型号和主频   D. 微机的品牌和内存容量

30. 销售广告标为"P4/1.5 G/512 MB/80 G"的一台个人计算机,其 CPU 的时钟频率是_____。

    A. 4 MHz   B. 1500 MHz   C. 512 MHz   D. 80000 MHz

2.3　主板、内存和 I/O

一、填空题

1. PC 机物理结构中，_____几乎决定了主板的功能，从而影响到整个计算机系统性能的发挥。

2. 从 PC 机的物理结构来看，将主板上 CPU 芯片、内存条、硬盘接口、网络接口、PCI 插槽等连接在一起的是_____。

3. 从 PC 机的物理结构来看，芯片组是 PC 机主板上各组成部分的枢纽，它连接着_____、内存条、硬盘接口、网络接口、PCI 插槽等，主板上的所有控制功能几乎都由它完成。

4. "基本输入/输出系统"是存放在主板上 ROM 中的一组机器语言程序，具有启动计算机工作、诊断计算机故障、控制低级输入/输出操作的功能，其英文缩写是_____。

5. 基本输入/输出系统(BIOS)包括 4 个部分的程序，即加电自检程序、系统主引导记录的装入程序、_____设置程序、基本外围设备驱动程序。

6. 键盘、显示器、软驱和硬盘等常用外围设备的 I/O 控制程序也称为_____，通常预先存放在 ROM 中，成为 BIOS 的一个组成部分。

7. 一般情况下，计算机加电后，操作系统可以从硬盘装载到内存中，这是由于执行了固化在 ROM 中的_____。(填英文缩写词)

8. CMOS 芯片中存储了用户对计算机硬件所设置的系统配置信息，如系统日期时间和机器密码等。在机器电源关闭后，CMOS 芯片由_____供电可保持芯片内存储的信息不丢失。

9. 用户为了防止他人使用自己的 PC 机，可以通过_____设置程序对系统设置一个开机密码。

10. PC 机中的日期和时间信息保存在主板上的_____存储器中，关机后也不会丢失。

11. 在启动 PC 机的过程中，用户可以按下键盘的特定键运行存储在 BIOS 中的_____程序，从而修改 CMOS 芯片中保存的系统配置信息。

12. 现代计算机的存储体系结构由内存和外存构成，内存包括寄存器、_____和主存储器，它们用半导体集成电路芯片作存储介质。

13. 在 RAM, ROM, PROM, CD-ROM 四种存储器中，_____是易失性存储器。

14. 半导体存储器芯片可以分为 DRAM 和 SRAM 两种，PC 机中内存条一般由其中的_____芯片组成。

15. 半导体存储芯片，主要可分为 DRAM 和 SRAM 两种，其中_____适合用作 Cache 存储器。

16. 如果需要计算机运行存放在磁盘上的程序，必须先将程序调入_____，然后才能由 CPU 执行程序。

17. PC 机的主存储器是由许多 DRAM 芯片组成的，目前其完成一次存取操作所用时间大约是几十个_____。

18. 半导体存储器芯片按照是否能随机读写，分为_____和 ROM(只读存储器)两大类。它的中文全称是_____存储器。

19. 存储器分为内存储器和外存储器，它们中存取速度快而容量相对较小的是_____。

20. Pentium 4 处理器使用 36 根地址线，理论上它能访问最大物理存储空间为_____GB。

21. 内存容量 1 GB 等于_____MB。

22. 从 CPU 给出主存储器地址开始,主存储器完成读出或写入数据所需要的时间称为这个主存储器的_____时间。

23. 内存条的镀金触点分布在内存条的____面,所以又被称为双列直插式(DIMM)内存条。

24. 在 PC 机中地址线数目决定了 CPU 可直接访问的存储空间大小,若计算机地址线数目为20,则能访问的存储空间大小为_____ MB。

二、判断题

1. PC 的主板又称为母板,通常安装有 CPU 插座(或插槽)、芯片组、存储器插槽、扩充卡插槽、显卡插槽、BIOS、CMOS、I/O 插口等。   (   )

2. PC 机中几乎所有部件和设备都以主板为基础进行安装和互相连接,主板的稳定性影响着整个计算机系统的稳定性。   (   )

3. 主板上的芯片组是 PC 机各组成部分相互连接和通信的枢纽,它既实现了 PC 机总线控制的功能,又提供了各种 I/O 接口及相关的控制。   (   )

4. 主板上所能安装的内存最大容量、速度及可使用的内存条类型通常由芯片组决定。(   )

5. 由于计算机通常采用"向下兼容方式"来开发新的处理器,所以,Pentium 和 Core 系列的 CPU 都使用相同的芯片组。   (   )

6. 在 PC 机中硬盘与主存之间的数据传输必须经由 CPU 才能进行。   (   )

7. 计算机启动时有两个重要的部件在发挥作用,即 BIOS 芯片和 CMOS 芯片,实际上它们是同一芯片,只是说法不同而已。   (   )

8. 若某台 PC 机主板上的 CMOS 信息丢失,则该机器将不能正常运行,此时只要将其他计算机中的 CMOS 信息写入后,该机器便能正常运行。   (   )

9. CMOS 存储器中存放了用户对计算机硬件设置的一些参数,其内容包括系统的日期和时间、软盘和硬盘驱动器的数目、类型及参数等。   (   )

10. PC 机每一次重新安装操作系统后都要启动"CMOS 设置程序"对系统配置信息进行设置。   (   )

11. PC 机主板上的芯片组是各组成部分的枢纽,Pentium4 CPU 所使用的芯片组只包括 BIOS 和 CMOS 两个集成电路。   (   )

12. 计算机的存储器分为内存储器和外存储器,这两类存储器的本质区别是内存储器在机箱内部,而外存储器在机箱外部。   (   )

13. 为了使存储器的性能/价格比得到优化,计算机中各种存储器组成一个层次结构,如 PC 机中通常有寄存器、Cache、主存储器、硬盘等多种存储器。   (   )

14. 现代计算机的存储体系结构由内存和外存构成,内存包括寄存器、Cache、主存储器和硬盘,它们读写速度快,生产成本高。   (   )

15. 一般来说,Cache 的速度比主存储器的速度要慢。   (   )

16. 在 PC 中,存取速度由快到慢依次排列为:主存、Cache、光盘和硬盘。   (   )

17. MOS 型半导体存储器芯片可以分为 DRAM 和 SRAM 两种,其中 SRAM 芯片的电路简单,集成度高,成本较低,一般用于构成主存储器。   (   )

18. 存储器有"记忆"功能,因此任何存储器中的信息断电后都不会丢失。   (   )

19. 主存储器在物理结构上由若干插在主板上的内存条组成。目前,内存条上的芯片一般选用 DRAM 而不采用 SRAM。   (   )

20. 存取周期为 10 ns 的主存储器,其读出数据的时间是 10 ns,但写入数据的时间远远大于 10 ns。   (   )

21. 当前 PC 流行的内存条是双列直插式内存条,简称 SIMM 内存条。　　　　　　　(　　)

22. 高速缓存(Cache)可以看作主存的延伸,与主存统一编址,接受 CPU 的访问,但其速度要比主存高得多。　　　　　　　　　　　　　　　　　　　　　　　　　　　　(　　)

23. 计算机主存含有大量的存储单元,每个存储单元都可以存放 8 个 Byte。　　　　(　　)

24. 联想、Dell 等品牌机的内存容量是不可以扩充的。　　　　　　　　　　　　(　　)

25. CPU 芯片与内存条之间是存储器总线,它的传输速度直接影响着系统的性能。　(　　)

26. 总线带宽是衡量总线性能的重要指标之一,它指的是总线中数据线的宽度,用二进位数目来表示(如 16 位、32 位总线)。　　　　　　　　　　　　　　　　　　　(　　)

27. 随着集成电路的发展和计算机设计技术的进步,有些主板的芯片组已经集成了许多扩充卡(如声卡、网卡、显示卡)的功能,因此一般情况下就不需要再插接相应的适配卡。　(　　)

28. PC 机的常用外围设备,如显示器、硬盘等,都通过 PCI 总线插槽连接到主板上。　(　　)

29. USB 接口可以为使用 USB 接口的 I/O 设备提供+5 V 的电源。　　　　　　(　　)

30. USB 接口是一种传输速率高的 I/O 接口,它符合即插即用规范,可以进行热插拔。
　　　　　　　　　　　　　　　　　　　　　　　　　　　　　　　　(　　)

31. USB 接口是一种高速的并行接口。　　　　　　　　　　　　　　　　　(　　)

32. USB 是一种通用的串行接口,通常连接的设备有移动硬盘、U 盘、鼠标器、扫描仪等。(　　)

33. 串行 I/O 接口一次只能传输一位数据,并行接口一次传输多位数据,因此,串行接口用于连接慢速设备,并行接口用于连接快速设备。　　　　　　　　　　　　　(　　)

34. 计算机有很多 I/O 接口,用来连接不同类型的 I/O 设备,但同一种 I/O 接口只能连接同一种设备。　　　　　　　　　　　　　　　　　　　　　　　　　　　(　　)

35. 为了方便地更换和扩充 I/O 设备,计算机系统中的 I/O 设备一般都是通过 I/O 接口(I/O 控制器)与主机连接的。　　　　　　　　　　　　　　　　　　　　　(　　)

36. 为了提高系统的效率,I/O 操作与 CPU 的数据处理操作是并行进行的。　　　(　　)

三、选择题

1. PC 机的主板也称为主机板、系统板、母板等,是最基本的也是最重要的部件之一。下列有关 PC 机主板的叙述中,错误的是_____。
   A. 主板的尺寸大小没有任何标准,均由各主板生产厂商决定,因而主板的大小多种多样
   B. 目前主板上的扩充卡插槽主要是 PCI 总线插槽,有 PCI、PCI - Ex1、PCI - Ex16 等标准
   C. 主板上通常安装有 CPU 插座、芯片组、存储器插槽、扩充卡插槽、BIOS 和 CMOS 芯片等
   D. 主板上的 CMOS 芯片是一种易失性存储器,它由主板上的电池供电,所以关机后其信息不会丢失

2. 计算机硬件往往分为主机与外设两大部分,下列存储器设备中_____属于主机部分。
   A. 硬盘存储器　　　　B. U 盘存储器　　　　C. 内存储器　　　　D. 光盘存储器

3. 下面关于 PC 机主板的叙述中,错误的是_____。
   A. 芯片组是主板的重要组成部分,大多 I/O 控制功能是由芯片组提供
   B. CPU 和内存条均通过相应的插座(槽)安装在主板上
   C. 为便于安装,主板的物理尺寸已标准化
   D. 硬盘驱动器也安装在主板上

4. 下面关于台式 PC 机主板的叙述中,错误的是_____。
   A. 主板上通常包含 PCI - E 插槽

B. 主板上通常包含 IDE 插座和与之相连的光驱

C. 主板上通常包含 CPU 插座和芯片组

D. 主板上通常包含存储器(内存条)插槽和 ROM BIOS

5. 右图是某种 PC 机主板的示意图,其中 1、2 和 3 分别是_____。插图:

A. CPU 插槽、I/O 接口和内存插槽

B. CPU 插槽、I/O 接口和 SATA 接口

C. I/O 接口、SATA 接口和 CPU 插槽

D. SATA 接口、CPU 插槽和 CMOS 存储器

6. 在台式 PC 机中,CPU 芯片是通过_____安装在主板上的。

A. I/O 接口   B. CPU 插座

C. PCI(PCI - E)总线槽   D. AT 总线槽

7. _____决定了 PC 机主板上所能安装主存储器的最大容量、速度及可使用存储器的类型。

A. 串行口   B. 芯片组   C. 并行口   D. CPU 的系统时钟

8. 芯片组(chipset)是 PC 机各组成部分相互连接和通信的枢纽。下列有关芯片组的叙述中,错误的是_____。

A. 芯片组决定了主板上能安装的内存的最大容量、速度及可以使用的内存条类型

B. 芯片组通常插入主板的插槽中,用户可以很方便、很简单地更换主板上的芯片组

C. 为了降低成本,目前芯片组中集成了越来越多的功能,包括声卡、网卡等

D. 芯片组是与 CPU 芯片及外设同步发展的,有什么样功能和速度的 CPU,就需要使用相对应的芯片组

9. 在采用北桥、南桥芯片组主板的 PC 机上,所能安装的主存储器最大容量及可使用的内存条类型,主要取决于_____。

A. CPU 主频   B. 南桥芯片   C. 北桥芯片   D. I/O 总线

10. PC 机加电启动执行了 BIOS 中的 POST 程序后,若系统无致命错误,计算机将执行 BIOS 中的_____。

A. CMOS 设置程序   B. 系统主引导记录的装入程序

C. 基本外围设备的驱动程序   D. 检测程序

11. 计算机启动时,装入程序将引导程序装入内存,并执行引导程序把_____程序装入主存储器。

A. 系统功能调用   B. 编译系统   C. 操作系统   D. 服务性程序

12. BIOS 的中文名叫作基本输入/输出系统。下列说法中错误的是_____。

A. BIOS 是固化在主板上的 ROM 中的程序

B. BIOS 中包含系统自举(装入)程序

C. BIOS 中包含加电自检程序

D. BIOS 中的程序是汇编语言程序

13. 在计算机加电启动过程中,1. 加电自检程序、2. 操作系统、3. 引导程序、4. 自举装入程序,这四个部分程序的执行顺序为_____。

A. 1、2、3、4   B. 1、3、2、4   C. 3、2、4、1   D. 1、4、3、2

14. BIOS 的中文名叫作基本输入/输出系统。下列说法中错误的是_____。
    A. BIOS 中包含加电自检程序
    B. BIOS 中的程序是可执行的二进制程序
    C. BIOS 是存放在主板上 CMOS 存储器中的程序
    D. BIOS 中包含系统主引导记录的装入程序

15. PC 机加电启动时,计算机首先执行 BIOS 中的第一部分程序,其目的是_____。
    A. 测试 PC 机各部件的工作状态是否正常
    B. 读出引导程序,装入操作系统
    C. 从硬盘中装入基本外围设备的驱动程序
    D. 启动 CMOS 设置程序,对系统的硬件配置信息进行修改

16. PC 机加电启动时所执行的一组指令是永久性地存放在_____中的。
    A. ROM　　　　　B. CPU　　　　　C. RAM　　　　　D. 硬盘

17. PC 机正在工作时,若按下主机箱上的 Reset(复位)按钮,PC 机将立即停止当前工作,转去重新启动计算机,此时计算机首先执行的是_____程序。
    A. Windows　　　　B. 应用程序保护　　　C. BIOS　　　　D. CMOS 设置

18. 关于 PC 机主板上的 CMOS 芯片,下面说法中,正确的是_____。
    A. CMOS 芯片用于存储加电自检程序
    B. CMOS 芯片需要一个电池给它供电,否则其中的数据在主机断电时会丢失
    C. CMOS 芯片用于存储 BIOS,是易失性的
    D. CMOS 芯片用于存储计算机系统的配置参数,它是只读存储器

19. 键盘、显示器和硬盘等常用外围设备在操作系统启动时都需要参与工作,所以它们的基本驱动程序都必须预先存放在_____中。
    A. RAM　　　　　B. CPU　　　　　C. 硬盘　　　　　D. BIOS ROM

20. 下面是关于 BIOS 的一些叙述,正确的是_____。
    A. BIOS 是存放于 ROM 中的一组高级语言程序
    B. BIOS 中含有系统工作时所需要的全部驱动程序
    C. BIOS 系统由加电自检程序,系统主引导记录的装入程序,CMOS 设置程序,基本外围设备的驱动程序组成
    D. 没有 BIOS 的 PC 机也可以正常启动工作

21. CMOS 存储器中存放了计算机的一些参数和信息,其中不包含在内的是_____。
    A. 硬盘数目与容量　　　　　　　　B. 开机的密码
    C. 当前的日期和时间　　　　　　　D. 基本外围设备的驱动程序

22. PC 机中的系统配置信息如硬盘的参数、当前时间、日期等,均保存在主板上使用电池供电的_____存储器中。
    A. Flash　　　　　B. ROM　　　　　C. CMOS　　　　　D. Cache

23. 下列是关于 CMOS 的叙述,错误的是_____。
    A. CMOS 是一种非易失性存储器,其存储的内容是 BIOS 程序
    B. 用户可以更改 CMOS 中的信息
    C. CMOS 中存放有机器工作时所需的硬件参数
    D. CMOS 是一种易失性存储器,关机后需电池供电

24. 目前存放 BIOS 的 ROM 大都采用_____。
    A. DRAM
    B. 闪存(Flash ROM)
    C. 超级 I/O 芯片
    D. 双倍数据速率(DDR)SDRAM

25. 关于 BIOS 及 CMOS,下列说法中,错误的是_____。
    A. CMOS 中存放着基本输入/输出设备的驱动程序
    B. BIOS 是 PC 机软件最基础的部分,包含加载操作系统和 CMOS 设置等功能
    C. CMOS 存储器是易失性存储器
    D. BIOS 存放在 ROM 中,是非易失性的,断电后信息也不会丢失

26. 下列有关 PC 机主板上的芯片组、BIOS 和 CMOS 存储器的叙述中,错误的是_____。
    A. 传统的芯片组分为北桥芯片和南桥芯片,前者是存储控制中心、后者是 I/O 控制中心
    B. CMOS 存储器存放着与计算机系统相关的一些配置信息,用户不可能更改其中的信息
    C. 芯片组的性能参数包括适用的 CPU 类型、适用的存储器类型和可支持的最大容量、支持的 I/O 接口类型与数目等
    D. BIOS 是存储在主板上闪速存储器中的一组机器语言程序,它是 PC 机软件中最基础的部分,没有它机器就无法启动

27. 下列说法中,只有_____是正确的。
    A. ROM 是只读存储器,其中的内容只能读一次
    B. 外存中存储的数据必须先传送到内存,然后才能被 CPU 进行处理
    C. 硬盘通常安装在主机箱内,所以硬盘属于内存
    D. 任何存储器都有记忆能力,即其中的信息永远不会丢失

28. 存储器可以分为内存与外存,下列存储器中_____属于外存储器。
    A. 高速缓存(Cache)
    B. 硬盘存储器
    C. 显示存储器
    D. CMOS 存储器

29. 关于内存储器,下列说法正确的是_____。
    A. 内存储器与外存储器相比,存取速度慢、价格便宜
    B. 内存储器和外存储器是统一编址的,字是存储器的基本编址单位
    C. 内存储器与外存储器相比,存取速度快、价格贵
    D. RAM 和 ROM 在断电后信息将全部丢失

30. 计算机存储器采用多层次塔状结构是为了_____。
    A. 方便保存大量数据
    B. 操作方便
    C. 减少主机箱的体积
    D. 解决存储器在容量、价格和速度三者之间的矛盾

31. 计算机的层次式存储器系统是指_____。
    A. ROM 和 RAM
    B. 软盘、硬盘和磁带
    C. 软盘、硬盘和光盘
    D. Cache、主存储器、外存储器和后备存储器

32. 内存相对于外存来说,内存具有_____的特点。
    A. 容量大、存取速度慢
    B. 容量小、存取速度快

  C. 容量大、存取速度快　　　　　　　　　D. 容量小、存取速度慢

33. 下列存储器从存取速度看,由快到慢依次是_____。

  A. 内存、Cache、光盘和硬盘　　　　　　B. 内存、Cache、硬盘和光盘

  C. Cache、内存、光盘和硬盘　　　　　　D. Cache、内存、硬盘和光盘

34. 下列存储器中,存取速度最快的是_____。

  A. 光盘　　　　　B. 寄存器　　　　　C. 内存　　　　　D. 硬盘

35. 在下列存储器中,CPU 能从其中直接读出所需操作数的存储器是_____。

  A. CD-ROM　　　B. U 盘　　　　　C. DRAM　　　　D. 硬盘

36. 下面关于 DRAM 和 SRAM 芯片的说法,正确的是_____。① SRAM 比 DRAM 存储电路简单、② SRAM 比 DRAM 成本高、③ SRAM 比 DRAM 速度快、④ SRAM 需要刷新,DRAM 不需要刷新

  A. ①和②　　　　B. ②和③　　　　C. ③和④　　　　D. ①和④

37. 下列各类存储器中,_____在断电后其中的信息不会丢失。

  A. Flash ROM　　B. 寄存器　　　　C. Cache　　　　D. DDR SDRAM

38. 以下说法中正确的是_____。

  A. PC 机中大多使用闪存来存储 BIOS 程序,闪存还可使用在数码相机和 U 盘中

  B. SRAM 是静态随机存取存储器,容量小,速度快,需要定时刷新

  C. ROM 即使断电数据也不会丢失,可永久存放数据,但其内容无法进行修改

  D. 主板上的 CMOS 芯片属于 ROM 存储器,它用于存放计算机系统的一些重要参数

39. 高速缓存 Cache 处在主存和 CPU 之间,它的速度比主存_____,容量比主存小,它最大的作用在于弥补 CPU 与主存在_____上的差异。

  A. 慢、速度　　　B. 慢、容量　　　C. 快、速度　　　D. 快、容量

40. 计算机内存储器容量的计量单位之一是 MB,它相当于_____ B。

  A. 2 的 10 次方　　B. 2 的 20 次方　　C. 2 的 30 次方　　D. 2 的 40 次方

41. 计算机硬件系统中地址总线的宽度(位数)对_____影响最大。

  A. 存储器的访问速度　　　　　　　　　B. CPU 直接访问的存储器空间大小

  C. 存储器的字长　　　　　　　　　　　D. 存储器的稳定性

42. 下列关于 Cache 与主存的关系的描述中,不正确的是_____。

  A. Cache 的速度几乎与 CPU 一致

  B. CPU 首先访问 Cache,若缺少所需数据或指令才访问主存

  C. Cache 中的数据是主存中部分数据的副本

  D. 程序员可以根据需要调整 Cache 容量的大小

43. 下面关于主存的几种说法正确的是_____。

  ① 主存储器的存储单元的长度为 32 位;② 主存储器使用动态随机存取存储器芯片(DRAM)组成;③ 目前 PC 机主存容量大多数在 80 GB 左右;④ PC 机主存容量一般是可以扩大的。

  A. ①和③　　　　B. ②和③　　　　C. ②和④　　　　D. ②、③和④

44. 在下列四种 PC 机主存储器类型中,目前常用的是_____。

  A. EDO DRAM　　B. SDRAM　　　　C. RDRAM　　　　D. DDR SDRAM

45. 主存容量是影响 PC 机性能的要素之一,通常容量越大越好。但其容量受到下面多种因素的制约,其中不影响内存容量的因素是_____。
    A. CPU 数据线的宽度
    B. 主板芯片组的型号
    C. 主板存储器插座类型与数目
    D. CPU 地址线的宽度

46. CPU 执行指令过程中需要从存储器读取数据时,数据搜索的先后顺序是_____。
    A. DRAM、Cache 和硬盘
    B. DRAM、硬盘和 Cache
    C. 硬盘、DRAM 和 Cache
    D. Cache、DRAM 和硬盘

47. 大多数情况下人们并不严格区分内存、主存和 RAM 这三个不同的名称,而是根据使用场合理解其含义。在下列相关叙述中,错误的是_____。
    A. PC 机中广泛使用 DDR2、DDR3 内存条,其最大数据传输速率为几 Gb/s 和十几 Gb/s
    B. 内存与 CPU 高速相连,所存储的程序和数据可以被 CPU 直接运行和处理
    C. RAM 是指非易失性的只读存储器,它通常由闪速存储器构成
    D. 主存主要是由 DRAM 芯片组成,在物理结构上由若干内存条组成

48. 某计算机内存储器容量是 2 GB,则它相当于_____MB。
    A. 2000
    B. 1000
    C. 1024
    D. 2048

49. 在 PC 机中 RAM 内存储器的编址单位是_____。
    A. 1 个二进制位
    B. 1 个字
    C. 1 个扇区
    D. 1 个字节

50. 下面有关计算机 I/O 操作的叙述中,错误的是_____。
    A. I/O 设备的种类多,性能相差很大,与计算机主机的连接方法也各不相同
    B. 为了提高系统的效率,I/O 操作与 CPU 的数据处理操作通常是并行的
    C. 所有 I/O 设备的操作都是由 CPU 全程控制的
    D. 多个 I/O 设备能同时进行工作

51. I/O 操作是计算机中最常见的操作之一,下列有关 I/O 操作的叙述中错误的是_____。
    A. I/O 操作的任务是将输入设备输入的信息送入主机,或者将主机中的内容送到输出设备输出
    B. PCI-E 是 PC 扩充卡接口的一种新标准,以点对点方式高速串行传输
    C. I/O 操作与 CPU 的数据处理操作通常是并行进行的
    D. 不论哪一种 I/O 设备,它们的 I/O 控制器都相同

52. 下面有关 PCI-E 总线的叙述中错误的是_____。
    A. PCI-E 总线是一种 I/O 总线
    B. PCI-E 总线数据线宽度比 PCI 总线宽。
    C. PCI-E 支持热插拔
    D. PCI-E 包括×1、×4、×8 和×16 多种规格

53. 现在 PC 机主板集成了许多部件,下面的_____部件一般不集成在主板上。
    A. 声卡
    B. PCI 总线
    C. 电源
    D. 网卡

54. 若台式 PC 机需要插接网卡,则网卡应插入到 PC 机主板上的_____内。
    A. 内存插槽
    B. PCI 总线扩展槽
    C. AGP 插槽
    D. IDE 插槽

55. 下面关于 I/O 操作的叙述中,错误的是_____。
    A. I/O 设备的操作是由 I/O 控制器负责全程控制的
    B. I/O 设备的操作是由 CPU 启动的

C. 同一时刻计算机中只能有一个I/O设备进行工作

D. I/O设备的工作速度比CPU慢

56. 下面关于PC机I/O总线的说法中不正确的是_____。

A. 总线上有三类信号:数据信号、地址信号和控制信号

B. I/O总线的数据传输速率较高,可以由多个设备共享

C. I/O总线用于连接PC机中的主存储器和Cache存储器

D. 目前在PC机中广泛采用的I/O总线是PCI(PCI—E)总线

57. 下面有关I/O操作的说法中正确的是_____。

A. 为了提高系统的效率,I/O操作与CPU的数据处理操作通常是并行进行的

B. CPU执行I/O指令后,直接向I/O设备发出控制命令,I/O设备便可进行操作

C. 某一时刻只能有一个I/O设备在工作

D. 各类I/O设备与计算机主机的连接方法基本相同

58. Core i7通过_____与内存进行数据的交换。

A. 指令预取部件 B. 算术逻辑部件 C. 存储器总线 D. 地址转换部件

59. 使用Pentium 4作为CPU的PC机中,CPU访问主存储器是通过_____进行的。

A. USB总线 B. PCI总线

C. I/O总线 D. CPU总线(前端总线)

60. 下面有关计算机输入/输出操作的叙述中,错误的是_____。

A. 两个或多个输入/输出设备可以同时进行工作

B. 计算机输入/输出操作比CPU的速度慢得多

C. 在进行输入/输出操作时,CPU必须停下来等候I/O操作的完成

D. 每个(或每类)输入/输出设备都有各自专用的控制器

61. 自20世纪90年代起,PC机使用的I/O总线类型主要是_____,它可用于连接中、高速外部设备,如以太网卡、声卡等。

A. PCI(PCI—E) B. VESA C. PS/2 D. ISA

62. 总线的带宽指的是_____。

A. 总线的频率 B. 总线上传输数据的位数

C. 总线的最高数据传输速率 D. 总线的数据线宽度

63. 总线最重要的性能是它的传输速率,也称为"带宽"。在一个32位的总线系统中,若时钟频率为200 MHz,总线数据周期为1个时钟周期传输1次,那么该总线的数据传输速率为_____。

A. 200 Mb/s B. 1600 Mb/s C. 400 Mb/s D. 800 Mb/s

64. 总线最重要的性能指标是它的带宽。若总线的数据线宽度为16位,总线的工作频率为133 MHz,每个总线周期传输一次数据,则其带宽为_____。

A. 266 Mb/s B. 2128 Mb/s C. 133 Mb/s D. 16 Mb/s

65. PC机的机箱上常有很多接口用来与外围设备进行连接,其中不包含下面的_____接口。

A. VGA B. PS/2 C. PCI D. USB

66. 对于需要高速传输大量音频和视频数据的情况,以下所列设备接口首选的是_____。

A. IDE接口 B. IEEE—1394b接口 C. SCSI接口 D. PS/2接口

67. 若台式 PC 机需要插接一块无线网卡,则网卡应插入到 PC 机主板上的_____内。
    A. 内存插槽
    B. PCI 或 PCI－E 总线扩展槽
    C. SATA 插口
    D. IDE 插槽

68. 关于 PCI 总线的说法中错误的是_____。
    A. PCI 总线是一种 I/O 总线
    B. PCI 总线的宽度为 32 位,没有 64 位
    C. PCI 总线可同时支持多个外围设备
    D. PCI 总线与其他 I/O 总线可共存于 PC 系统中

69. 外接的数字摄像头与计算机的连接,一般采用_____接口。
    A. USB 或 IEEE1394 B. COM   C. VGA   D. PS/2

70. 为了方便地更换与扩充 I/O 设备,计算机系统中的 I/O 设备一般都通过 I/O 接口与各自的控制器连接,下列_____不属于 I/O 接口。
    A. 并行口   B. 串行口   C. USB 口   D. 电源插口

71. 下列关于 I/O 接口的说法中正确的是_____。
    A. I/O 接口即 I/O 控制器,它用来控制 I/O 设备的操作
    B. I/O 接口在物理上是一些插口,它用来连接 I/O 设备与主机
    C. I/O 接口即扩充卡(适配卡),它用来连接 I/O 设备与主机
    D. I/O 接口即 I/O 总线,它用来传输 I/O 设备的数据

72. 以下关于 I/O 控制器的说法中错误的是_____。
    A. 启动 I/O 后,I/O 控制器用于控制 I/O 操作的全过程
    B. 每个 I/O 设备都有自己的 I/O 控制器,所有的 I/O 控制器都以扩充卡的形式插在主板的扩展槽中
    C. I/O 设备与主存之间的数据传输可以不通过 CPU 而直接进行
    D. I/O 操作全部完成后,I/O 控制器会向 CPU 发出一个信号,通知 CPU 任务已经完成

73. 在下列有关 PC 机常用 I/O 接口的叙述中,错误的是_____。
    A. 目前显卡与显示器的接口大多采用 VGA 接口
    B. 可用于连接鼠标器的 USB 接口和 PS/2 接口的数据传输方式均是串行传输方式
    C. USB 接口连接器有 4 个引脚,其中 1 个引脚可获得由主机提供的＋1.5V 电源
    D. IEEE－1394b 接口也是 PC 机常用的一种高速接口

74. PC 机配有多种类型的 I/O 接口,下面关于串行接口 I/O 的描述中,正确的是:_____。
    A. 一个串行接口只能连接一个外设
    B. 串行接口连接的一定是慢速设备
    C. PC 机通常只有一种串行接口
    D. 串行接口一次只传输 1 个二进位数据

75. 下列 I/O 接口中,理论上数据传输速率最快的是_____。
    A. ATA   B. USB 3.0   C. IEEE 1394   D. PS/2

76. 下列关于 USB 接口的叙述,正确的是_____。
    A. USB 接口是一个总线式串行接口
    B. USB 接口是一个并行接口
    C. USB 接口是一个低速接口
    D. USB 接口不是一个通用接口

77. 下列关于 USB 接口的叙述中,错误的是_____。

　　A. USB 2.0 是一种高速的串行接口

　　B. USB 符合即插即用规范,连接的设备不用关机就可以插拔

　　C. 一个 USB 接口通过扩展可以连接多个设备

　　D. 鼠标器这样的慢速设备,不能使用 USB 接口

78. 下列是关于 PC 中 USB 和 IEEE-1394 的叙述,其中正确的是_____。

　　A. USB 和 IEEE-1394 都以串行方式传送信息

　　B. IEEE-1394 以并行方式传送信息,USB 以串行方式传送信息

　　C. USB 以并行方式传送信息,IEEE-13941 以串行方式传送信息

　　D. IEEE-1394 和 USB 都以并行方式传送信息

79. 下面是 PC 机常用的 4 种外设接口,其中键盘、鼠标、数码相机和移动硬盘等均能连接的接口是_____。

　　A. RS-232　　　　B. IEEE-1394　　　　C. USB　　　　D. IDE

80. USB 2.0 接口是一个_____接口。

　　A. 1 线　　　　B. 4 线　　　　C. 3 线　　　　D. 2 线

81. 目前许多外部设备(如数码相机、打印机、扫描仪等)都采用 USB 接口,下面关于 USB 的叙述中,错误的是_____。

　　A. 利用"USB 集线器",一个 USB 接口能连接多个设备

　　B. 3.0 版的 USB 接口数据传输速度要比 2.0 版快得多

　　C. USB 属于一种串行接口

　　D. 主机不能通过 USB 连接器引脚向外设供电

82. 使用 USB 接口的设备,插拔设备时_____。

　　A. 需要关机　　　　　　　　　　B. 必须重新启动计算机

　　C. 都要用螺丝连接　　　　　　　D. 不需要关机或重新启动计算机

83. 主机上用于连接 I/O 设备的各种插头、插座,统称为 I/O 接口。USB 接口是目前最常用的接口,下列相关叙述中错误的是_____。

　　A. 带有 USB 接口的 I/O 设备可以有自己的电源,也可以通过 USB 接口由主机提供电源

　　B. 最新的 USB 3.0 接口,其数据传输速率可以达数百 Mb/s

　　C. 借助"USB 集线器"可以扩展机器的 USB 接口数目,一个 USB 接口理论上可以最多连接 8 个设备

　　D. USB 接口是一种串行总线接口,它符合 PnP 规范,在操作系统支持下可以自动地识别和配置多种外围设备

84. 下列 USB 接口相关叙述中错误的是_____。

　　A. USB 接口使用的连接器有标准型、小型和微型等多种规格,其形状和大小各不相同

　　B. 带有 USB 接口的 I/O 设备可以通过 USB 接口由主机提供电源,其电压为 +12 V

　　C. 目前常用的 USB 2.0 和 USB 3.0 接口的插头/插座形式不同,其标识也有所不同

　　D. 借助"USB 集线器"可以扩展机器的 USB 接口数目,一个 USB 接口理论上可以最多连接 127 个设备

2.4 常用输入设备

一、填空题

1. 无线键盘通过_____或红外线将输入信息传送给主机上安装的专用接收器。
2. 目前 PC 机配置的键盘大多触感好、操作省力,从按键的工作原理来说它们大多属于_____式按键。
3. 当 Caps Lock 指示灯不亮时,按下_____键的同时,按字母键,可以输入大写字母。
4. 在 Windows 系统中,如果希望将当前桌面图像复制到剪贴板中,可以按下_____键。
5. 鼠标器是一种常用的设备,其最主要的技术指标是分辨率,用_____表示,它指鼠标器光标在屏幕上每移动一英寸可分辨的点的数目。
6. 当用户移动鼠标器时,所移动的_____和方向将分别变换成脉冲信号输入计算机,从而控制屏幕上鼠标箭头的运动。
7. 目前流行的鼠标器底部有一微型镜头,通过拍摄图像并进行分析来确定鼠标器的移动和距离,这种鼠标器称为_____鼠标。
8. 鼠标器通常有两个按键,称为左键和右键,操作系统可以识别的按键动作有单击、_____、右击和拖动。
9. 有一种鼠标器不需要使用电缆也能与主机连接,这种鼠标器称为_____鼠标器。
10. 在公共场所提供给用户使用的多媒体计算机,一般不使用键盘、鼠标器,常使用_____作为输入设备。
11. 按扫描仪的结构分来分,扫描仪可分为手持式、平板式、胶片专用和滚筒式等多种,目前办公室使用最多的是_____式。
12. 扫描仪是基于_____原理设计的。
13. 扫描仪是基于光电转换原理设计的,电荷耦合器件是用来完成光电转换的主要器件,其英文缩写是_____。
14. 扫描仪的色彩位数(色彩深度)反映了扫描仪对图像色彩的辨析能力。假设色彩位数为 8 位,则可以分辨出_____种不同的颜色。
15. 数码相机的重要电子部件有成像芯片、A/D 转换部件、数字信号处理器和 Flash 存储器等,其中,_____决定了图像分辨率的上限。
16. 数码相机是计算机的图像输入设备,现在大多通过_____接口与主机连接。
17. 目前数码相机使用的成像芯片主要有_____芯片和 CMOS 芯片两大类。

二、判断题

1. 在计算机的各种输入设备中,只有通过键盘才能输入汉字。　　　　　　　　(　　)
2. 要通过口述的方式向计算机输入汉字,需要配备声卡、麦克风等设备和安装相应的软件。
　　　　　　　　(　　)
3. 触摸屏兼有鼠标和键盘的功能,甚至还可手写汉字输入,深受用户欢迎。目前已经在许多移动信息设备(手机、平板电脑等)上得到使用。　　　　　　　　(　　)
4. 键盘上的 F1~F12 控制键的功能是固定不变的。　　　　　　　　(　　)
5. 光学分辨率是扫描仪的主要性能指标,它反映了扫描仪扫描图像的清晰程度,用每英寸的取样点数目 dpi 来表示。　　　　　　　　(　　)
6. 扫描仪的主要性能指标有分辨率、色彩位数等,其中色彩位数越多,扫描仪所能反映的色彩就越丰富,扫描的图像效果也越真实。　　　　　　　　(　　)

7. 大部分数码相机采用 CCD 或 CMOS 成像芯片,芯片中像素越多,可拍摄的相片的分辨率(清晰度)就越高。 （　　　）

8. 存储容量是数码相机的一项重要指标,无论设定的拍摄分辨率是多少,对于特定存储容量的数码相机可拍摄的相片数量总是相同的。 （　　　）

9. 大部分数码相机采用 CCD 成像芯片,CCD 芯片中有大量的 CCD 像素,像素越多,得到的影像的分辨率(清晰度)就越高,生成的数字图像也越小。 （　　　）

三、选择题

1. _____是 PC 机的标准输入设备,缺少该设备计算机就无法工作。
   A. 键盘　　　　　　　B. 鼠标器　　　　　　C. 扫描仪　　　　　　D. 数字化仪

2. 关于<Caps lock>键,下列说法正确的是_____。
   A. <Caps lock>键与<Alt>＋<Del>键组合可以实现计算机热启动
   B. 当<Caps Lock>指示灯亮着的时候,按主键盘的数字键,可输入其上部的特殊字符
   C. 当<Caps Lock>指示灯亮着的时候,按字母键,可输入大写字母
   D. <Caps Lock>键的功能可由用户自定义

3. 键盘上的 F1 键、F2 键、F3 键等,通常称为_____。
   A. 字母组合键　　　　B. 功能键　　　　　　C. 热键　　　　　　　D. 符号键

4. PC 计算机键盘上的 Shift 键称为_____。
   A. 回车换行键　　　　B. 退格键　　　　　　C. 换档键　　　　　　D. 空格键

5. 鼠标器通常有两个按键,按键的动作会以电信号形式传送给主机,当前按键操作的作用主要由_____决定。
   A. CPU 类型　　　　　B. 鼠标器硬件本身　　C. 鼠标器的接口　　　D. 正在运行的软件

6. 下列接口中,一般不用于鼠标器与主机的连接的是_____。
   A. PS/2　　　　　　　B. USB　　　　　　　C. 无线蓝牙　　　　　D. SCSI

7. 有些鼠标器左右按键的中间有一个滚轮,其作用是_____。
   A. 控制鼠标器在桌面上移动
   B. 控制窗口中的内容向上或向下移动,与窗口右边框滚动条的功能一样
   C. 分隔鼠标的左键和右键
   D. 调整鼠标的灵敏度

8. _____是目前最流行的一种鼠标器,它的精度高,不需专用衬垫,在一般平面上皆可操作。
   A. 机械式鼠标　　　　B. 光电式鼠标　　　　C. 电容式鼠标　　　　D. 混合式鼠标

9. 笔记本电脑中,用来替代鼠标器的最常用设备是_____。
   A. 扫描仪　　　　　　B. 笔输入　　　　　　C. 触摸板　　　　　　D. 触摸屏

10. 下列 4 种输入设备中,功能和性质不属于同一类型的是_____。
    A. 轨迹球　　　　　　B. 鼠标器　　　　　　C. 触摸屏　　　　　　D. 手持式扫描仪

11. 与鼠标器作用类似的下列设备中,经常用于游戏控制的是_____。
    A. 触摸板　　　　　　B. 操纵杆　　　　　　C. 轨迹球　　　　　　D. 指点杆

12. 在公共服务性场所,提供给用户输入信息最适用的设备是_____。
    A. USB 接口　　　　　B. 软盘驱动器　　　　C. 触摸屏　　　　　　D. 笔输入

13. 下面关于鼠标器的叙述中,错误的是_____。
    A. 鼠标器输入的是其移动时的位移量和移动方向

    B. 不同鼠标器的工作原理基本相同,区别在于感知位移信息的方法不同

    C. 鼠标器只能使用 PS/2 接口与主机连接

    D. 触摸屏具有与鼠标器类似的功能

14. 现在许多智能手机都具有_____,它兼有键盘和鼠标器的功能。

    A. 操纵杆   B. 触摸屏   C. 触摸板   D. 指点杆

15. 下列关于扫描仪的叙述,错误的是_____。

    A. 扫描仪是将图片、文档或书稿输入计算机的一种输入设备

    B. 扫描仪的核心器件为电荷耦合器件(CCD)

    C. 扫描仪的一个重要性能指标是扫描仪的分辨率

    D. 色彩位数是 24 位的扫描仪只能区分 24 种不同颜色

16. 扫描仪的性能指标一般不包含_____。

    A. 分辨率   B. 色彩位数   C. 刷新频率   D. 扫描幅面

17. 扫描仪一般不使用_____接口与主机相连。

    A. SCSI   B. USB   C. PS/2   D. IEEE - 1394

18. 下列不属于扫描仪主要性能指标的是_____。

    A. 扫描分辨率   B. 色彩位数   C. 与主机接口   D. 扫描仪的重量

19. 下列扫描仪中,最适用于办公室和家庭使用的是_____。

    A. 手持式   B. 滚筒式   C. 胶片式   D. 平板式

20. 以下指标中,_____反映了扫描仪表现图像真实性的能力。

    A. 文件格式   B. 色彩位数   C. 扫描幅面   D. 与主机的接口

21. 各种不同类型的扫描仪都是基于_____原理设计的。

    A. 模数转换   B. 数模转换   C. 光电转换   D. 机电转换

22. 在专业印刷排版领域应用最广泛的扫描仪是_____。

    A. 胶片扫描仪和滚筒扫描仪   B. 胶片扫描仪和平板扫描仪

    C. 手持式扫描仪和滚筒扫描仪   D. 手持式扫描仪和平板扫描仪

23. 数码相机是扫描仪之外的另一种重要的图像输入设备,它能直接将图像信息以数字形式输入电脑进行处理。目前,数码相机中将光信号转换为电信号使用的器件主要是_____。

    A. Memory Stick   B. DSP   C. CCD   D. D/A

24. 数码相机的 CCD 像素越多,所得到的数字图像的清晰度就越高,如果想拍摄 1600×1200 的相片,那么数码相机的像素数目至少应该有_____。

    A. 400 万   B. 300 万   C. 200 万   D. 100 万

25. 一个 80 万像素的数码相机,它可拍摄相片的分辨率最高为_____。

    A. 1280×1024   B. 800×600   C. 1024×768   D. 1600×1200

26. 扫描仪和数码相机等是目前常用的图像输入设备。下列相关叙述中,错误的是_____。

    A. 成像芯片是数码相机的重要部件之一,目前成像芯片主要有 CCD 和 CMOS 两种类型

    B. 扫描仪分手持式、平板式、滚筒式等类型,滚筒式通常都是高分辨率的专业扫描仪

    C. 目前所有数码相机使用的存储卡都是同一种类型,即 SD 卡,其区别在于容量大小和数据存取速度

    D. 扫描仪的主要性能指标之一是光学分辨率,一般用 dpi 为量度单位

27. 下列各组设备中,全部属于输入设备的一组是_____

    A. 键盘、磁盘和打印机   B. 键盘、触摸屏和鼠标

C. 键盘、鼠标和显示器　　　　　　　D. 硬盘、打印机和键盘

28. 下列设备中,都属于图像输入设备的选项是_____。
     A. 数码相机、扫描仪　　　　　　　　B. 绘图仪、扫描仪
     C. 数字摄像机、投影仪　　　　　　　D. 数码相机、显卡

29. 下列设备中可作为输入设备使用的是_____。① 触摸屏　② 传感器　③ 数码相机
     ④ 麦克风　⑤ 音箱　⑥ 绘图仪　⑦ 显示器
     A. ①②③④　　　　B. ①②⑤⑦　　　　C. ③④⑤⑥　　　　D. ④⑤⑥⑦

2.5　常用输出设备

一、填空题

1. 显示器上构成图像的最小单元(或图像中的一个点)称为_____。

2. 目前显示器的颜色由三种基色 R、G、B 合成得到的,如果 R、G、B 分别用四个二进位表示,
   则显示器可以显示_____种不同的颜色。

3. 打印精度是衡量图像清晰程度最重要的指标,它是指每英寸可打印的点数,其英文缩写是
   _____。

4. 激光打印机是激光技术与_____技术相结合的产物。

二、判断题

1. 计算机显示系统通常由两部分组成:监视器和显示控制器,显示控制器在 PC 机中又称为显示卡。
   （　　）

2. 计算机常用的输入设备为键盘、鼠标,常用的输出设备有显示器、打印机。　　　　（　　）

3. 显示器、音箱、绘图仪、扫描仪等均属于输出设备。　　　　　　　　　　　　　（　　）

4. 要想从计算机打印出一彩色图片,目前选用彩色喷墨打印机最合适。　　　　　　（　　）

5. 针式打印机和喷墨打印机属于击打式打印机,激光打印机属于非击打式打印机。　（　　）

6. 针式打印机是一种击打式打印机,噪音大、速度慢,且打印质量低,目前已经完全被淘汰。
   （　　）

三、选择题

1. 下列输出设备中,PC 机必不可少的是_____。
   A. 音箱　　　　　　B. 绘图仪　　　　　　C. 打印机　　　　　　D. 显示器

2. 显示器是计算机必备的输出设备,下列关于计算机显示器的叙述中,错误的是_____。
   A. 目前有些计算机已不需要显卡,CRT 或 LCD 中已包括显卡的功能
   B. 显示器主要有 CRT、LCD 显示器两大类
   C. 显卡就是显示控制器
   D. 显示控制器用于控制 CRT 或 LCD 的工作

3. CRT 或 LCD 显示器的刷新频率越高,说明显示器_____。
   A. 画面稳定性越好　　　　　　　　　B. 画面亮度越高
   C. 画面颜色越丰富　　　　　　　　　D. 画面越清晰

4. 分辨率是衡量显示器性能的重要指标之一,它是指整屏可显示_____的多少。
   A. 像素　　　　　B. ASCII 字符　　　　C. 汉字　　　　　D. 颜色

5. 关于液晶显示器,下面叙述错误的是_____。
   A. 它的英文缩写是 LCD
   B. 它的工作电压低,功耗小

C. 它几乎没有辐射

D. 它与 CRT 显示器不同,不需要使用显示卡

6. 分辨率是显示器的主要性能参数之一,一般用 _____ 来表示。

A. 显示屏的尺寸

B. 水平方向可显示像素的数目×垂直方向可显示像素的数目

C. 显示器的刷新速率

D. 可以显示的最大颜色数

7. 显示器的尺寸大小以_____为度量依据。

A. 显示屏的面积   B. 显示屏的宽度

C. 显示屏的高度   D. 显示屏对角线长度

8. 下列关于液晶显示器的说法中,错误的是_____。

A. 液晶显示器的体积轻薄,没有辐射危害

B. LCD 是液晶显示器的英文缩写

C. 液晶显示技术被应用到了数码相机中

D. 液晶显示器在显示过程中仍然使用电子枪轰击方式成像

9. 下列有关 CRT 和 LCD 显示器的叙述中,正确的是_____。

A. CRT 显示器的屏幕尺寸比较大   B. CRT 显示器耗电比较少

C. CRT 的辐射危害比较小   D. CRT 显示器正在被 LCD 显示器所取代

10. 用于存储显示屏上像素颜色信息的是_____。

A. 内存   B. Cache   C. 外存   D. 显示存储器

11. _____负责显示器工作过程中的光栅扫描、同步、画面刷新等操作。

A. AGP 端口   B. VRAM   C. 芯片组   D. 显示控制电路

12. 几年前 PC 机许多显卡使用 AGP 接口,但目前越来越多的显卡开始采用性能更好的_____接口。

A. PCI‑E×16   B. PCI   C. PCI‑E×1   D. USB

13. 以下有关打印机的选型方案中,比较合理的方案是_____。

A. 政府办公部门和银行柜面都使用针式打印机

B. 政府办公部门使用激光打印机,银行柜面使用针式打印机

C. 政府办公部门使用针式打印机,银行柜面使用激光打印机

D. 政府办公部门和银行柜面都使用激光打印机

14. _____打印机打印质量不高,但打印成本便宜,因而在超市收银机上普遍使用。

A. 激光   B. 针式   C. 喷墨   D. 字模

15. 关于 24 针针式打印机的术语中,24 针是指_____。

A. 信号线插头上有 24 针   B. 打印头内有 24×24 根针

C. 24×24 点阵   D. 打印头内有 24 根针

16. 彩色图像所使用的颜色描述方法称为颜色模型。在下列颜色模型中,主要用于彩色喷墨打印机的是_____。

A. YUV   B. HSB   C. CMYK   D. RGB

17. 打印机的性能指标主要包括打印精度、色彩数目、打印成本和_____。

A. 打印数量   B. 打印方式   C. 打印速度   D. 打印机功耗

18. 从目前技术来看,下列打印机中打印速度最快的是_____。
    A. 喷墨打印机　　　B. 热敏打印机　　　C. 点阵打印机　　　D. 激光打印机
19. 下面关于喷墨打印机特点的叙述中,错误的是_____。
    A. 能输出彩色图像,打印效果好　　　　B. 打印时噪音不大
    C. 需要时可以多层套打　　　　　　　　D. 墨水成本高,消耗快
20. 下列关于打印机的叙述中,错误的是_____。
    A. 针式打印机只能打印汉字和 ASCII 字符,不能打印图像
    B. 喷墨打印机是使墨水喷射到纸上形成图像或字符的
    C. 激光打印机是利用激光成像、静电吸附碳粉原理工作的
    D. 针式打印机属于击打式打印机,喷墨打印机和激光打印机属于非击打式打印机
21. 打印机可分为针式打印机、激光打印机和喷墨打印机等,其中激光打印机的特点是_____。
    A. 高精度、高速度　　　　　　　　　　B. 可方便地打印票据
    C. 可低成本地打印彩色页面　　　　　　D. 价格最便宜
22. 打印机与主机的连接除使用并行口之外,目前还广泛采用_____接口。
    A. RS-232C　　　B. USB　　　C. IDE　　　D. SATA
23. 目前使用的打印机有针式打印机、激光打印机和喷墨打印机。其中,_____在打印票据方面具有独特的优势,_____在彩色图像输出设备中占有优势。
    A. 针式打印机、激光打印机　　　　　　B. 喷墨打印机、激光打印机
    C. 激光打印机、喷墨打印机　　　　　　D. 针式打印机、喷墨打印机
24. 下列关于打印机的叙述,正确的是_____。
    A. 所有打印机的工作原理都一样,但各厂家的生产工艺不一样,因而产生了众多类型
    B. 所有打印机的打印成本都差不多,但打印质量差异较大
    C. 所有打印机使用的打印纸的幅面都一样,如 A4 型号等标准规格
    D. 使用打印机要安装打印驱动程序,一般由操作系统自带,或由打印机厂商提供
25. 以下设备中不属于输出设备的是_____。
    A. 麦克风　　　B. 绘图仪　　　C. 音箱　　　D. 显示器

2.6　辅助存储器

一、填空题

1. 对磁盘划分磁道和扇区、建立根目录区等,应采用的操作是_____。
2. 把磁头移动到数据所在磁道(柱面)所需的平均时间称为硬盘存储器的平均_____时间,它是衡量硬盘机械性能的重要指标。
3. 一个硬盘的平均等待时间为 4 ms,平均寻道时间为 6 ms,则平均访问时间为_____。
4. 硬盘上的一块数据要用三个参数来定位:磁头号、柱面号和_____。
5. 硬盘的存储容量计算公式是:磁头数×柱面数×扇区数×_____。
6. PC 机上使用的外存储器主要有:硬盘、U 盘、移动硬盘和_____,它们所存储的信息在断电后不会丢失。
7. CD-ROM 盘片的存储容量大约为 650_____。
8. CD-R 的特点是可以_____或读出信息,但不能擦除。
9. COMBO("康宝")驱动器不仅可以读写 CD 光盘,而且可以读_____光盘。

10. DVD 光盘和 CD 光盘直径大小相同,但 DVD 光盘的道间距要比 CD 盘_____,因此, DVD 盘的存储容量大。

11. 大多数 DVD 光盘驱动器比 CD‐ROM 驱动器读取数据的速率_____。

12. 一种可写入信息但不允许反复擦写的 CD 光盘,称为可记录式光盘,其英文缩写为_____。

13. CD 光盘和 DVD 光盘存储已经使用多年,现在最新的一种光盘存储器是_____光盘 存储器。

14. 只读光盘 CD‐ROM 中数据的读取,使用的是_____技术。

二、判断题

1. 为了提高 CPU 访问硬盘的工作效率,硬盘通过将数据存储在一个比其速度快得多的缓冲区 来提高与 CPU 交换的速度,这个区就是高速缓冲区,它是由 DRAM 芯片构成的。 (   )

2. 因为硬盘的内部传输速率小于外部传输速率,所以内部传输速率的高低是评价一个硬盘整 体性能的决定性因素。 (   )

3. 硬盘上各磁道的半径有所不同,但不同半径磁道的所有扇区存储的数据量是相同的。 (   )

4. 在 Windows 操作系统中,磁盘碎片整理程序的主要作用是删除磁盘中无用的文件,增加磁 盘可用空间。 (   )

5. 光盘存储器的数据读出速度和传输速度比硬盘慢。 (   )

6. DVD 驱动器设计为向下兼容 CD,因此 DVD 驱动器可以读 CD 盘中存储的信息。 (   )

7. 光盘片是一种可读不可写的存储介质。 (   )

8. CD‐ROM 光盘只能在 CD‐ROM 驱动器中读出数据。 (   )

9. CD‐RW 是一种可以多次读写的光盘存储器。 (   )

10. DVD 光盘和 CD 光盘直径大小相同,但 DVD 光盘的存储容量要比 CD 光盘大很多。 (   )

三、选择题

1. 移动存储器有多种,目前已经不常使用的是_____。
   A. U 盘　　　　　　B. 存储卡　　　　　　C. 移动硬盘　　　　　　D. 磁带

2. 当今时代,人们可以明显感受到大数据的来势凶猛。有资料显示,目前每天全球互联网流 量累计达到 EB 数量级。作为计算机存储容量单位,1 EB 等于_____字节。
   A. 2 的 50 次方　　B. 2 的 70 次方　　C. 2 的 60 次方　　D. 2 的 40 次方

3. PC 机中的硬盘与主板相连接时主要使用_____接口,近年来开始流行_____接口。
   A. IDE、SATA　　　B. FAT、SCSI　　　C. PS/2、SCSI　　　D. SCSI、ATA

4. 下列关于硬盘的平均存取时间叙述中正确的是_____。
   A. 平均存取时间指数据所在的扇区转到磁头下的时间
   B. 平均存取时间指磁头移动到数据所在的磁道所需要的平均时间
   C. 平均存取时间由硬盘的旋转速度、磁头的寻道时间和数据的传输速率所决定
   D. 平均存取时间指磁盘转动一周所需要的时间

5. 下面关于硬盘使用注意事项的叙述中,错误的是_____。
   A. 硬盘正在读写操作时不能关掉电源
   B. 及时对硬盘中的数据进行整理
   C. 尽量减少硬盘的使用,可以延长硬盘寿命
   D. 工作时防止硬盘受震动

6. 下面关于硬盘存储器结构与组成的叙述中,错误的是_____。
   A. 硬盘由磁盘盘片、主轴与主轴电机、移动臂、磁头和控制电路等组成

B. 磁盘盘片是信息的存储介质

C. 磁头的功能是读写盘片上所存储的信息

D. 盘片和磁头密封在一个盒状装置内,主轴电机安装在 PC 主板上

7. 数十年来,硬盘一直是计算机中最重要的外存储器。下列有关硬盘的叙述中,错误的是_____。

A. 硬盘上数据的定位需要使用柱面号、扇区号和磁头号这三个参数来定位

B. 通常一块硬盘由 1～5 张盘片组成,所有的盘片均固定在同一个主轴上

C. 硬盘在工作过程中,盘片转动速度特别快,通常是每分钟数千转、甚至于上万转

D. 过去很多年硬盘与主机的接口采用串行 ATA 接口,现在流行的是并行 ATA 接口

8. 硬盘存储器的平均存取时间与盘片的旋转速度有关,在其他参数相同的情况下,_____转速的硬盘存取速度最快。

A. 10000 转/分　　　B. 7200 转/分　　　C. 4500 转/分　　　D. 3000 转/分

9. 下列选项中,不属于硬盘存储器主要技术指标的是_____。

A. 缓冲存储器大小　　B. 盘片厚度　　　C. 平均存取时间　　　D. 数据传输速率

10. 假定一个硬盘的磁头数为 16,柱面数为 1000,每个磁道有 50 个扇区,该硬盘的存储容量大约为_____。

A. 400 kB　　　　　B. 800 kB　　　　C. 400 MB　　　　D. 800 MB

11. 下面关于硬盘存储器信息存储原理的叙述中,错误的是_____。

A. 盘片表面的磁性材料粒子有两种不同的磁化方向,分别用来记录"0"和"1"

B. 盘片表面划分为许多同心圆,每个圆称为一个磁道,盘面上一般都有几千个磁道

C. 每条磁道还要分成几千个扇区,每个扇区的存储容量一般为 512 字节

D. 与 CD 光盘片一样,每个磁盘片只有一面用于存储信息

12. 寻道和定位操作完成后,硬盘存储器在盘片上读写数据的速率一般称为_____。

A. 硬盘存取速率　　B. 外部传输速率　　C. 内部传输速率　　D. 数据传输速率

13. 要想提高硬盘的容量,措施之一是_____。

A. 增加每个扇区的容量　　　　　　　B. 提高硬盘的转速

C. 增加硬盘中单个碟片的容量　　　　D. 提高硬盘的数据传输速率

14. 硬盘的平均寻道时间是指_____。

A. 硬盘找到数据所需的平均时间

B. 磁头移动到数据所在磁道所需的平均时间

C. 硬盘旋转一圈所需的时间

D. 数据所在扇区转到磁头下方所需的平均时间

15. 目前广泛使用的移动存储器有移动硬盘、U 盘、存储卡和固态硬盘等。下列相关叙述中,错误的是_____。

A. 目前 U 盘均采用 USB 接口,它还可以模拟光驱和硬盘来启动操作系统

B. 移动硬盘通常采用 2.5 英寸的硬盘加上配套的硬盘盒构成,采用 USB 或 eSATA 接口

C. 存储卡种类较多,如 SD 卡、CF 卡、MS 卡和 MMC 卡等等,其中 MS 卡使用最为广泛

D. 与常规硬盘相比,固态硬盘具有低功耗、发热少等特点,但成本高、寿命短

16. PC 机使用的以下 4 种存储器中,存储容量最大的通常是_____。

A. DRAM　　　　　B. U 盘　　　　　C. 硬盘　　　　　D. 光盘

17. U 盘和存储卡都是采用_____芯片做成的。

    A. DRAM   B. 闪烁存储器   C. SRAM   D. Cache

18. 下面关于存储卡的叙述中,错误的是_____。

    A. 存储卡是使用闪烁存储器芯片做成的

    B. 存储卡非常轻巧,形状大多为扁平的长方形或正方形

    C. 存储卡有多种,如 SD 卡(Mini SD、Micro SD)、CF 卡、Memory Stick 卡和 MMC 卡等

    D. 存储卡可直接插入 USB 接口进行读写操作

19. 若某光盘的存储容量是 4.7 GB,则它的类型是_____。

    A. CD-ROM 光盘   B. DVD-ROM(单面单层)

    C. DVD-ROM(单面双层)   D. DVD-ROM(双面单层)

20. CD-ROM 存储器使用_____来读出盘上的信息。

    A. 激光   B. 磁头   C. 红外线   D. 微波

21. CD-ROM 光盘是_____。

    A. 随机存取光盘   B. 只读光盘   C. 可擦写型光盘   D. 只写一次式光盘

22. 根据其信息读写特性,一般可将光盘分为_____。

    A. CD、VCD

    B. 只读光盘、可一次性写入光盘、可擦写光盘

    C. CD、VCD、DVD、MP3

    D. 数据盘、音频信息盘、视频信息盘

23. 关于 DVD 和 CD 光盘存储器,下面说法中错误的是_____。

    A. DVD 与 CD 光盘存储器一样,有多种不同的规格

    B. CD-ROM 驱动器可以读取 DVD 光盘片上的数据

    C. DVD-ROM 驱动器可以读取 CD 光盘上的数据

    D. DVD 的存储器容量比 CD 大得多

24. 关于蓝光光盘存储器,下面说法中错误的是_____。

    A. 蓝光光盘单层盘片的存储容量为 25 GB

    B. 蓝光光盘简称 BD

    C. 蓝光光盘分 BD-ROM、BD-R 和 BD-RW

    D. 蓝光光盘读写采用的是波长为 650 nm 的红色激光

25. 下列说法中错误的是_____。

    A. CD-ROM 是一种只读存储器但不是内存储器

    B. CD-ROM 或 DVD-ROM 驱动器是多媒体计算机的基本部分

    C. 只有存放在 CD-ROM 盘上的数据才称为多媒体信息

    D. CD-ROM 盘片上约可存储 650 兆字节的信息

26. 下面几种说法中错误的是_____。

    A. CD-R 和 CD-ROM 类似,都只能读不能写

    B. CD-RW 为可多次读写的光盘

    C. CD 盘记录数据的原理为:在盘上压制凹坑,凹坑边缘表示"1",凹坑和非凹坑的平坦部分表示"0"

    D. DVD 采用了更有效的纠错编码和信号调制方式,比 CD 可靠性更高

27. 以下关于光盘存储器的说法中不正确的是_____。

    A. 使用光盘时必须配有光盘驱动器

    B. CD‐RW 是一种既能读又能写的光盘存储器

    C. DVD 光驱也能读取 CD 光盘上的数据

    D. CD‐R 是一种只能读不能写的光盘存储器

28. 在下列有关光盘存储容量的叙述中,错误的是_____。

    A. 80 mm CD 存储容量大约为 200 多兆字节

    B. 单面单层的 120 mm DVD 存储容量大约为 4.7 GB

    C. 120 mm CD 存储容量大约为 600 多兆字节

    D. 单层的 120 mm 蓝光光盘存储容量大约为 17 GB

29. 目前 PC 机的外存储器(简称"外存")主要有软盘、硬盘、光盘和各种移动存储器。下列有关 PC 机外存的叙述错误的是_____。

    A. 软盘因其容量小、存取速度慢、易损坏等原因,目前使用率越来越低

    B. 目前 CD 光盘的容量一般为数百兆字节,而 DVD 光盘的容量为数千兆字节

    C. 硬盘是一种容量大、存取速度快的外存,目前主流硬盘的转速均为每分钟几百转

    D. 闪存盘也称为"U 盘",目前其容量从几十兆字节到几千兆字节不等

30. 下列关于 CD‐ROM 光盘片的说法中,错误的是_____。

    A. 它的存储容量达 1 GB 以上

    B. 可以使用 CD‐ROM 光驱读出它上面记录的信息

    C. 盘片上记录的信息可以长期保存

    D. 盘片上记录的信息是事先压制在光盘上的,用户不能修改和写入

31. 下列关于 CD 光盘存储器的叙述中,错误的是_____。

    A. CD‐ROM 是一种只读存储器但不是内存储器

    B. CD‐ROM 驱动器可以用来播放 CD 唱片

    C. CD‐ROM 驱动器也可以播放 DVD 碟片

    D. CD 盘片约可存储 650 兆字节的数据

32. 下列光盘存储器中,可对盘片上写入的信息进行改写的是_____。

    A. CD‐RW　　　　B. CD‐R　　　　C. CD‐ROM　　　　D. DVD‐ROM

33. CD 光盘片根据其制造材料和信息读写特性的不同,可以分为 CD‐ROM、CD‐R 和 CD‐RW。CD‐R 光盘指的是_____。

    A. 只读光盘　　　B. 随机存取光盘　　　C. 只写一次式光盘　　　D. 可擦写型光盘

34. DVD 驱动器有两类:_____和 DVD 刻录机。

    A. DVD‐RW　　　　　　　　　　　B. DVD‐RAM

    C. DVD‐ROM　　　　　　　　　　D. DVD‐R

【微信扫码】
本章参考答案

第3章 计算机软件

3.1 概 述

一、判断题

1. 程序是计算机软件的主体,软件一定包含有程序。 （ ）
2. 操作系统和应用软件中,更靠近计算机硬件的是操作系统。 （ ）
3. 计算机软件必须依附一定的硬件和软件环境,否则它可能无法正常运行。 （ ）
4. 计算机系统由软件和硬件两部分组成,硬件是必不可少的,软件是可有可无的。 （ ）
5. 存储在光盘中的数字音乐、JPEG图片等都是计算机软件。 （ ）
6. 软件以二进位编码表示,且通常以电、磁、光等形式存储和传输,因而很容易被复制和盗版。
   （ ）
7. 计算机硬件是有形的物理实体,而软件是无形的,软件不能被人们直接观察和触摸。 （ ）
8. 系统软件为应用软件的开发和运行提供服务,它们不是专为某个具体的应用而设计的。
   （ ）
9. Windows常用的磁盘清理程序、格式化程序、文件备份程序等称为"实用程序",它们不属于
   系统软件。 （ ）
10. Office软件是通用的应用软件,它可以不依赖操作系统而独立运行。 （ ）
11. 应用软件分为通用应用软件和定制应用软件,学校教务管理软件属于定制应用软件。 （ ）
12. Windows系列软件和Office系列软件都是目前流行的操作系统软件。 （ ）
13. 共享软件是一种"买前免费试用"的具有版权的软件,它是一种为了节约市场营销费用的
    有效的软件销售策略。 （ ）
14. 免费软件是一种不需付费就可取得并使用的软件,但用户并无修改和分发权,其源代码也
    不一定公开。 （ ）
15. 用户购买软件后,就获得了它的版权,可以随意进行软件拷贝和分发。 （ ）
16. 自由软件不允许随意拷贝、修改其源代码,但允许自行销售。 （ ）
17. 自由软件就是用户可以随意使用的软件,也就是免费软件。 （ ）

二、选择题

1. Excel属于＿＿＿＿＿＿软件。
   A. 电子表格　　　　　B. 文字处理　　　　　C. 图形图像　　　　　D. 网络通信
2. Windows操作系统属于＿＿＿＿＿＿。
   A. 应用软件　　　　　B. 系统软件　　　　　C. 专用软件　　　　　D. 工具软件
3. 根据"存储程序控制"的工作原理,计算机工作时CPU是从＿＿＿＿＿＿中一条一条地取出指
   令来执行的。
   A. 总线　　　　　　　B. 内存储器　　　　　C. 硬盘　　　　　　　D. 控制器
4. 程序设计语言的编译程序或解释程序属于＿＿＿＿＿＿。
   A. 系统软件　　　　　B. 应用软件　　　　　C. 实时系统　　　　　D. 分布式系统
5. 从应用的角度看软件可分为两类。管理系统资源、提供常用基本操作的软件称为＿＿＿＿＿＿,
   为最终用户完成某项特定任务的软件称为应用软件。
   A. 系统软件　　　　　B. 通用软件　　　　　C. 定制软件　　　　　D. 普通软件

6. 对于所列软件:① 金山词霸　② C 语言编译器　③ Linux　④ 银行会计软件　⑤ Oracle
　　⑥ 民航售票软件,其中,_____均属于系统软件。
　　A. ②③④　　　　　　　B. ②③⑤　　　　　　　C. ①③⑤　　　　　　　D. ①③④

7. 软件可分为应用软件和系统软件两大类。下列软件中全部属于应用软件的是_____。
　　A. PowerPoint、QQ、Unix
　　B. PowerPoint、Excel、Word
　　C. BIOS、Photoshop、FORTRAN 编译器
　　D. WPS、Windows、Word

8. 针对特定领域的特定应用需求而开发的软件属于_____。
　　A. 系统软件　　　　B. 定制应用软件　　　　C. 通用应用软件　　　　D. 中间件

9. 数据库管理系统(DBMS)属于_____。
　　A. 专用软件　　　　B. 操作系统　　　　　　C. 系统软件　　　　　　D. 编译系统

10. 关于系统软件,下面的叙述中错误的是_____。
　　A. 在通用计算机系统中,系统软件是必不可少的
　　B. 操作系统是系统软件之一
　　C. 系统软件与计算机硬件有很强的交互性
　　D. IE 浏览器也是一种系统软件

11. 下列软件中,全都属于应用软件的是_____。
　　A. WPS、Excel、AutoCAD　　　　　　　　B. WindowsXP、QQ、Word
　　C. Photoshop、DOS、Word　　　　　　　　D. UNIX、WPS、PowerPoint

12. 按照软件权益的处置方式来分类,软件可以分为商品软件、共享软件、自由软件、免费软件
　　等。下列软件中,属于免费软件的是_____。
　　A. ACDsee　　　　B. MS Office 软件　　　C. Adobe Reader　　　D. Photoshop

13. 按照软件权益的处置方式来分类,软件可以分为商品软件、共享软件、自由软件等类型。
　　下列有关叙述中,错误的是_____。
　　A. 自由软件有利于软件共享和技术创新,它的出现成就了 TCP/IP 协议软件、Linux 操
　　　　作系统等软件精品的产生
　　B. 共享软件一般是以"先使用后付费"的方式销售的享有版权的软件,付费前通常有使用
　　　　时间限制、功能限制等
　　C. 目前所有的杀毒软件、防火墙软件、浏览器软件、压缩解压软件、手机 APP 等均为免费
　　　　软件
　　D. Microsoft Office 软件是商品软件,用户应该付费获取和使用该软件

14. 若同一单位的很多用户都需要安装使用同一软件时,最好购买该软件相应的_____。
　　A. 许可证　　　　　B. 专利　　　　　　C. 著作权　　　　　　D. 多个拷贝

15. 微软 Office 软件包中不包含_____。
　　A. Photoshop　　　B. PowerPoint　　　　C. Excel　　　　　　　D. Word

16. 下列操作系统产品中,_____是一种"自由软件",其源代码向世人公开。
　　A. Linux　　　　　　B. UNIX　　　　　　C. Windows　　　　　D. DOS

17. 在下列有关商品软件、共享软件、自由软件及其版权的叙述中,错误的是 _____。
　　A. 通常用户需要付费才能得到商品软件的合法使用权
　　B. 共享软件是一种"买前免费试用"的具有版权的软件

C. 自由软件允许用户随意拷贝,但不允许修改其源代码和自由传播

D. 软件许可证确定了用户对软件的使用方式,扩大了版权法给予用户的权利

18. 下列应用软件中,_____属于网络通信软件。

    A. Acrobat   B. Word   C. Excel   D. Outlook Express

3.2 操作系统

一、判断题

1. 操作系统是现代计算机系统必须配置的核心应用软件。　　　　　　　　( )

2. 数据库管理系统、操作系统和应用软件中,最靠近计算机硬件的是操作系统。( )

3. 在 Windows 系统中,采用图标(icon)来形象地表示系统中的文件、程序和设备等软硬件对象。　　　　　　　　　　　　　　　　　　　　　　　　　　( )

4. 操作系统三个重要作用体现在:管理系统硬软件资源、为用户提供各种服务界面、为应用程序开发提供平台。　　　　　　　　　　　　　　　　　　　　( )

5. 支持多任务处理和图形用户界面是 Windows 的两个特点。　　　　　　( )

6. 计算机一旦安装操作系统后,操作系统即驻留在内存中,启动计算机时,CPU 首先执行 OS 中的 BIOS 程序。　　　　　　　　　　　　　　　　　　　( )

7. 计算机加电后自动执行 BIOS 中的程序,将所需的操作系统软件从外存装载到内存中运行,这个过程称为"自举""引导"或"系统启动"。　　　　　　　( )

8. PC 机加电启动时,在正常完成加载过程之后,操作系统即被装入到内存中并开始运行。　　　　　　　　　　　　　　　　　　　　　　　　　　　( )

9. 操作系统通过各种管理程序提供了"任务管理""存储管理""文件管理""设备管理"等多种功能。　　　　　　　　　　　　　　　　　　　　　　　　( )

10. Windows 系统中,不论前台任务还是后台任务均能分配到 CPU 使用权。( )

11. 在 Windows 操作系统中,如果用户只启动了一个应用程序工作,那么该程序可以自始至终独占 CPU。　　　　　　　　　　　　　　　　　　　　　( )

12. 多任务处理就是 CPU 在某一时刻可以同时执行多个任务。　　　　　( )

13. Windows 操作系统之所以能同时进行多个任务的处理,是因为 CPU 具有多个内核。( )

14. 在 Windows 操作系统中,磁盘碎片整理程序的主要作用是删除磁盘中无用的文件,增加磁盘可用空间。　　　　　　　　　　　　　　　　　　　( )

15. 虚拟存储器技术中使用的"虚拟内存",其实是计算机硬盘存储器中划分出来的一个部分。　　　　　　　　　　　　　　　　　　　　　　　　　( )

16. Windows 系统中,不同文件夹中的文件不能同名。　　　　　　　　( )

17. Windows 系统中,可以像删除子目录一样删除根目录。　　　　　　( )

18. 安装好操作系统后,任何硬件设备都不需安装驱动程序,就可以正常使用。( )

19. Windows 系统中,如果文件的扩展名不显示,可以通过设置资源管理器的选项使其显示出来。　　　　　　　　　　　　　　　　　　　　　　　( )

20. 操作系统中的图形用户界面通过多个窗口分别显示正在运行的程序的状态。( )

21. 实时操作系统的主要特点是允许多个用户同时联机使用一台计算机。( )

22. Windows 系统中,只读文件无法被删除。　　　　　　　　　　　　( )

二、选择题

1. _____软件运行在计算机系统的底层,并负责管理系统中的各类软硬件资源。

    A. 编译系统   B. 数据库系统   C. 应用程序   D. 操作系统

2. 操作系统的作用之一是_____。
　　A. 实现文字编辑、排版功能　　　　　B. 上网浏览网页
　　C. 控制和管理计算机系统的软硬件资源　D. 将源程序编译为目标程序

3. 操作系统的启动过程中,需要执行:① 自检程序② 操作系统③ 引导程序④ 引导装入程序,
　　其先后顺序为_____。
　　A. ①、④、③、②　　B. ①、③、②、④　　C. ③、②、④、①　　D. ①、②、③、④

4. PC 机加电启动时,计算机首先执行 BIOS 中的第一部分程序,其目的是_____。
　　A. 读出引导程序,装入操作系统
　　B. 测试 PC 机各部件的工作状态是否正常
　　C. 从硬盘中装入基本外围设备的驱动程序
　　D. 启动 CMOS 设置程序,对系统的硬件配置信息进行修改

5. 下面所列功能中,_____功能不是操作系统所具有的。
　　A. 存储管理　　　B. 成本管理　　　C. CPU 管理　　　D. 文件管理

6. 若某台计算机没有硬件故障,也没有被病毒感染,但执行程序时总是频繁读写硬盘,造成系
　　统运行缓慢,则首先需要考虑给该计算机扩充_____。
　　A. 寄存器　　　B. 内存　　　C. CPU　　　D. 硬盘

7. 为了提高 CPU 的利用率,操作系统一般都采用多任务处理。下列关于多任务处理的叙述
　　中,错误的是_____。
　　A. Windows 操作系统采用并发多任务方式支持多个任务的执行
　　B. 为了支持多任务,操作系统中有一个调度程序负责把 CPU 时间分配给各个任务
　　C. 多任务管理一般用在计算能力强的 PC 上,Android、iOS 等操作系统无多任务管理功能
　　D. 多任务实际是由 CPU 轮流执行的,任何时候只有一个任务被 CPU 执行

8. 下列关于操作系统多任务处理的说法中,错误的是_____。
　　A. 多任务处理要求计算机必须配有多个 CPU
　　B. 多任务处理通常是将 CPU 时间划分成时间片,轮流为多个任务服务
　　C. 计算机中多个 CPU 可以同时工作,以提高计算机系统的效率
　　D. Windows 操作系统支持多任务处理

9. 下面关于 Windows 操作系统多任务处理的叙述中,错误的是_____。
　　A. 每个任务通常都对应着屏幕上的一个窗口
　　B. 用户正在输入信息的窗口称为活动窗口,它所对应的任务称为前台任务
　　C. 前台任务可以有多个,后台任务只有 1 个
　　D. 前台任务只有 1 个,后台任务可以有多个

10. 为了支持多任务处理,操作系统采用_____技术把 CPU 分配给各个任务,使多个任务
　　宏观上可以"同时"执行。
　　A. 即插即用　　　B. 批处理　　　C. 时间片轮转　　　D. 虚拟存储

11. 在 PC 机键盘上按组合键_____可启动 Windows 任务管理器。
　　A. Ctrl + Alt +Delete　　　　B. Ctrl+Break
　　C. Ctrl+Enter　　　　　　　D. Ctrl + Alt + Break

12. 下面关于虚拟存储器的说法中,正确的是_____。
　　A. 虚拟存储器由 RAM 加上高速缓存 Cache 组成
　　B. 虚拟存储器由物理内存和硬盘上的虚拟内存组成

    C. 虚拟存储器的容量等于主存加上 Cache 的容量

    D. 虚拟存储器是提高计算机运算速度的设备

13. 下面是关于操作系统虚拟存储器技术优点的叙述,其中错误的是_____。

    A. 虚拟存储器技术的指导思想是"以时间换取空间"

    B. 虚拟存储器可以解决内存容量不够使用的问题

    C. 虚拟存储器可以把硬盘当作内存使用,提高硬盘的存取速度

    D. 虚拟存储器对多任务处理提供了有力的支持

14. 当多个程序共享内存资源时,操作系统的存储管理程序将把内存与_____有机结合起来,提供一个容量比实际内存大得多的"虚拟存储器"。

    A. 高速缓冲存储器　　B. 光盘存储器　　　　C. 硬盘存储器　　　　D. 离线后备存储器

15. "Windows 资源管理器"窗口中,要在文件夹内容窗口中,选中多个连续的文件,应先用鼠标选定第一个文件后,移动鼠标指针至要选定的最后一个文件,按住_____键并单击最后一个文件。

    A. Ctrl　　　　　　　　B. Alt　　　　　　　　C. Shift　　　　　　　　D. DEL

16. 在 Windows(中文版)系统中,文件名可以用中文、英文和字符的组合进行命名,但有些特殊字符不可使用。下面除_____字符外都是不可用的 。

    A. *　　　　　　　　　B. ?　　　　　　　　　C. _(下划线)　　　　D. /

17. 以下关于 Windows(中文版)文件管理的叙述中,错误的是_____。

    A. 文件夹的名字可以用英文或中文

    B. 文件的属性若是"系统",则表示该文件与操作系统有关

    C. 根文件夹(根目录)中只能存放文件夹,不能存放文件

    D. 子文件夹中既可以存放文件,也可以存放文件夹,从而构成树型的目录结构

18. 下面是一些常用的文件类型,其中_____文件类型是最常用的 WWW 网页文件。

    A. gif 或 jpeg　　　　B. txt 或 text　　　　C. wav 或 au　　　　D. htm 或 html

19. 在 Windows(中文版)系统中,下列选项中不可以作为文件名使用的是_____。

    A. 计算机　　　　　　　　　　　　　　B. ruanjia_2. rar

    C. 文件 *. ppt　　　　　　　　　　　　D. A1234567890_书名. doc

20. 在 Windows 操作系统中,下列有关文件夹叙述错误的是_____。

    A. 将不同类型的文件放在不同的文件夹中,方便了文件的分类存储

    B. 文件夹为文件的查找提供了方便

    C. 网络上其他用户可以不受限制地修改共享文件夹中的文件

    D. 几乎所有文件夹都可以设置为共享

21. 在 Windows 系统中,实际存在的文件在资源管理器中没有显示出来的原因有多种,但不可能是_____。

    A. 隐藏文件　　　　　B. 系统文件　　　　　C. 存档文件　　　　　D. 感染病毒

22. 下列 Windows(中文版)系统中有关文件命名的叙述中,错误的是_____。

    A. 文件或文件夹的名字可以是中文也可以是西文和阿拉伯数字

    B. 每个文件或文件夹必须有自己的名字

    C. 同一个硬盘(或分区)中的所有文件不能同名

    D. 文件或文件夹的名字长度有一定限制

23. 下面的几种 Windows 操作系统中,版本最新的是_____。

    A. Windows XP　　　B. Windows 7　　　C. Windows Vista　　D. Windows 10

24. 选项_____中所列软件都属于操作系统。
    A. Flash 和 Linux
    B. Windows XP 和 Unix
    C. Unix 和 FoxPro
    D. Word 和 OS/2

25. UNIX 和 Linux 是使用较为广泛的多用户交互式分时操作系统。下列叙述中错误的是_____。
    A. TCP/IP 网络协议是在 UNIX 系统上开发成功的
    B. UNIX 系统的大部分代码是用 C 语言编写的
    C. 它们是目前互联网服务器使用得很多的操作系统
    D. 它们适用于大中型机或网络服务器,不能用于便携机

26. 大多数数据文件的类型名在不同的操作系统中是通用的,因而 PC 机、平板电脑、智能手机等之间可以交换文档、图片、音乐等各种数据,而可执行程序(应用程序)的文件类型名称则通常不同。例如,在智能手机使用的 Android 系统中,应用程序的类型名通常是_____。
    A. APP   B. APK   C. EXE   D. DLL

27. 目前 Android 操作系统和 iOS 操作系统是平板电脑和智能手机上广泛使用的操作系统。下列有关 Android 操作系统及其平台上的应用程序的叙述中,错误的是_____。
    A. 所有的 Android 应用程序均是采用 C 语言或 C++语言编写的
    B. Android 操作系统是以 Linux 操作系统内核为基础的操作系统
    C. Android 操作系统是完全开源的(部分组件除外),任何厂商都可以免费使用
    D. Android 应用程序的后缀是 APK,将 APK 文件直接传到(下载)到平板电脑或智能手机中即可安装和运行

28. 下列关于操作系统的叙述中,错误的是_____。
    A. PC 机、平板电脑、智能手机都要安装操作系统才能运行
    B. 在计算机运行过程中,操作系统的所有程序均驻留在计算机的内存中
    C. 目前大多数国产智能手机都是安装 Android 操作系统
    D. 通常一台 PC 机上可以安装多种操作系统,如 Windows、Linux 等

29. 长期以来,Microsoft 公司的 Windows 操作系统一直是 PC 机上使用的主流操作系统。下列关于 Windows 操作系统功能的叙述中,错误的是_____。
    A. 支持多种文件系统(如 FAT32、NTFS、CDFS 等)以管理不同的外存储器
    B. 支持 I/O 设备的"即插即用"和"热插拔"
    C. 采用了虚拟存储技术进行存储管理,其页面调度算法为"最近最少使用"算法
    D. 仅当计算机中有多个处理器或处理器为多内核处理器时,才能执行多个任务

30. 长期以来,Microsoft 公司的 Windows 操作系统一直是在 PC 机上广泛使用的操作系统,但其因可靠性和安全性问题也经常受到用户的批评。我国有关部门曾发出通知,中央国家机关采购中"所有计算机类产品不允许安装_____操作系统"。
    A. Windows 7   B. Windows Vista   C. Windows 8   D. Windows XP

31. 智能手机是指需要安装操作系统、用户可以安装和卸载应用程序的一类手机。在下列软件中,不属于智能手机操作系统的是_____。
    A. Android   B. iOS   C. Symbian   D. MS－DOS

3.3　算法与程序设计语言

一、填空题

1. 数据结构和_____的设计是程序设计的主要内容。

2. 解决某一问题的算法有多种,但它们都必须满足确定性、有穷性、能行性、输入和输出。其中输出的个数 n 应大于等于_____。(填一个数字)

3. 算法是对问题求解过程的一种描述,"算法中的操作都是可以执行的,即在计算机的能力范围之内,且在有限时间内能够完成",这句话所描述的特性被称为算法的_____。

4. C++语言运行性能高,且与 C 语言兼容,已成为当前主流的面向_____的程序设计语言之一。

5. Java 语言是一种面向_____的,用于_____环境的程序设计语言。

二、判断题

1. 人类已经积累了大量的知识财富,算法的设计往往是有章可循、有法可依的,因此日常生活中的任何问题都可以找到解决该问题的算法。　　　　　　　　　　　(　　)

2. 对于同一个问题可采用不同的算法去解决,但不同的算法通常具有相同的效率。　(　　)

3. 在数学中,求最大公约数的辗转相除法是一种算法。　　　　　　　　　　(　　)

4. 算法一定要用"伪代码"(一种介于自然语言和程序设计语言之间的文字和符号表达工具)来描述。　　　　　　　　　　　　　　　　　　　　　　　　　　　(　　)

5. 流程图是唯一的一种算法表示方法。　　　　　　　　　　　　　　　　(　　)

6. 算法与程序不同,算法是问题求解规则的一种过程描述。　　　　　　　　(　　)

7. 评价一个算法的优劣主要从需要耗费的存储资源(空间)和计算资源(时间)两方面进行考虑。　　　　　　　　　　　　　　　　　　　　　　　　　　　　　(　　)

8. 由于目前计算机内存容量较大,因此分析一个算法的好坏,只需考虑其速度的快慢就可以了。　　　　　　　　　　　　　　　　　　　　　　　　　　　　　(　　)

9. 在 PC 机 Windows 平台上运行的游戏软件,发送到安卓系统的手机上,可正常运行。
　　　　　　　　　　　　　　　　　　　　　　　　　　　　　　　(　　)

10. 为了方便人们记忆、阅读和编程,汇编语言将机器指令采用助记符号表示。　(　　)

11. 一台计算机的机器语言就是这台计算机的指令系统。　　　　　　　　　(　　)

12. 程序设计语言中,数据的类型主要是用来说明数据的性质和需占用多少存储单元。
　　　　　　　　　　　　　　　　　　　　　　　　　　　　　　　(　　)

13. 程序语言中的条件选择结构可以直接描述重复的计算过程。　　　　　　(　　)

14. 在 BASIC 语言中,"If……Else……End If"语句属于高级程序设计语言中的运算成分。　　　　　　　　　　　　　　　　　　　　　　　　　　　　　(　　)

15. 高级语言源程序通过编译处理可以产生可执行程序,并可保存在磁盘上,供多次运行。
　　　　　　　　　　　　　　　　　　　　　　　　　　　　　　　(　　)

16. 在某一计算机上编写的机器语言程序,可以在任何其他计算机上正确运行。　(　　)

17. 一般将用高级语言编写的程序称为源程序,这种程序不能直接在计算机中运行,需要有相应的语言处理程序翻译成机器语言程序才能执行。　　　　　　　　　(　　)

18. 因为汇编语言是面向机器指令系统的,所以汇编语言程序也可以由计算机直接执行。(　　)

19. C++语言是对 C 语言的扩充。　　　　　　　　　　　　　　　　　　(　　)

20. Java 语言和 C++语言都属于面向对象的程序设计语言。　　　　　　　(　　)

21. Java 语言适用于网络环境编程,在 Internet 上有很多用 Java 语言编写的应用程序。(　　)

22. Matlab 是一种面向数值计算的高级程序设计语言。　　　　　　　　　　(　　)

23. 完成从汇编语言到机器语言翻译过程的程序称为编译程序。　　　　　　(　　)

24. 编译程序是一种把高级语言程序翻译成机器语言程序的翻译程序。　　　(　　)

三、选择题

1. 分析某个算法的优劣时,应考虑的主要因素是_____。
   - A. 需要占用的计算机资源多少
   - B. 简明性
   - C. 可读性
   - D. 开放性

2. 下面几种说法中,比较准确和完整的是_____。
   - A. 计算机的算法是解决某个问题的方法与步骤
   - B. 计算机的算法是用户操作使用计算机的方法
   - C. 计算机的算法是运算器中算术逻辑运算的处理方法
   - D. 计算机的算法是资源管理器中文件的排序方法

3. 根据算法需要占用的计算机资源分析其优劣时,应考虑的两个主要方面是_____。
   - A. 空间代价和时间代价
   - B. 可读性和开放性
   - C. 正确性和简明性
   - D. 数据复杂性和程序复杂性

4. 算法设计是编写程序的基础。下列关于算法的叙述中,正确的是_____。
   - A. 算法必须产生正确的结果
   - B. 算法可以没有输出
   - C. 算法必须具有确定性
   - D. 算法的表示必须使计算机能理解

5. 算法是问题求解规则的一种过程描述。下列关于算法性质的叙述中正确的是_____。
   - A. 算法必须用高级语言描述
   - B. 可采用流程图或类似自然语言的"伪代码"等方式来描述算法
   - C. 算法要求在若干或无限步骤内得到所求问题的解答
   - D. 条件选择结构由条件和选择的两种操作组成,因此算法中允许有二义性

6. 算法设计是编写程序的基础,进行算法分析的目的主要是_____。
   - A. 分析算法的时间复杂度和空间复杂度以求改进效率
   - B. 研究算法中输入和输出的关系
   - C. 找出数据结构的合理性
   - D. 分析算法的正确性和易懂性

7. 下列关于计算机算法的叙述中,错误的是_____。
   - A. 算法是问题求解规则的一种过程描述,在执行有穷步的运算后终止
   - B. 算法的设计一般采用由细到粗、由具体到抽象的逐步求解的方法
   - C. 算法的每一个运算必须有确切的定义,即必须是清楚明确的、无二义性
   - D. 一个算法好坏,要分析其占用的计算机时间、空间,是否易理解、易调试和易测试等

8. 下面关于算法和程序的关系叙述中,正确的是_____。
   - A. 算法必须使用程序设计语言进行描述
   - B. 算法与程序是一一对应的
   - C. 算法是程序的简化
   - D. 程序是算法的具体实现

9. 下列关于算法和程序的叙述中,错误的是_____。
   - A. 程序就是算法,算法就是程序
   - B. 求解某个问题的算法往往不止一个
   - C. 软件的主体是程序,程序的核心是算法
   - D. 为实现某个算法而编写的程序可以有多个

10. 一般认为,算法设计应采用_____的方法。
    - A. 由粗到细、由抽象到具体
    - B. 由细到粗、由抽象到具体
    - C. 由粗到细、由具体到抽象
    - D. 由细到粗、由具体到抽象

11. 程序设计语言是用于编写计算机程序的语言。下列关于程序设计语言的叙述中,错误的是_____。

A. 程序设计语言是一种既能描述解题的算法，也能被计算机准确理解和执行的语言

B. 程序设计语言可以分为面向过程语言和面向对象语言等类型

C. 程序设计语言没有高、低级之分，只是不同操作系统环境下使用不同的编程语言而已

D. 迄今为止，各种不同应用的程序设计语言成百上千种，且新的程序设计语言不断出现

12. 下列关于计算机机器语言的叙述中，错误的是_____。

A. 用机器语言编制的程序难以理解和记忆

B. 用机器语言编制的程序难以维护和修改

C. 用机器语言编写的程序可以在各种不同类型的计算机上直接执行

D. 机器语言就是计算机的指令系统

13. 为求解数值计算问题而选择程序设计语言时，一般不会选用_____。

A. Fortran   B. C 语言   C. Visual Foxpro   D. Matlab

14. _____语言内置面向对象的机制，支持数据抽象，已成为当前面向对象的程序设计的主流语言之一。

A. FORTRAN   B. BASIC   C. C   D. C++

15. 下面的程序设计语言中主要用于数值计算的是_____。

A. FORTRAN   B. Pascal   C. Java   D. C++

16. 下面关于程序设计语言的说法错误的是_____。

A. FORTRAN 语言是一种用于数值计算的面向过程的程序设计语言

B. Java 是面向对象用于网络环境编程的程序设计语言

C. C 语言与运行支撑环境分离，可移植性好

D. C++是面向过程的语言，VC++是面向对象的语言

17. 语言处理程序的作用是把高级语言程序转换成可在计算机上直接执行的程序。下面不属于语言处理程序的是_____。

A. 编译程序   B. 汇编程序   C. 解释程序   D. 监控程序

18. 能把高级语言编写的源程序进行转换，并生成机器语言形式的目标程序的系统软件称为_____。

A. 编译程序   B. 装入程序   C. 连接程序   D. 汇编程序

19. 程序设计语言处理系统是系统软件的一大类，它随处理的语言及其处理方法和处理过程的不同而不同。下列有关程序设计语言处理系统的叙述中，错误的是_____。

A. 对于任何一种高级语言来说，仅有解释程序或编译程序，不可能两者兼而有之

B. 从汇编语言到机器语言的翻译程序，称为汇编程序

C. 从高级语言到汇编语言(或机器语言)的翻译程序，称为编译程序

D. 按源程序中语句的执行顺序，逐条翻译并立即执行相应功能的处理程序，称为解释程序

20. 下列不属于计算机软件技术的是_____。

A. 数据库技术   B. 系统软件技术   C. 软件工程技术   D. 单片机接口技术

【微信扫码】
本章参考答案

第4章 计算机网络与因特网

4.1 数字通信入门

一、填空题

1. 蜂窝移动通信系统由移动台、_____和移动电话交换中心等组成。
2. 双绞线和同轴电缆中传输的是电信号,而光纤中传输的是_____信号。
3. 在双绞线、同轴电缆和光缆3种传输介质中,保密性能最好的是_____。
4. 在双绞线、同轴电缆和光缆3种传输介质中,无中继传输距离最长的是_____。
5. 中波沿_____传播,绕射能力强,适用于广播和海上通信。
6. 卫星通信是利用人造地球卫星作为中继器来转发_____信号以实现通信的。
7. 微波的绕射能力较差,可以作为_____中继通信。
8. 分组交换机的端口有两种,其中连接速度较高的端口是分组交换机到_____之间的端口。

二、判断题

1. 与有线通信相比,地面微波接力通信具有容量大、建设费用省、抗灾能力强等优点。 (　　)
2. 每个移动通信系统均由移动台、基站、移动电话交换中心等组成。GSM 和 CDMA 等多个不同的移动通信系统彼此有所交叠形成"蜂窝式移动通信"。 (　　)
3. 移动通信是有线与无线相结合的通信方式。 (　　)
4. 在蜂窝移动通信系统中,所有基站与移动交换中心之间也通过无线信道传输信息。 (　　)
5. 只要一颗通信卫星就可以实现全球范围的微波通信。 (　　)
6. 由于光纤的传输性能已远超过金属电缆,且成本已大幅度降低,因此目前各种通信和计算机网络的主干传输线路,光纤已获得广泛使用。 (　　)
7. 现代通信指的是使用电波或光波传递信息的技术,所以也称为电信。 (　　)
8. 通信系统中携带了信息的电信号(或光信号),只能以数字信号的形式在信道中传输。 (　　)
9. 通信系统概念上由3个部分组成:信源与信宿、携带了信息的信号以及传输信号的信道,三者缺一不可。 (　　)
10. 使用双绞线作为通信传输介质,具有成本低、可靠性高、传输距离长等优点。 (　　)
11. 使用光波传输信息,一定属于无线通信。 (　　)
12. 光纤传输信号损耗很小,所以光纤通信是一种无中继通信。 (　　)
13. Modem 由调制器和解调器两部分组成。调制是指把模拟信号变换为数字信号,解调是指把数字信号变换为模拟信号。 (　　)
14. 使用多路复用技术能够很好地解决信号的远距离传输问题。 (　　)
15. GSM 和 CDMA 手机通信系统,也需要采用多路复用技术。 (　　)
16. 计算机上网时,可以一面浏览网页一面在线欣赏音乐,还可以下载软件。这时,连接计算机的双绞线采用时分多路复用技术同时传输着多路信息。 (　　)
17. 在采用时分多路复用技术的传输线路中,不同时刻实际上是为不同通信终端服务的。 (　　)

18. 通信系统中使用调制解调技术传输信号的主要目的是增加信号的传输距离。 （　　）

19. 收音机可以收听许多不同电台的节目,是因为广播电台采用了频分多路复用技术播送其节目。 （　　）

20. 采用波分多路复用技术时,光纤中只允许一种波长的光波进行传递。 （　　）

21. 分组交换必须在数据传输之前先在通信双方之间建立一条固定的物理连接线路。 （　　）

22. 分组交换机是一种带有多个端口的专用通信设备,每个端口都有一个缓冲区用来保存等待发送的数据包。 （　　）

23. 分组交换机的基本工作模式是存储转发。 （　　）

24. 公司—部门—工作组的多层次以太网对所有以太网交换机的性能要求都是一样的,因此必须选择相同品牌同一档次的交换机来构建网络。 （　　）

25. 在分组交换机转发表中,选择哪个端口输出是由包(分组)的源地址和目的地址共同决定的。 （　　）

26. 存储转发技术使分组交换机能对同时到达的多个数据包进行处理,而不会发生冲突。 （　　）

三、选择题

1. 通信的任务就是传递信息。通信至少需由 3 个要素组成,_____不是三要素之一。
   A. 信号　　　　　　B. 信源　　　　　　C. 信宿　　　　　　D. 信道

2. 现代通信是指使用电波或光波传递信息的技术,使用_____传输信息不属于现代通信范畴。
   A. 电话　　　　　　B. 传真　　　　　　C. 电报　　　　　　D. 光盘

3. 在下列有关通信技术的叙述中,错误的是_____。
   A. 通信的基本任务是传递信息
   B. 通信可分为模拟通信和数字通信,计算机网络属于模拟通信
   C. 在通信系统中,采用多路复用技术的目的主要是提高传输线路的利用率
   D. 学校的计算机机房一般采用 5 类无屏蔽双绞线作为局域网的传输介质

4. 在下列有关通信技术的叙述中,错误的是_____。
   A. 目前无线电广播主要还是采用模拟通信技术
   B. 数字传输技术最早是被长途电话系统采用的
   C. 数字通信系统的信道带宽就是指数据的实际传输速率(简称"数据速率")
   D. 局域网中广泛使用的双绞线既可以传输数字信号,也可以传输模拟信号

5. 关于光纤通信,下面的叙述中错误的是_____。
   A. 光纤是光导纤维的简称
   B. 光纤传输损耗很小,远距离通信中无须接入中继器
   C. 光纤数据传输速率高
   D. 光纤几乎不漏光,因此保密性强

6. 光纤通信是利用光纤传导光信号来进行通信的一种技术。下列叙述中错误的是_____。
   A. 光纤通信的特点之一是通信容量大、传输损耗小
   B. 光纤通信一般应在信源和信宿处进行电/光、光/电的转换
   C. 光纤通信只适合于超远距离通信,不适合近距离通信,如校园网
   D. 光纤通信常用波分多路复用技术提高通信容量

7. 较其他通信方式而言,下面不属于光纤通信优点的是_____。

  A. 不受电磁干扰   B. 相关设备价格特别便宜

  C. 数据传输速率高   D. 保密性好

8. 通信卫星是一种特殊的_____通信中继设备。

  A. 微波   B. 激光   C. 红外线   D. 短波

9. 同轴电缆用_____信号来传递信息

  A. 红外   B. 光   C. 声   D. 电

10. 微波信号需要中继才能实现远距离传输,以下_____不能用于微波中继。

  A. 地面中继站 B. 卫星中继站 C. 大气电离层 D. 大气对流层

11. 卫星通信是_____向空间的扩展。

  A. 中波通信   B. 短波通信   C. 微波接力通信 D. 红外线通信

12. 无线电波按频率(或波长)可分成中波、短波、超短波和微波。下列关于微波的说法错误的是_____。

  A. 微波沿地球表面传播,易穿过建筑物

  B. 微波是一种具有极高频率的电磁波,其波长很短

  C. 微波通信的建设费用低(与电缆通信相比)、抗灾能力强

  D. 微波传输技术广泛用于移动通信和数字高清晰度电视的信号传输等

13. 下列关于双绞线的叙述中错误的是_____。

  A. 它的传输速率可达 10 Mb/s～100 Mb/s,传输距离可达几十千米甚至更远

  B. 双绞线大多用作局域网通信介质

  C. 双绞线易受外部高频电磁波的干扰,线路本身也产生噪声,误码率较高

  D. 它既可以用于传输模拟信号,也可以用于传输数字信号

14. 以下选项_____中所列都是计算机网络中数据传输常用的物理介质。

  A. 光缆、集线器和电源   B. 电话线、双绞线和服务器

  C. 同轴电缆、光缆和电源插座   D. 同轴电缆、光缆和双绞线

15. 下列通信方式中,_____不属于微波远距离通信。

  A. 卫星通信 B. 光纤通信 C. 对流层散射通信 D. 地面接力通信

16. 下面关于几种有线信道传输介质性能特点的叙述中,错误的是_____。

  A. 双绞线易受外部高频电磁波的干扰,一般适合于在建筑物内部使用

  B. 同轴电缆的抗干扰性比双绞线差

  C. 同轴电缆传输信号的距离比双绞线长

  D. 光纤传输信号的安全性比使用电缆好得多

17. 由于微波_____,所以在实际通信中得到广泛应用。

  A. 与光波具有相同的波长和传输特性

  B. 具有较强的电离层反射能力

  C. 直线传播,容量大,通信设施建设费用少

  D. 绕射能力强,能沿地面传播

18. 在_____方面,光纤与其他常用传输介质相比目前还不具有明显优势。

  A. 不受电磁干扰   B. 相关通信设备的价格

  C. 数据传输速率   D. 保密性

19. 若在一个空旷区域内无法使用任何 GSM 手机进行通信,其原因最有可能是_____。

    A. 该区域的地理特征使手机不能正常使用

    B. 该区域没有建立基站

    C. 该区域没有建立移动电话交换中心

    D. 该区域被屏蔽

20. 在下列有关有线通信和无线通信的叙述中,错误的是_____。

    A. 短波具有较强的电离层反射能力,适用于环球通信

    B. 中波主要沿地面传播、绕射能力强,适用于广播和海上通信

    C. 微波频带很宽,但绕射能力较差,只能作为视距或超视距中继通信

    D. 与有屏蔽双绞线相比,无屏蔽双绞线成本高、传输距离远

21. 以下有关无线通信技术的叙述中,错误的是_____。

    A. 无线通信不需要架设传输线路,节省了传输成本

    B. 与有线通信相比,容易被窃听、也容易受干扰

    C. 它允许通信终端在一定范围内随意移动,方便了用户

    D. 电波通过自由空间传播时,能量集中,传输距离可以很远

22. 移动通信指的是处于移动状态的对象之间的通信,最有代表性的移动通信是手机。在下列有关移动通信的叙述中,错误的是_____。

    A. 4G 手机大多采用多模工作方式,与 3G 和 2G 模式保持兼容

    B. 目前 5G 移动通信技术正在大力研发之中,相关标准也在制定之中

    C. 中国移动采用的 4G 通信技术标准,与中国电信和联通采用的标准不同

    D. 从第 1 代个人移动通信(1G)到 4G 移动通信,均采用了数字通信技术

23. 移动通信指的是处于移动状态的对象之间的通信,最有代表性的移动通信是手机。在下列移动通信技术标准中,中国电信和联通采用的 4G 通信技术标准是_____。

    A. FDD－LTE   B. TD－SCDMA

    C. CDMA2000   D. TD－LTE

24. MODEM 的主要功能是_____。

    A. 将数字信号与模拟信号进行转换   B. 对数字信号进行编码和解码

    C. 将模拟信号进行放大   D. 对数字信号进行加密和解密

25. 计算机利用电话线向其他设备发送数据时,需使用数字信号调整载波的某个参数,才能远距离传输信息。所用的设备是_____。

    A. 调制器   B. 解调器   C. 编码器   D. 解码器

26. 在无线广播系统中,一部收音机可以收听多个不同的电台节目,其采用的信道复用技术是_____多路复用。

    A. 频分   B. 时分   C. 码分   D. 波分

27. 在光纤作为传输介质的通信系统中,采用的信道多路复用技术主要是_____多路复用技术。

    A. 频分   B. 时分   C. 码分   D. 波分

28. 在现代通信系统中,为了能有效地提高数据链路的利用率、降低通信成本,一般使用多路复用技术让多路信号同时共用一条传输线进行传输。用户通过电话线使用 ADSL 技术接入互联网时,ADSL 技术接入方式主要是使用了_____。

A. 频分多路复用技术 　　　　　　　B. 波分多路复用技术

C. 时分多路复用技术 　　　　　　　D. 码分多路寻址技术

29. 传输电视信号的有线电视系统,所采用的信道复用技术一般是_____多路复用。

A. 时分 　　　　B. 频分 　　　　C. 码分 　　　　D. 波分

30. 分组交换网为了能正确地将用户的数据包传输到目的地计算机,数据包中至少包含_____。

A. 包的源地址 　　　　　　　　　B. 包的目的地地址

C. MAC 地址 　　　　　　　　　　D. 下一个交换机的地址

31. 分组交换网中,_____不是包(分组)交换机的任务。

A. 检查包中传输的数据内容 　　　　B. 检查包的目的地址

C. 将包送到交换机端口进行发送 　　D. 从缓冲区中提取下一个包

32. 转发表是分组交换网中交换机工作的依据,一台交换机要把接收到的数据包正确地传输到目的地,它必须获取数据包中的_____。

A. 源地址

B. 目的地地址

C. 源地址和目的地地址

D. 源地址、目的地地址和上一个交换机地址

33. 在使用分组交换技术的数字通信网中,数据以_____为单位进行传输和交换。

A. 记录 　　　B. 数据包(分组) 　　　C. 字节 　　　D. 文件

34. 在广域网中,每台交换机都必须有一张_____表,用来给出目的地址和输出端口的关系。

A. 目录表 　　　B. 转发表 　　　C. FAT 表 　　　D. 线性表

35. 在广域网中,计算机需要传送的数据必须预先划分成若干_____后,才能在网上进行传送。

A. 分组(包) 　　　B. 字节 　　　C. 比特率 　　　D. 比特

36. 在分组交换机转发表中,选择哪个端口输出与_____有关。

A. 包(分组)的路径

B. 包(分组)的目的地地址

C. 包(分组)的源地址和目的地地址

D. 包(分组)的源地址

37. 下面关于分组交换机和转发表的说法中,错误的是_____。

A. 交换机的端口有的连接计算机,有的连接其他交换机

B. 每个交换机均有转发表,用于确定收到的数据包从哪一个端口转发出去

C. 分组交换网中的交换机称为分组交换机或包交换机

D. 交换机中转发表的路由信息是固定不变的

38. 下列有关分组交换网中存储转发工作模式的叙述中,错误的是_____。

A. 分组交换机的每个端口每发送完一个包才从缓冲区中提取下一个数据包进行发送

B. 存储转发技术能使数据包以传输线路允许的最快速度在网络中传送

C. 存储转发不能解决数据传输时发生冲突的情况

D. 采用存储转发技术使分组交换机能处理同时到达的多个数据包

39. 计算机网络互联采用的交换技术大多是_____。
    A. 自定义交换　　　B. 分组交换　　　C. 报文交换　　　D. 电路交换

40. 采用分组交换技术传输数据时必须把数据拆分成若干包(分组),每个包(分组)由若干部分组成,_____不是其组成部分。
    A. 送达的目的计算机地址　　　　B. 传输介质类型
    C. 需传输的数据　　　　　　　　D. 包(分组)的编号

4.2　计算机网络基础

一、填空题

1. 计算机网络提供给用户的常见服务主要有文件服务、消息传递服务、_____服务和应用服务。

2. 数据传输中规定时间内出错数据占被传输数据总数的比例被称为_____。

3. 在描述数据传输速率时,常用的度量单位 kb/s 是 b/s 的_____倍, Mb/s 是 kb/s 的_____倍。

4. 在一次数据传输中,共传输了 1 MB 数据,发现 8 bit 出错,则本次传输数据的误码率为 10 的负_____次方。

5. 计算机网络有两种基本的工作模式,它们是_____模式和_____模式。

6. 局域网中的每台主机既可以作为工作站也可以作为服务器,这样的工作模式称为_____模式。

7. 网络操作系统运行在服务器上,可以提供网络资源共享并负责管理整个网络,其英文缩写(3 个字母)为_____。

8. 网络工作模式分为客户/服务器模式和对等模式。文件传输协议 FTP 是按照_____模式来工作的。

9. 网络上安装了 Windows 操作系统的计算机,可设置共享文件夹,同组成员彼此之间可相互共享文件资源,这种工作模式称为_____模式。

10. 网络用户经过授权后可以访部问其他计算机硬盘中的数据和程序,网络提供的这种服务称为_____服务。

11. 在网络中通常把提供服务的计算机称为_____,把请求服务的计算机称为_____。

12. 计算机局域网由网络工作站、网络服务器、网络打印机、网络接口卡、_____和网络互联设备等组成。

13. 局域网上的每台计算机在传送数据时,将数据分成若干帧,每次可传送_____个帧。

14. 局域网中,检测和识别信息帧中 MAC 地址的工作由_____完成。

15. 局域网中,数据通常划分成_____在网络中传输。

16. 共享式以太网采用_____方式进行通信,使一台计算机发出的帧其他计算机都可以收到。

17. 计算机局域网包括网络工作站、网络服务器、网络打印机、传输介质以及用来负责发送和接收数据帧的_____等设备。

18. 由于计算机网络应用的普及,现在几乎每台计算机都有网卡,但实际上我们看不到网卡的实体,因为网卡的功能均已集成在_____中了。所谓网卡,多数只是逻辑上的一个名称而已。

19. 以太网中的每台计算机必须安装有网卡,用于发送和接收数据。大多数情况下网卡通过_____线把计算机连接到网络。

20. 目前大多数以太网使用的传输介质是_____和光纤。

21. 每块以太网卡都有一个用 48 个二进位表示的全球唯一的 MAC 地址,网卡安装在哪台计算机上,其 MAC 地址就成为该台计算机的_____地址。

22. 在交换式局域网中,有 100 个节点,若交换机的带宽为 100 Mb/s,则每个节点的可用带宽为_____ Mb/s。

23. 在无线数字通信的技术标准中,传输距离在 10 m 之内、适合于办公室和家庭环境的低速无线网络通信技术称为_____。

24. 无线局域网采用的通信协议主要是 IEEE 802.11,通常英文昵称为_____。

25. 目前广泛使用的交换式以太网,采用的是_____型拓扑结构。

26. 接入无线局域网的计算机与接入点(AP)之间的距离一般在几米～几十米之间,距离越大,穿越的墙体越多,信号越_____。

27. 带有蓝牙功能的 3G 智能手机,在室内进行通信时,可选用_____通信方式,无须支付通信费用。

二、判断题

1. 计算机网络的最主要目的是实现资源共享。　　　　　　　　　　　　　　　　（　　）

2. 计算机网络中所有设备必须遵循一定的通信协议才能高度协调地工作。　　　（　　）

3. 网络中的计算机只能作为服务器。　　　　　　　　　　　　　　　　　　　　（　　）

4. 因特网提供的 FTP 和 Telnet 服务都采用了客户机/服务器的工作方式。　　　（　　）

5. 在网络中,一台计算机要么充当服务器,要么充当客户机,不可同时身兼两职。（　　）

6. 在数字通信系统中,信道带宽与所使用的传输介质和传输距离密切相关,与采用何种多路复用及调制解调技术无关。　　　　　　　　　　　　　　　　　　　　　　　（　　）

7. 计算机网络最有吸引力的特性是资源共享,即多台计算机可以共享数据、打印机、传真机等多种资源,但不可以共享音乐资源。　　　　　　　　　　　　　　　　　　　（　　）

8. 按客户/服务器模式工作的网络中,普通 PC 机只能用作客户机。　　　　　　（　　）

9. BT 文件下载时采用 P2P 模式工作,其特点是"参与下载的用户越多,下载的速度越快"。
　　　　　　　　　　　　　　　　　　　　　　　　　　　　　　　　　　　　（　　）

10. 由于无线网络采用无线信道传输数据,所以更要考虑传输过程中的安全问题。（　　）

11. 每块以太网卡都有一个全球唯一的 MAC 地址,MAC 地址由六个字节组成,共 48 位。
　　　　　　　　　　　　　　　　　　　　　　　　　　　　　　　　　　　　（　　）

12. 局域网就是将地理位置相对集中的计算机使用专线连接在一起的网络。　　　（　　）

13. 某些打印机自带网卡,可直接与网络相连。　　　　　　　　　　　　　　　　（　　）

14. 网络上可以有两台计算机中网卡的 MAC 地址相同。　　　　　　　　　　　　（　　）

15. 无线网卡与普通的以太网网卡一样,具有自己的 MAC 地址。　　　　　　　　（　　）

16. 局域网由于采用了专用的传输介质,数据在传输过程中不会发生错误,因而无须进行检测。　　　　　　　　　　　　　　　　　　　　　　　　　　　　　　　　　　　　（　　）

17. 局域网的拓扑结构可以有总线型、星型、环型等多种。　　　　　　　　　　　（　　）

18. 将大楼内的计算机使用双绞线、交换机连接在一起构成的网络属于局域网。　（　　）

19. 计算机局域网中的传输介质只能是同类型的,要么全部采用光纤,要么全部采用双绞线,

不能混用。 （　　）

20. 构建无线局域网时,必须使用无线网卡才能将 PC 机接入网络。 （　　）

21. 交换式局域网是一种总线型拓扑结构的网络,多个节点共享一定带宽。 （　　）

22. 连接在以太网交换机上的每一台计算机各自独享一定的带宽。 （　　）

23. 实现无线上网方式的计算机内不需要安装网卡。 （　　）

24. 校园网的主干部分大多使用光纤作为传输介质。 （　　）

25. 共享以太网是一种总线结构的局域网,所有的计算机通过以太网卡和电缆连接到一条总
　　线上,并采用广播方式进行相互间的数据通信。 （　　）

26. 最常用的交换式局域网是使用交换式集线器构成的交换式以太网。 （　　）

27. 蓝牙是一种近距离高速有线数字通信的技术标准。 （　　）

28. 无线局域网中的无线接入点(简称 WAP 或 AP),其作用相当于手机通信系统中的
　　"基站"。 （　　）

29. 无线局域网需使用无线网卡、无线接入点等设备,无线接入点英文简称为 WAP 或 AP。 （　　）

30. 无线局域网采用协议主要是 802.11 等,通常也称 Wi-Fi。 （　　）

三、选择题

1. 数据通信系统的数据传输速率指单位时间内传输的二进位数据的数目,下面_____一般
　　不用它做计量单位。
　　A. kB/s 　　　　　　B. kb/s 　　　　　　C. Mb/s 　　　　　　D. Gb/s

2. 计算机网络按其所覆盖的地域范围一般可分为_____。
　　A. 局域网、广域网和万维网 　　　　　　B. 局域网、广域网和互联网
　　C. 局域网、城域网和广域网 　　　　　　D. 校园网、局域网和广域网

3. 计算机网络中的不同计算机使用相同的_____就可以实现通信。
　　A. 通信线路 　　　B. 通信方式 　　　C. 通信协议 　　　D. 通信模式

4. 从地域范围来分,计算机网络可分为:局域网、广域网、城域网。中国教育科研网 CERNET
　　属于_____。
　　A. 局域网 　　　　B. 广域网 　　　　C. 城域网 　　　　D. 政府网

5. 网上聊天软件主要体现了计算机网络的_____功能。
　　A. 资源共享 　　　B. 数据通信 　　　C. 分布式信息处理 　　D. 提高系统可靠性

6. 下列关于计算机网络中通信协议的叙述中,比较完整和准确的说法是_____。
　　A. 为了确定网络中谁先接收到信息
　　B. 为了确定收到信息的计算机如何进行内部处理
　　C. 为网络中的计算机进行通信所制定的一组需要共同遵守的规则和约定
　　D. 用于检查和发现计算机通信时数据传送中的错误

7. 下列关于计算机网络的表述中错误的是_____。
　　A. 建立计算机网络的主要目的是实现资源共享
　　B. Internet 也称国际互联网、因特网
　　C. 计算机网络是在通信协议控制下实现的计算机之间的连接
　　D. 利用传输介质把多台计算机互相连接起来,就构成了计算机网络

8. 下列描述中有关网络的分类错误的是_____。
　　A. 按覆盖的地域范围可分为 LAN、WAN 和 MAN

　　B. 按网络使用性质,可分为公用网与专用网

　　C. 按传输介质分可分为有线网和无线网

　　D. 按网络使用范围和对象分,可分为物理网及资源共享网

9. 下列有关网络两种工作模式(客户/服务器模式和对等模式)的叙述中,错误的是＿＿＿＿＿。

　　A. 近年来盛行的"BT"下载服务采用的是对等工作模式

　　B. 基于 C/S 模式的网络会因客户机的请求过多、服务器负担过重而导致整体性能下降

　　C. Windows XP 操作系统中的"网上邻居"是按客户/服务器模式工作的

　　D. 对等网络中的每台计算机既可以作为客户机也可以作为服务器

10. 衡量计算机网络中数据链路性能的重要指标之一是"带宽"。下面有关带宽的叙述中错误的是＿＿＿＿＿。

　　A. 数据链路的带宽是该链路的平均数据传输速率

　　B. 电信局声称 ADSL 下行速率为 2 Mb/s,其实指的是带宽为 2 Mb/s

　　C. 千兆校园网的含义是学校中大楼与大楼之间的主干通信线路带宽为 1 Gb/s

　　D. 通信链路的带宽与采用的传输介质、传输技术和通信控制设备等密切相关

11. Internet 网属于一种＿＿＿＿＿。

　　A. 校园网　　　　　　B. 局域网　　　　　　C. 广域网　　　　　　D. 城域网

12. 关于计算机广域网的叙述,正确的是＿＿＿＿＿。

　　A. 使用专用的电话线路,数据传输率很高

　　B. 信息传输的基本原理是分组交换和存储转发

　　C. 通信方式为广播方式

　　D. 所有的计算机用户都可以直接接入广域网,无需向 ISP 申请

13. 以下关于局域网和广域网的叙述中,正确的是＿＿＿＿＿。

　　A. 广域网只是比局域网覆盖的地域广,它们所采用的技术是完全相同的

　　B. 局域网中的每个节点都有一个唯一的物理地址,称为介质访问地址(MAC 地址)

　　C. 现阶段家庭用户的 PC 机只能通过电话线接入网络

　　D. 单位或个人组建的网络都是局域网,国家或国际组织建设的网络才是广域网

14. 在一座办公大楼或某一小区内建设的计算机网络一般是＿＿＿＿＿。

　　A. 广域网　　　　　　B. 城域网　　　　　　C. 公用网　　　　　　D. 局域网

15. 下列有关网络对等工作模式的叙述中,正确的是＿＿＿＿＿。

　　A. 电子邮件服务是因特网上对等工作模式的典型实例

　　B. 对等工作模式适用于大型网络,安全性较高

　　C. 对等工作模式的网络中的每台计算机要么是服务器,要么是客户机,角色是固定的

　　D. 对等工作模式的网络中可以没有专门的硬件服务器,也可以不需要网络管理员

16. 下列有关网络操作系统的叙述中,错误的是＿＿＿＿＿。

　　A. 网络操作系统通常安装在服务器上运行

　　B. 网络操作系统必须具备强大的网络通信和资源共享功能

　　C. Windows (Home 版)属于网络操作系统

　　D. 利用网络操作系统可以管理、检测和记录客户机的操作

17. 下列一般不作为服务器操作系统使用的是＿＿＿＿＿。

　　A. Unix　　　　　　　　　　　　　　　　B. Windows　NT Server

C. Windows XP   D. Linux

18. 下列网络应用中，采用对等模式工作的是_____。
    A. FTP 文件服务   B. 网上邻居   C. 打印服务   D. Web 信息服务

19. 下列网络应用中，采用 C/S 模式工作的是_____。
    A. BT 下载   B. Skype 网络电话   C. 电子邮件   D. 迅雷下载

20. 下列关于计算机网络的叙述中，错误的是_____。
    A. Internet 也称互联网或因特网
    B. 建立计算机网络的主要目的是实现资源共享
    C. 网络中的计算机在共同遵循通信协议的基础上进行相互通信
    D. 只有相同类型的计算机互相连接起来，才能构成计算机网络

21. 下列不属于数字通信系统性能指标的是_____。
    A. 信道带宽   B. 数据传输速率   C. 误码率   D. 通信距离

22. 为了开展各种网络应用，联网的计算机必须安装运行网络应用程序，下面不属于网络应用
    程序的是_____。
    A. Internet Explorer B. 网络游戏   C. WinRAR   D. QQ

23. 网络通信协议是计算机网络的组成部分之一，它的主要作用是_____。
    A. 负责协调本地计算机中的网络硬件与软件
    B. 规定网络中所有通信链路的性能要求
    C. 规定网络中计算机相互通信时需要共同遵守的规则和约定
    D. 负责说明本地计算机的网络配置

24. 关于计算机组网的目的，下列描述中不完全正确的是_____。
    A. 共享网络中的软硬件资源   B. 提高计算机系统的可靠性和可用性
    C. 增强计算机系统的安全性   D. 进行数据通信

25. 城域网（也称为市域网）是网络运营商在城市范围内组建的一种高速宽带网络，用于城市
    范围内大量的局域网和个人计算机接入互联网。城域网的英文缩写是_____。
    A. MAN   B. PAN   C. LAN   D. WAN

26. Windows XP 操作系统可以支持多个工作站共享网络上的打印机，下面的叙述中，错误的
    是_____。
    A. 用户可暂停正在打印机上打印的打印任务
    B. 需要打印的文件，按"先来先服务"的顺序存放在打印队列中
    C. 用户可查看打印队列的排队顺序
    D. 用户不能终止正在打印机上打印的打印任务

27. 下列关于局域网资源共享的叙述中正确的是_____。
    A. 通过 Windows XP 操作系统的"网上邻居"功能可以访问局域网中其他计算机的数据
    B. 处于同一局域网中的计算机能无条件地相互共享彼此的软硬件资源
    C. 不能连上因特网，在同一局域网中的两台机也可以通过腾讯 QQ 之类的软件进行通信
    D. 无线局域网对资源共享的限制比有线局域网小，因此可共享键盘

28. 100 Mb/s 快速以太网与 10 Mb/s 以太网是兼容的，其主要原因在于_____相同。
    A. 介质访问控制方法   B. 物理层协议
    C. 网络层协议   D. 发送时钟周期

29. 网络适配器俗称"_____",是一块网络接口电路板,每一台上网的服务器或工作站上都必须装上这种适配器,才能进行网络通信,实现网络存取。
　　A. 图形卡　　　　　　B. 接口卡　　　　　　C. 显卡　　　　　　D. 网卡

30. 关于网卡的叙述中错误的是_____。
　　A. 局域网中的每台计算机中都必须有网卡
　　B. 一台计算机中只能有一块网卡
　　C. 网卡借助于网线(或无线电波)与网络连接
　　D. 不同类型的局域网其网卡不同,不能交换使用

31. 在网络中为其他计算机提供共享硬盘、共享打印机及电子邮件服务等功能的计算机称为_____。
　　A. 网络拓扑结构　　B. 网络协议　　　　C. 网络服务器　　　D. 网络终端

32. 与广域网相比,_____不是计算机局域网的主要特点。
　　A. 地理范围有限　　　　　　　　　B. 构建比较复杂
　　C. 数据传输速率高　　　　　　　　D. 通信延迟时间较低,可靠性较好

33. 以太网中计算机之间传输数据时,网卡以_____为单位进行数据传输。
　　A. 帧　　　　　　　　B. 记录　　　　　　　C. 文件　　　　　　D. 信元

34. 下面关于计算机网络协议的叙述中,错误的是_____。
　　A. 协议全部由操作系统实现,应用软件与协议无关
　　B. 网络中进行通信的计算机必须共同遵守统一的网络通信协议
　　C. 网络协议是计算机网络不可缺少的组成部分
　　D. 计算机网络的结构是分层的,每一层都有相应的协议

35. 局域网的特点之一是使用专门铺设的传输线路进行数据通信,目前以太网在室内使用最多的传输介质是_____。
　　A. 同轴电缆　　　　　B. 无线电波　　　　　C. 双绞线　　　　　D. 光纤

36. 接入局域网的每台计算机都必须安装_____。
　　A. 调制解调器　　　　B. 视频卡　　　　　　C. 声卡　　　　　　D. 网络接口卡

37. 下面的局域网中,采用总线型拓扑结构的是_____。
　　A. 令牌环网　　　　　B. FDDI　　　　　　C. 共享式以太网　　D. ATM 局域网

38. 目前使用比较广泛的交换式局域网是一种采用_____拓扑结构的网络。
　　A. 星型　　　　　　　B. 总线型　　　　　　C. 环型　　　　　　D. 网状型

39. 目前使用最广泛的局域网技术是_____。
　　A. 以太网　　　　　　B. 令牌环　　　　　　C. ATM 网　　　　　D. FDDI

40. 交换式以太网与共享式以太网在技术上有许多相同之处,下面叙述中错误的是_____。
　　A. 使用的传输介质相同　　　　　　B. 网络拓扑结构相同
　　C. 传输的信息帧格式相同　　　　　　D. 使用的网卡相同

41. 常用局域网有共享式以太网(Ethernet)、FDDI 网和交换式以太网等,下面的叙述中错误的是_____。
　　A. 总线式以太网采用带冲突检测的载波侦听多路访问(CSMA/CD)方法进行通信
　　B. FDDI 网和以太网可以直接进行互连
　　C. 交换式集线器比总线式集线器具有更高的性能,它能提高整个网络的带宽

D. FDDI 网采用光纤双环结构，具有高可靠性和数据传输的保密性

42. 以太网交换机是交换式以太局域网中常用的设备，对于以太网交换机，下列叙述正确的是 _____。
    A. 采用广播方式进行通信
    B. 连接交换机的每个计算机各自独享一定的带宽
    C. 只能转发信号但不能放大信号
    D. 连接交换机的全部计算机共享一定带宽

43. 在下列关于无线局域网的叙述中，错误的是 _____。
    A. 在无线局域网中，无线接入点实际上是一种无线交换机，在室内覆盖距离可达几十米
    B. 目前无线局域网可采用的协议有 Wi-Fi 和蓝牙等，后者的数据传输速率比前者更高
    C. 若某电脑贴有 Intel 公司的"Centrino"（迅驰）标记，则该电脑应有集成的无线网卡
    D. 无线网卡有多种类型，例如 PCI 无线网卡、USB 无线网卡等

44. 组建无线局域网，需要硬件和软件，以下 _____ 不是必需的。
    A. 无线接入点（AP） B. 无线网卡   C. 无线通信协议   D. 无线鼠标

45. 无线局域网采用的通信协议主要有 IEEE 802.11 及 _____ 等标准。
    A. IEEE 802.3   B. IEEE 802.4   C. IEEE 802.8   D. 蓝牙

46. 利用蓝牙技术，实现智能设备之间近距离的通信，但一般不应用在 _____ 之间。
    A. 手机与手机   B. 手机和耳机线
    C. 笔记本电脑和手机   D. 笔记本电脑和无线路由器

47. 在网络运营商的公用数据网基础上构建自己的逻辑上的专用网络，效果如同租用专线一样，这种网络称为 _____。
    A. WAN   B. LAN   C. VPN   D. MAN

48. 在构建计算机局域网时，若将所有计算机均直接连接到同一条通信传输线路上，这种局域网的拓扑结构属于 _____。
    A. 总线结构   B. 环型结构   C. 网状结构   D. 星型结构

49. 计算机局域网按拓扑结构进行分类，可分为环型、星型和 _____ 型等。
    A. 电路交换   B. 以太   C. TCP/IP   D. 总线

50. 给局域网分类的方法很多，下列 _____ 是按拓扑结构分类的。
    A. 星型网和总线网   B. 以太网和 FDDI 网
    C. 有线网和无线网   D. 高速网和低速网

4.3　互联网的组成

一、填空题

1. TCP/IP 协议标准将计算机网络通信问题划分为应用层、传输层、网络互联层、网络接口和硬件层 4 个层次，其中 TCP 协议是 _____ 层的协议。

2. TCP/IP 协议标准将计算机网络通信问题划分为应用层、传输层、网络互联层等 4 个层次，其中 IP 协议属于 _____ 层。

3. 在 TCP/IP 协议簇中，Web 浏览器使用的 HTTP 协议属于 _____ 层协议。

4. 在因特网中，为了实现计算机相互通信，每台计算机都必须拥有一个唯一的 _____ 地址。

5. IPv4 中，IP 地址由 _____ 位的二进制数字组成。

6. IP 地址分为 A、B、C、D、E 五类,若某台主机的 IP 地址为 210.29.64.5,该 IP 地址属于_____类地址。

7. IP 数据报头部包含有该数据报的发送方和接收方的_____地址。

8. 能把异构的计算机网络相互连接起来,且可根据路由表转发 IP 数据报的设备是_____。

9. 为了解决异构网互联的通信问题,IP 协议定义了一种独立于各种物理网络的数据包格式,称之为 IP _____,用于网间的数据传输。

10. 一般来说,路由器的功能比普通的分组交换机更_____(填写强和弱)。

11. DNS 服务器实现入网主机的域名和_____之间的转换。

12. 在域名系统中,每个顶级域名可以再分成一系列的子域,但最多不能超过_____级。

13. 中国的因特网域名体系中,商业组织的顶级域名是_____。

14. ADSL 是一种宽带接入技术,利用电话线可高速上网,其数据的下载速度比上传速度_____。

15. 台式 PC 机无线接入无线局域网,选用_____接口类型的无线网卡,不需要打开机箱进行安装。

16. 某个网页的 URL 为 http://zhidao.baidu.com/question/76024285.html,该网页所在的 Web 服务器的域名是_____。

17. 光纤接入网按照主干系统和配线系统的交界点不同可分为:光纤到路边、光纤到小区、光纤到大楼等,光纤到路边简称为 FTTC,光纤到家庭简称为_____。

18. 对于由无线路由器、ADSL Modem、电脑等组成的家庭无线局域网,其中接入点(热点)设备是_____。

二、判断题

1. 由于因特网中各子网结构相同便于互连,所以在短短几十年的时间就遍布全世界。(　　)

2. 以太网通过路由器与 FDDI 网相连,自以太网发送的 IP 数据报经路由器传往 FDDI 网时,必须由路由器将数据报封装成 FDDI 帧格式才能在 FDDI 网上传输。(　　)

3. 因特网上使用的网络协议是严格按 ISO 制定的 OSI/RM 来设计的。(　　)

4. 在 TCP/IP 协议中,IP 数据报实际上只需包含目的地地址,而不需要源 IP 地址。(　　)

5. 每一台接入 Internet(正在上网)的主机都需要有一个 IP 地址。(　　)

6. 所有的 IP 地址都可以分配给任何主机使用。(　　)

7. 通常把 IP 地址分为 A、B、C、D、E 五类,IP 地址 130.24.35.2 属于 C 类。(　　)

8. 因特网中的每一台计算机都有一个 IP 地址,路由器可以没有。(　　)

9. 目前市场上提供多种家用无线路由器,如 D-LINK,TP-LINK,组网时大多采用 Web 方式对其进行参数设置。(　　)

10. 因特网中一台主机一旦申请了域名,那么就不能再使用 IP 地址对它进行访问。(　　)

11. 在因特网中,一台主机从一物理网迁移到另一物理网,其 IP 地址必须更换,但域名可以保持不变。(　　)

12. 域名为 www.ntu.edu.cn 的服务器,若对应的 IP 地址为 210.29.68.5,则通过域名和 IP 地址都可以实现对服务器的访问。(　　)

13. 家庭使用的固定电话线路是用来在打电话时传输语音信号的,它不能用来传输数据。(　　)

14. 用户在使用 Cable Modem 上网的同时可以收看电视节目。(　　)

15. 使用 Cable Modem 需要用电话拨号后才能上网。(　　)

16. 用户安装 ADSL 时,可以专门为 ADSL 申请一条单独的线路,也可以改造已有电话线路。
（　　）

17. 电话干线(中继线)采用数字形式传输语音信号,它们也可以用来传输数字信号(数据)。
（　　）

18. 拨号上网的用户都有一个固定的 IP 地址。（　　）

三、选择题

1. 因特网上有许多不同结构的局域网和广域网互相连接在一起,它们能相互通信并协调工作的基础是因为都采用了_____。
   A. ATM 协议　　　　B. TCP/IP 协议　　　C. X.25 协议　　　　D. NetBIOS 协议

2. 在 TCP/IP 协议中,关于 IP 数据报叙述错误的是_____。
   A. IP 数据报头部信息中只包含目的地 IP 地址
   B. IP 数据报的长度可长可短.
   C. IP 数据报包含 IP 协议的版本号
   D. IP 数据报包含服务类型

3. 以下关于 TCP/IP 协议的叙述中,错误的是_____。
   A. 因特网采用的通信协议是 TCP/IP 协议
   B. 全部 TCP/IP 协议有 100 多个,它们共分成 7 层
   C. TCP 和 IP 是全部 TCP/IP 协议中两个最基本、最重要的协议
   D. TCP/IP 协议中部分协议由硬件实现,部分由操作系统实现,部分由应用软件实现

4. 以下关于 IP 协议的叙述中,错误的是_____。
   A. 现在广泛使用的 IP 协议是第 6 版(IPv6)
   B. IP 协议规定了在网络中传输的数据包的统一格式
   C. IP 属于 TCP/IP 协议中的网络互联层协议
   D. IP 协议还规定了网络中的计算机如何统一进行编址

5. TCP/IP 模型将计算机网络分成 4 层,整个 TCP/IP 包含了 100 多个协议,其中 TCP 和 IP 是最基本的、最重要的核心协议。在 TCP/IP 模型中,电子邮件程序使用的 SMTP 协议工作在_____。
   A. 传输层　　　　　B. 互联层　　　　　C. 应用层　　　　　D. 接口层

6. Internet 中主机需要实现 TCP/IP 所有的各层协议,而路由器一般只需实现_____及其以下各层的协议功能。
   A. 网络互联层　　　　　　　　　　　B. 应用层
   C. 传输层　　　　　　　　　　　　　D. 网络接口与硬件层

7. FDDI 网(光纤分布式数字接口网)与其他类型的局域网互联时,需要通过_____才能实现。
   A. 交换机　　　　　B. 路由器　　　　　C. 网桥　　　　　　D. 中继器

8. Internet 使用 TCP/IP 协议实现了全球范围的计算机网络的互联,连接在 Internet 上的每一台主机都有一个 IP 地址,下列可作为一台主机 IP 地址的是_____。
   A. 202.115.1.0　　　　　　　　　　B. 202.115.1.255
   C. 202.115.255.1　　　　　　　　　D. 202.115.255.255

9. IP 地址采用分段地址方式,每一段对应一个十进制数,其取值范围是_____。

    A. 0～255　　　　　　　B. 1～255　　　　　　　C. 0～127　　　　　　　D. 1～127

10. IP 地址分为 A、B、C、D、E 五类。下列 4 个 IP 地址中,属于 C 类地址的是_____。

    A. 1.110.24.2　　　　B. 202.119.23.12　　　C. 130.24.35.68　　　D. 26.10.35.48

11. IP 地址是因特网中用来标识子网和主机的重要信息,如果 IP 地址中主机号部分每一位均为 0,该 IP 地址是指_____。

    A. 因特网的主服务器　　　　　　　　　B. 主机所在子网的服务器

    C. 该主机所在子网本身　　　　　　　　D. 备用的主机

12. IP 地址通常分为固定 IP 地址和动态 IP 地址,目前国内的大多数通过拨号上网的 Internet 用户的 IP 地址都是_____的。

    A. 相同　　　　　　　　B. 动态　　　　　　　　C. 可以相同　　　　　　D. 固定

13. IP 地址中,下面关于 C 类地址说法正确的是_____。

    A. 它可用于中型网络　　　　　　　　　B. 所在网络最多只能连接 254 台主机

    C. 是直接广播地址　　　　　　　　　　D. 是保留地址

14. 路由器(Router)用于异构网络的互联,它跨接在几个不同的网络之中,所以它需要使用的 IP 地址个数为_____。

    A. 1　　　　　　　　　　　　　　　　　B. 2

    C. 3　　　　　　　　　　　　　　　　　D. 所连接的物理网络的数目

15. 接入因特网的每台计算机的 IP 地址是_____。

    A. 由与该计算机直接连接的交换机及其端口决定

    B. 由该计算机中网卡的生产厂家设定

    C. 由网络管理员或因特网服务提供商(ISP)分配

    D. 由用户自定

16. 下列 IP 地址中错误的是_____。

    A. 62.26.1.2　　　　B. 202.119.24.5　　　C. 78.1.0.0　　　　D. 223.268.129.1

17. 下列说法正确的是_____。

    A. 网络中的路由器可不分配 IP 地址

    B. 网络中的路由器不能有 IP 地址

    C. 网络中的路由器只能分配一个 IP 地址

    D. 网络中的路由器应分配两个以上的 IP 地址

18. 下面不能作为 IP 地址的是_____。

    A. 210.109.39.68　　　　　　　　　　　B. 122.34.0.18

    C. 14.118.33.48　　　　　　　　　　　D. 127.0.0.1

19. 以下 IP 地址中可用作某台主机 IP 地址的是_____。

    A. 62.26.1.256　　　B. 202.119.24.5　　　C. 78.0.0.0　　　　D. 223.268.129.1

20. 假设 IP 地址为 202.119.24.5,为了计算出它的网络号,下面_____最有可能用作其子网掩码。

    A. 255.0.0.0　　　　　　　　　　　　　B. 255.255.0.0

    C. 255.255.255.0　　　　　　　　　　　D. 255.255.255.255

21. 在 TCP/IP 网络中,任何计算机必须有一个 IP 地址,下列关于 IP 地址说法中,错误的是_____。
    A. IP 地址分成 A、B、C 三类
    B. B 类 IP 地址的总数多于 C 类 IP 地址总数
    C. IP 地址是一个二进制代码
    D. IPv4 中 IP 地址的长度为 32 位

22. 在校园网中,若只有 150 个因特网 IP 地址可给计算中心使用,但计算中心有 500 台计算机要接入因特网,不会有超过 150 台的计算机同时上网,以下说法正确的是_____。
    A. 最多只能允许 150 台计算机接入因特网
    B. 由于 IP 地址不足,导致 350 台计算机无法设置 IP 地址,无法联网
    C. 安装代理服务器,动态分配 IP 地址,便可使 500 台计算机需要时能接入因特网
    D. 计算机 IP 地址可任意设置,只要其中 150 台 IP 地址设置正确,500 台机便可上网

23. 以下是有关 IPv4 中 IP 地址格式的叙述,其中错误的是_____。
    A. IP 地址用 64 个二进位表示
    B. IP 地址有 A 类、B 类、C 类等不同类型之分
    C. IP 地址由网络号和主机号两部分组成
    D. 标准的 C 类 IP 地址的主机号共 8 位

24. 使用 IP 协议进行通信时,必须采用统一格式的 IP 数据报传输数据。下列有关 IP 数据报的叙述中,错误的是_____。
    A. IP 数据报的大小固定为 53 字节
    B. IP 数据报与各种物理网络数据帧格式无关
    C. IP 数据报格式由 IP 协议规定
    D. IP 数据报包括头部和数据区两个部分

25. 某局域网通过一个路由器接入因特网,若局域网的网络号为 202.29.151.0,那么连接此局域网的路由器端口的 IP 地址只能选择下面 4 个 IP 地址中的_____。
    A. 202.29.1.0   B. 202.29.1.1   C. 202.29.151.0   D. 202.29.151.1

26. 路由器用于连接异构的网络,它收到一个 IP 数据报后要进行许多操作,这些操作不包含_____。
    A. 域名解析   B. 路由选择   C. 帧格式转换   D. IP 数据报的转发

27. 路由器是将两个或多个计算机网络进行互连的重要设备。下列有关路由器的叙述中,错误的是_____。
    A. 由于路由器连接着多个物理网络、是多个网络的成员,因此每个路由器必须分配一个且仅能分配一个 IP 地址
    B. 路由器不仅用于互连不同类型的物理网络,而且还用于将一个大型网络分割成多个子网络,以平衡网络负载、提高网络传输效率
    C. 路由器的处理速度是网络通信的主要瓶颈之一,其可靠性则直接影响网络互连的质量
    D. 无线路由器是一种将以太网交换机、无线 AP 和路由器集成在一起的产品,可用于实现家庭计算机网络的互联网连接共享

28. 路由器的主要功能是_____。
    A. 将多个异构或同构的物理网络进行互连

B. 将有线网络与无线网络进行互连

C. 放大传输信号,实现远距离数据传输

D. 用于传输层及以上各层的协议转换

29. 假设 IP 地址为 62.26.1.254,为了计算出该 IP 地址的网络号,需要使用_____与该地址进行逻辑乘操作。

  A. 域名   B. 子网掩码   C. 网关地址   D. DHCP

30. 假设 192.168.0.1 是某个 IP 地址的"点分十进制"表示,则该 IP 地址的二进制表示中最高 3 位一定是 _____。

  A. 011   B. 100   C. 101   D. 110

31. IP 协议规定,网络中所有计算机必须使用一种统一格式的地址进行标识,这就是 IP 地址。IP 地址分为 A~E 类,下列 IP 地址中属于 A 类地址的是_____。

  A. 193.191.23.204 B. 26.10.35.48 C. 202.119.23.12 D. 130.108.18.11

32. "www.yahoo.com.cn"是雅虎_____公司的网站地址。

  A. 美国   B. 奥地利   C. 匈牙利   D. 中国

33. IP 地址是用 4 个十进制数字来表示的,它不便于人们记忆和使用,于是人们开发了_____,使用该系统,实现用具有特定含义的符号来表示因特网中的每一台主机。

  A. DNS 域名系统 B. Telnet 系统 C. UNIX 系统 D. FTP 系统

34. 网络域名服务器存放着它所在网络中全部主机的_____。

  A. 域名   B. IP 地址

  C. 用户名和口令   D. 域名和 IP 地址的对照表

35. 在 Internet 中域名服务器的主要功能是实现_____的转换。

  A. IP 地址到域名(主机名字)   B. 域名到 IP 地址

  C. 主机 IP 地址和路由器 IP 地址之间 D. 路由器 IP 地址之间

36. 在 TCP/IP 协议的应用层包括了所有的高层协议,其中用于实现网络主机域名到 IP 地址映射的是_____。

  A. DNS   B. SMTP   C. FTP   D. Telnet

37. 在域名系统中,为了避免主机名重复,因特网的名字空间划分为许多域,下列指向教育站点的域名为_____。

  A. GOV   B. COM   C. EDU   D. ORG

38. 主机域名 WWW.JH.ZJ.CN 由四个子域组成,其中最高层的子域是_____。

  A. WWW   B. CN   C. ZJ   D. JH

39. 下面关于因特网服务提供商(ISP)的叙述中,错误的是_____。

  A. ISP 指的是向个人、企业、政府机构等提供因特网接入服务的公司

  B. 因特网已经逐渐形成了基于 ISP 的多层次结构,最外层的 ISP 又称为本地 ISP

  C. ISP 通常拥有自己的通信线路和许多 IP 地址,用户计算机的 IP 地址是由 ISP 分配的

  D. 家庭计算机用户在江苏电信或移动开户后,就可分配一个固定的 IP 地址进行上网

40. 主机域名 public.tpt.tj.cn 有 4 个子域组成,其中_____表示主机名。

  A. public   B. tpt   C. tj   D. cn

41. 下面关于 IP 地址与域名之间关系的叙述中,正确的是_____。

  A. Internet 中的一台主机上网时必须有一个 IP 地址

B. Internet 中的一台主机只能有一个域名

C. 一个合法的 IP 地址可以同时提供给多台主机使用

D. IP 地址与主机域名是一一对应的

42. 下列关于域名的叙述中,错误的是_____。

    A. 把域名翻译成 IP 地址的软件称为域名系统(DNS)

    B. 上网的每台计算机都有一个 IP 地址,所以也有一个各自的域名

    C. 域名是 IP 地址的一种符号表示

    D. 运行域名系统(DNS)的主机叫作域名服务器,每个校园网至少有一个域名服务器

43. 使用域名访问因特网上的信息资源时,由网络中特定的服务器将域名翻译成 IP 地址,该服务器的英文缩写为_____。

    A. IP   B. DNS   C. BBS   D. TCP

44. Internet 中每台主机的域名中,最末尾的一个子域通常为国家或地区代码,如中国的国家代码为 CN。美国的国家代码为_____。

    A. 空白   B. USA   C. AMR   D. US

45. 电信局利用本地电话线路提供一种称为"不对称用户数字线"的技术服务,它在传输数据时,下载的速度远大于上载的速度,这种技术的英文缩写是_____。

    A. ATM   B. ISDN   C. X. 25   D. ADSL

46. 利用 ADSL 组建家庭无线局域网接入因特网,不需要_____硬件。

    A. 带路由功能的无线交换机(无线路由器)

    B. ADSL Modem

    C. 无线交换机与笔记本电脑连接的网线

    D. ADSL Modem 与无线交换机连接的网线

47. 用户使用 ADSL 接入互联网时,需要通过一个 ADSL Modem 连接到计算机,它一般连接到计算机的_____。

    A. 打印端口   B. 串口   C. 并口   D. 以太网卡插口

48. 调制解调器用于电话网上传输数字信号,下列叙述正确的是_____。

    ① 在发送端将数字信号调制成模拟信号   ② 在发送端将模拟信号调制成数字信号

    ③ 在接收端将数字信号调制成模拟信号   ④ 在接收端将模拟信号调制成数字信号

    A. ①③   B. ②④   C. ①④   D. ②③

49. 在利用 ADSL 和无线路由器组建无线局域网时,下列关于无线路由器(交换机)设置的叙述中,错误的是_____。

    A. 必须设置无线接入的 PC 机获取 IP 地址的方式

    B. 必须设置无线上网的有效登录密码

    C. 必须设置 ADSL 上网账号和口令

    D. 必须设置上网方式为 ADSL 虚拟拨号

50. 下面关于 ADSL 接入技术的说法中,错误的是_____。

    A. ADSL 的含义是非对称数字用户线

    B. ADSL 接入需要使用专门的 ADSL MODEM 设备

    C. ADSL 在上网时不能使用电话

    D. ADSL 使用普通电话线作为传输介质,能够提供 8 Mbps 的下载速率和 1 Mbps 的上传速率

51. 下列关于无线接入因特网方式的叙述中,错误的是_____。
    A. 采用无线局域网接入方式,可以在任何地方接入因特网
    B. 采用 4G 移动电话上网较 3G 移动电话快得多
    C. 采用移动电话网接入,只要有手机信号的地方,就可以上网
    D. 目前采用 4G 移动电话上网的费用还比较高

52. 下列关于利用 ADSL 和无线路由器组建家庭无线局域网的叙述中,正确的是_____。
    A. 无线路由器无须进行任何设置
    B. 无线接入局域网的 PC 机无须使用任何 IP 地址
    C. 无线接入局域网的 PC 机无须任何网卡
    D. 登录无线局域网的 PC 机,可通过密码进行身份认证

53. 下列关于 3G 上网的叙述中,错误的是_____。
    A. 3G 上网比 WLAN 的速度快
    B. 3G 上网的覆盖范围较 WLAN 大得多
    C. 3G 上网属于无线接入方式
    D. 我国 3G 上网有三种技术标准,各自使用专门的上网卡,互不兼容

54. 无线网卡产品形式有多种,通常没有下列_____的产品形式。
    A. USB 无线网卡   B. PS/2 无线网卡
    C. PCI 无线网卡   D. 集成无线网卡

55. 无线局域网络采用的协议主要是 802.11(俗称 Wi‑Fi),该协议目前已发展有多个版本。
    在下列版本中,可工作在 2.4 G 和 5 G 双频段、可以提供高达数百 Mbps 数据传输能力的
    是_____。
    A. 802.11 ac   B. 802.11 g
    C. 802.11 a   D. 802.11 n

56. 我国目前采用"光纤到楼,以太网入户"的做法,它采用光纤作为其传输干线,家庭用户上
    网时数据传输速率一般可达_____。
    A. 几百 Mbps   B. 几 Mbps   C. 几 kbps   D. 几千 Mbps

57. 为了接入无线局域网,PC 机中必须安装有_____设备。
    A. 无线鼠标   B. 无线网桥   C. 无线网卡   D. 无线 HUB

58. 通过有线电视系统接入因特网时需使用电缆调制解调(Cable MODEM)技术,以下叙述
    中,错误的是_____。
    A. 收看电视时不能上网
    B. 楼层内同一连接段中多个用户的信号都在同一电缆上传输
    C. 采用同轴电缆和光纤作为传输介质
    D. 能提供语音、数据、图像传输等多种业务

59. 计算机通过下面_____方式上网时,必须使用电话线。
    A. 手机   B. 局域网   C. ADSL   D. Cable Modem

60. 单位用户和家庭用户可以选择多种方式接入因特网,下列有关因特网接入技术的叙述中,
    错误的是_____。
    A. 家庭用户目前还不可以通过无线方式接入因特网
    B. 不论用哪种方式接入因特网,都需要因特网服务提供商(ISP)提供服务

C. 单位用户可以经过局域网而接入因特网

D. 家庭用户可以选择电话线、有线电视电缆等不同的传输介质及相关技术接入因特网

4.4 互联网提供的服务

一、填空题

1. HTTP 协议的中文名称是_____。

2. 网络用户可以把自己的机器暂时作为一台终端，通过 Internet 使用其他大型或巨型计算机的软硬件资源，网络提供的这种服务称为_____。

3. 目前，因特网中有数千台 FTP 服务器使用_____作为公开账号，使得用户只需将自己的邮箱地址作为密码就可以访问 FTP 服务器中的文件。

4. 使用 IE 浏览器启动 FTP 客户程序时，用户需在地址栏中输入：_____://［用户名：口令@］FTP 服务器域名［：端口号］。

5. 如果在浏览器中输入的网址（URL）为 ftp://ftp.pku.edu.cn/，则用户所访问的网站服务器一定是_____服务器。

6. SMTP 的中文含义是_____。

7. 如果登录 QQ 后想使用其提供的功能，但又不想让别人打扰你，可以选择_____登录方式。

8. 与电子邮件的异步通信方式不同，即时通信是一种以_____方式为主进行消息交换的通信服务。

9. 我国即时通信用户数量最多的是腾讯公司的_____即时通信系统。

10. 微软公司提供的免费即时通信软件是_____。

11. 发送电子邮件时如果把对方的邮件地址写错了，并且网络上没有此邮件地址，这封邮件将会_____（销毁、退回、丢失、存档）。

12. 通过 WWW 服务器提供的起始网页就能访问该网站上的其他网页，该网页称为_____。

13. 后缀名为 htm 的文件是使用_____标记语言描述的 Web 网页。

14. 在 WWW 上进行信息检索的工具有两种，一种是主题目录，另一种是_____。

15. 在浏览器中输入的网址（URL）为 http://www.people.com.cn/，则屏幕上显示的网页一定是该网站的_____。

16. 在计算机网络应用中，英文缩写 URL 的中文含义是_____。

17. 微软公司在 Windows XP 系统中安装的 Web 浏览器软件名称是_____。

18. 搜索引擎现在是 Web 最热门的应用之一，它能帮助人们在 WWW 中查找信息，目前国际上广泛使用的可以支持多国语言的搜索引擎是_____。

19. 浏览器可以下载安装一些_____程序，以扩展浏览器的功能，例如播放 flash 动画或某种特定格式的视频等。

20. 从概念上讲，WWW 网是按 C/S 模式工作的，客户计算机必须安装的软件称为_____，例如微软公司的 IE，Mozilla 公司的 Firefox 等。

21. 百度等搜索引擎不仅可以检索网页，而且可以检索_____、音乐和地图等。

22. 动态网页中所包含的一些动态数据，通常都存放在 Web 服务器后台的_____中。

23. Web 网页有静态网页和_____网页两大类，后者指内容不是预先确定而是在网页请求过程中根据当时实际的数据内容临时生成的页面。

24. 浏览金融证券网站或天气预报网站时,浏览器下载的网页类型属于_____网页。

25. 下图是电子邮件收发示意图,图中标识为 A 的用于发送邮件的协议常用的是_____协议。

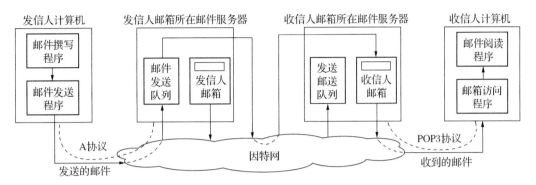

26. 下图是电子邮件收发示意图,图中标识为 B 的用于接收邮件的协议常用的是_____协议。

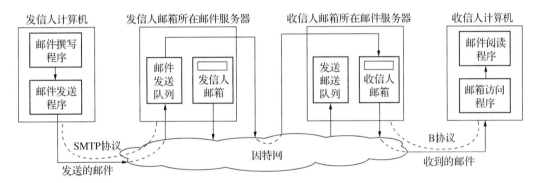

二、判断题

1. E-mail 只能传送文本、图形和图像信息,不能传送音乐信息。   (   )

2. 电子邮箱一般不在用户计算机中,而是在电子邮件服务器的硬盘中。   (   )

3. 阅读电子邮件一定要在联网状态下才行。   (   )

4. 在 Internet 上发送电子邮件时,收件人计算机必须开着,否则,电子邮件会丢失。   (   )

5. FTP 是按照客户/服务器模式工作,而 Telnet 是按照对等模式工作。   (   )

6. IE 浏览器是 PC 的一种输出设备。   (   )

7. Web 浏览器通过统一资源定位器 URL 向 WWW 服务器发出请求,并指出要浏览的是哪一个网页。   (   )

8. 网页中的超级链接由链源和链宿组成,链源可以是网页中的文本或图像,链宿可以是本网页内部有书签标记的地方,也可以是其他 Web 服务器上存储的信息资源。   (   )

9. 网站中的起始网页称为主页,用户通过访问主页就可以直接或间接地访问其他网页。   (   )

10. 一个完整的 URL 应包括所要访问的服务器提供的服务类型(协议)、服务器地址、端口号、路径和文件名。   (   )

11. 用户浏览不同网站的网页时,需要选用不同的 Web 浏览器,否则就无法查看该网页的内容。   (   )

12. 通过 Web 浏览器不仅能下载和浏览网页,而且还能进行 E-mail、Telnet、FTP 等其他 Internet 服务。　　　　　　　　　　　　　　　　　　　　　　　　　　(　　)

13. 浏览器可以下载安装一些插入式应用程序(插件),以扩展浏览器的功能,不会因此而感染计算机病毒。　　　　　　　　　　　　　　　　　　　　　　　　　(　　)

14. 从概念上讲,WWW 网是按 P2P 模式工作的,只要上网的计算机安装微软 IE 浏览器便可。　　　　　　　　　　　　　　　　　　　　　　　　　　　　　　　(　　)

三、选择题

1. 下列网络协议中不用于收发电子邮件的是_____。
   A. POP3　　　　B. SMTP　　　　C. MIME　　　　D. Telnet

2. 电子邮件是一种_____。
   A. 网络信息检索服务　　　　　B. 利用网络交换信息的非实时服务
   C. 通过网页发布公告信息的服务　　D. 通过网络实时交换信息的服务

3. 若发信人的电子邮件发送成功,接信人的电脑还没有开机,电子邮件将_____。
   A. 保存在邮件服务器中　　　　B. 退回给发信人
   C. 过一会儿再重新发送　　　　D. 丢失

4. 下列有关远程登录与文件传输服务的叙述中,错误的是_____。
   A. 两种服务都不能通过 IE 浏览器启动
   B. 若想利用因特网上高性能计算机运行大型复杂程序,可使用远程登录服务
   C. 若想成批下载服务器上的共享文件,可使用文件传输服务
   D. 两种服务都是基于客户/服务器模式工作的

5. 下面是关于 Internet 中传输电子邮件的叙述,其中正确的是_____。
   A. 同一电子邮件中的数据都通过同一条物理信道传输到目的地
   B. 电子邮件一旦发出,对方立即就能收到
   C. 邮件很大时,会组织成若干个数据包,到达目的地后再将它们重新组装成原来的邮件
   D. 带有附件的电子邮件将作为 2 个数据包传输到目的地

6. 下列有关文件传输 FTP 的叙述中,正确的是_____。
   A. 用户可以从(向)FTP 服务器下载(上传)文件或文件夹
   B. 使用 IE 浏览器不能启动 FTP 服务
   C. FTP 程序不允许用户在 FTP 服务器上创建新文件夹
   D. 使用 FTP 服务每次只可以传输一个文件

7. 下列有关 FTP 服务器的叙述,错误的是_____。
   A. FTP 服务器必须运行 FTP 服务器软件
   B. 使用 FTP 进行文件传输时,用户只能传输单个文件,不能传输整个一个文件夹
   C. FTP 服务器可以与 Web 服务器、邮件服务器等使用同一台计算机实现
   D. 用户可以通过 FTP 搜索引擎找到拥有相关资源的 FTP 站点

8. 下列网络协议中,不用于收发电子邮件的是_____。
   A. IMAP　　　　B. POP3　　　　C. SMTP　　　　D. FTP

9. 下列哪一个是正确的电子邮件地址_____。
   A. 202.204.120.22　　　　B. wzz@263.net
   C. 北京大学 123 信箱　　　　D. http://www.263.net

10. Internet 上有许多应用，其中特别适合用来进行远程文件操作(如复制、移动、更名、创建、删除等)的一种服务是_____。
    A. FTP　　　　　　　B. E-mail　　　　　C. Telnet　　　　　D. WWW

11. E-Mail 的邮件地址必须遵循一定的规则，以下规则中，正确的是_____。
    A. 邮件地址只能由英文字母组成，不能出现数字
    B. 邮件地址不能有空格
    C. 邮件地址首字符必须为英文字母
    D. 邮件地址中允许出现中文

12. http://exam. nju. edu. cn 是"江苏省高等学校计算机等级考试中心"的网址。其中，"http"是指_____。
    A. 超文本传输协议　　B. 文件传输协议　　C. 计算机主机域名　　D. TCP/IP 协议

13. Web 浏览器由许多程序模块组成，_____一般不包含在内。
    A. 控制程序和用户界面　　　　　　B. HTML 解释程序
    C. 检索程序　　　　　　　　　　　D. 客户程序

14. 网页是一种超文本文件，下面有关超文本的叙述中，正确的是_____。
    A. 网页的内容不仅可以是文字，也可以是图形、图像和声音
    B. 网页之间的关系是线性的、有顺序的
    C. 相互链接的网页不能分布在不同的 Web 服务器中
    D. 网页既可以是丰富格式文本，也可以是纯文本

15. 访问网站内容也就是访问存放在_____上的文件。
    A. 网关　　　　　　　B. 网桥　　　　　C. Web 服务器　　　D. 路由器

16. 某用户在 WWW 浏览器地址栏内键入一个 URL"http://www. zdxy. cn/index. htm"，其中的"/index. htm"代表_____。
    A. 协议类型　　　　　B. 主机域名　　　C. 路径及文件名　　D. 用户名

17. 下列_____是有效的网络地址。
    A. http://www. bjpta. gov. cn/beijin/ujs/
    B. http://www. bjpta. gov. cn\beijin\ujs\
    C. http:\\www. bjpta. gov. cn\ beijin\ujs\
    D. http:\\www. bjpta. gov. cn/ beijin/ujs/

18. 不同的文本格式有不同的特点和应用，大多数 Web 网页使用的格式是_____。
    A. RTF 格式　　　　　B. HTML 格式　　　C. DOC 格式　　　　D. TXT 格式

19. 在下列有关互联网提供的 WWW 信息服务的叙述中，错误的是_____。
    A. Web 网中每个信息资源(网页)的位置均需要使用 URL 进行标识
    B. WWW 信息服务大多数是按 C/S 模式工作的，用户计算机上运行的浏览器是客户程序
    C. Web 浏览器不仅能下载和浏览网页，而且还可以执行 E-mail、Telnet、FTP 等功能
    D. Web 网中所有的网页必须是 HTML 文档，否则浏览器无法下载和浏览

20. WWW 为人们提供了一个海量的信息库，为了快速地找到需要的信息，大多需要使用搜索引擎。下面_____不是搜索引擎。
    A. 搜搜　　　　　　　B. 百度　　　　　C. Adobe　　　　　　D. Google

21. WWW 网物理上由遍布在因特网中的 Web 服务器和安装了_____软件的计算机等所组成。
    A. 数据库　　　　　　B. WWW 浏览器　　C. 即时通信　　　　D. 搜索引擎

22. 信息系统采用 B/S 模式时，其"查询 SQL 请求"和"查询结果"的"应答"发生在_____之间。
    A. Web 服务器和数据库服务器
    B. 任意两层
    C. 浏览器和 Web 服务器
    D. 浏览器和数据库服务器

23. 下面关于 Web 信息检索的叙述中，错误的是_____。
    A. 返回给用户的检索结果都是用户所希望的结果
    B. 用于 Web 信息检索的搜索引擎大多采用全文检索
    C. 使用百度进行信息检索时，允许用户使用网页中所包含的任意字串或词进行检索
    D. 用百度进行信息检索时，用户给出检索要求，然后由搜索引擎将检索结果返回给用户

24. 计算机信息系统中的 B/S 三层模式是指_____。
    A. 客户机层、HTTP 网络层、网页层
    B. 应用层、传输层、网络互链层
    C. 浏览器层、Web 服务器层、DB 服务器层
    D. 应用程序层、支持系统层、数据库层

4.5　网络信息安全

一、填空题

1. 使用计算机对数据进行加密时，通常将加密前的原始数据（消息）称为_____；加密后的数据称为密文。

2. 越来越多的网上银行采用_____技术对用户发来的交易信息进行鉴别，其具有与普通手写签名同等的法律效力。

二、判断题

1. 金融系统采用实时复制技术将本地数据传输到异地的数据中心进行备份，将有利于信息安全和灾难恢复。　　　　　　　　　　　　　　　　　　　　　　　　（　　）

2. 全面的网络信息安全方案不仅要覆盖到数据流在网络系统中所有环节，还应当包括信息使用者、传输介质和网络等各方面的管理措施。　　　　　　　　　　　　（　　）

3. 确保网络信息安全的目的是为了保证网络能高速运行。　　　　　　　　（　　）

4. 网络信息安全只需要考虑信息使用者是否安全就可以了。　　　　　　　（　　）

5. 使用 Outlook Express 发送电子邮件时，如果要对方确信不是他人假冒发送的，可以采用数字签名的方式进行发送。　　　　　　　　　　　　　　　　　　　　　（　　）

6. 由于采用无线信道，无线网络只需考虑存储数据时的安全，而不必考虑传输过程的安全问题。　　　　　　　　　　　　　　　　　　　　　　　　　　　　　（　　）

7. 在考虑网络信息安全时，必须不惜代价采取一切安全措施。　　　　　　（　　）

8. 在考虑网络信息安全问题时，必须在安全性和实用性（成本、效率）之间采取一定的折中。
　　　　　　　　　　　　　　　　　　　　　　　　　　　　　　　　　（　　）

9. 在网络环境下，数据安全是一个重要的问题，所谓数据安全就是指数据不能被外界访问。
　　　　　　　　　　　　　　　　　　　　　　　　　　　　　　　　　（　　）

10. 通过各种信息加密和防范手段，可以构建绝对安全的网络。　　　　　　（　　）

11. 从理论上说，所有的密码都可以用穷举法破解，因此使用任何高强度的加密方法都是无效的。　　　　　　　　　　　　　　　　　　　　　　　　　　　　　　（　　）

12. 数字签名在电子政务、电子商务等领域中应用越来越普遍，我国法律规定，它与手写签名或盖章具有同等的效力。　　　　　　　　　　　　　　　　　　　　　（　　）

13. 在 ATM 柜员机取款时,使用银行卡加口令进行身份认证,这种做法称为"双因素认证",安全性较高。 （　　）

14. 网上银行和电子商务等交易过程中,网络所传输的交易数据(如汇款金额、账号等)通常是经过加密处理的。 （　　）

15. 数字签名主要目的是鉴别消息来源的真伪,它不能发觉消息在传输过程中是否被篡改。 （　　）

16. 使用口令(密码)进行身份认证时,由于只有自己知道,他人无从得知,因此不会发生任何安全问题。 （　　）

17. 单纯采用令牌(如校园一卡通、公交卡等)进行身份认证,缺点是丢失令牌将导致他人能轻易进行假冒和欺骗。 （　　）

18. 计算机系统必须对信息资源的访问进行控制和管理,"访问控制"就是对系统内的每个文件或资源规定各个用户对它的操作权限,如:是否可读、是否可写、是否可修改等。（　　）

19. 在网络信息安全的措施中,身份鉴别是访问控制的基础。 （　　）

20. 包过滤是运行在路由器上的软件,而且大多数商用路由器都具有包过滤的功能。 （　　）

21. 通过防火墙的设置,为单位提供了内部网络的安全边界,它能防止外界侵入单位内部的计算机。 （　　）

22. 在校园网中,可对网络进行设置,使校外某一 IP 地址不能直接访问校内网站。 （　　）

23. 计算机病毒一般是一段计算机程序,它会破坏计算机系统的工作,能像生物病毒那样复制、传染、潜伏和激发。 （　　）

24. 杀毒软件的病毒特征库汇集了已出现的所有病毒特征,因此可以查杀所有病毒,有效保护信息。 （　　）

25. 在一台已感染病毒的计算机上读取 CD - ROM 光盘中的数据,该光盘也有可能被感染病毒。 （　　）

26. 只要不上网,PC 机就不会感染计算机病毒。 （　　）

三、选择题

1. 用户开机后,在未进行任何操作时,发现本地计算机正在上传数据,不可能出现的情况是_____。

   A. 上传本机已下载的视频数据

   B. 本地计算机感染病毒,上传本地计算机的敏感信息

   C. 上传本机已下载的"病毒库"

   D. 上传本机主板上 BIOS ROM 中的程序代码

2. 在网上进行银行卡支付时,常常在屏幕上弹出一个动态"软键盘",让用户输入银行账户密码,其最主要的目的是_____。

   A. 方便用户操作　　　　　　　　B. 防止"木马"盗取用户输入的信息

   C. 提高软件的运行速度　　　　　D. 为了查杀"木马"病毒

3. 网上银行、电子商务等交易过程中确保数据的完整性特别重要,数据的完整性是指_____。

   A. 数据传输过程中不被非法窃取

   B. 数据不被非法篡改,保证在传输前后保持完全相同

   C. 保证数据在任何情况下不丢失

   D. 未经授权的用户不能访问有关数据

4. 在计算机网络中,_____用于验证消息发送方的真实性。

    A. 病毒防范   B. 数据加密   C. 数字签名   D. 访问控制

5. 关于数字签名,以下叙述正确的是_____。

    A. 数字签名除了提供信息的加密、解密外,还可以用于鉴别消息来源的真实性

    B. 数字签名需使用笔输入设备

    C. 数字签名是指将待验证的签名与数据库中用户已登记的手迹签名比对进行身份认证

    D. 数字签名的主要目的是让对方相信消息内容的正确性

6. 甲给乙发消息,说其同意签订合同。随后甲反悔,不承认发过此消息。为了预防这种情况发生,应采用下列的_____技术。

    A. 访问控制   B. 数据加密   C. 防火墙   D. 数字签名

7. 信息系统中信息资源的访问控制是保证信息系统安全的措施之一。下列关于访问控制的叙述错误的是_____。

    A. 访问控制可以保证对信息的访问进行有序的控制

    B. 访问控制是在用户身份鉴别的基础上进行的

    C. 访问控制就是对系统内每个文件或资源规定各个(类)用户对它的操作权限

    D. 访问控制使得所有用户的权限都各不相同

8. 下列有关身份鉴别(身份认证)的叙述中,错误的是_____。

    A. 有些 PC 开机时需输入密码,有些却不需要,可见身份鉴别对于 PC 是可有可无的

    B. 目前大多数银行的 ATM 柜员机是将银行卡和密码结合起来进行身份鉴别的

    C. 指纹是一种有效的身份鉴别技术,目前已经得到应用

    D. 安全性高的口令应当组合使用数字和大小写字母,使之难猜、抗分析能力强

9. 下列有关因特网防火墙的叙述中,错误的是_____。

    A. Windows XP 操作系统不带有软件防火墙功能

    B. 因特网防火墙可以由软件来实现

    C. 因特网防火墙也可以集成在路由器中

    D. 因特网防火墙可以是一种硬件设备

10. 图中安放防火墙比较有效的位置是_____。

    A. 1   B. 2   C. 3   D. 4

11. 关于防火墙,以下说法中错误的是_____。

    A. 防火墙对计算机网络(包括单机)的信息安全具有保护作用

    B. 防火墙能监视和控制流进流出内网的每个 IP 数据报

    C. 防火墙既可用硬件实现,也可以用软件实现

    D. 防火墙能阻止来自网络内部的安全威胁

12. 下列关于计算机病毒的说法中,正确的是_____。

    A. 杀病毒软件可清除所有病毒   B. 计算机病毒通常是一段可运行的程序

    C. 病毒不会通过网络传染   D. 安装了防病毒卡的计算机不会感染病毒

13. 为防止已经备份了重要数据的 U 盘被病毒感染,应该_____。

    A. 将 U 盘写保护   B. 将 U 盘存放在干燥、无菌的地方

    C. 将 U 盘定期格式化   D. 将该 U 盘与其他 U 盘隔离存放

14. 随着网络技术与应用的发展,网络信息安全问题越来越突出。下列有关网络信息安全的叙述中,错误的是_____。

    A. 及时安装、更新防病毒软件和防火墙软件,则不会被病毒感染和黑客攻击

    B. Windows 操作系统存在许多"后门"和"漏洞",这严重影响到网络信息安全

    C. 我国网络信息安全面临的主要问题之一是关键的软硬件技术与产品依赖于国外

    D. "木马"是一种后门程序(远程监控程序),黑客常利用其窃取网络用户的重要数据

15. 计算机病毒是一种对计算机系统具有破坏性的_____。

    A. 生物病毒   B. 杂乱无章的数据   C. 操作系统   D. 计算机程序

16. 计算机病毒具有破坏作用,它能直接破坏的对象通常不包括_____。

    A. 数据   B. 程序   C. 操作系统   D. 键盘和鼠标

17. 发现计算机磁盘上的病毒后,彻底的清除方法是_____。

    A. 格式化磁盘   B. 及时用杀毒软件处理

    C. 删除磁盘上的所有文件   D. 删除病毒感染的文件

18. "木马"病毒可通过多种渠道进行传播,以下操作中一般不会感染"木马"病毒的是_____。

    A. 安装生产厂家提供的设备驱动程序   B. 打开邮件的附件

    C. 下载和安装来历不明的软件   D. 打开 QQ 即时传输的文件

19. 计算机防病毒技术目前还不能做到_____。

    A. 预防病毒侵入   B. 检测已感染的病毒

    C. 杀除已检测到的病毒   D. 预测新病毒

20. 下列关于"木马"病毒的叙述中,错误的是_____。

    A. 不用来收发电子邮件的电脑,不会感染"木马"病毒

    B. "木马"运行时比较隐蔽,一般不会在任务栏上显示出来

    C. "木马"运行时会占用系统的 CPU 和内存等资源

    D. "木马"运行时可以截获键盘输入的口令、账号等机密信息,发送给黑客

【微信扫码】
本章参考答案

第5章　数字媒体及应用

5.1　文本与文本处理

一、填空题

1. 在键盘输入、联机手写输入、语音识别输入、印刷体汉字识别输入方法中，易学易用，适合用户在移动设备(如手机等)上使用的是_____输入。

2. 字符信息的输入有两种方法，即人工输入和自动识别输入，人们使用扫描仪输入印刷体汉字，并通过软件转换为机内码形式的输入方法属于其中的_____输入。

3. 使用计算机制作的数字文本结构，可以分为线性结构与非线性结构，简单文本呈现为一种_____结构，写作和阅读均按顺序进行。

4. 使用计算机制作的数字文本若根据它们是否具有排版格式来分，可分为简单文本和丰富格式文本两大类。用 Word 生成的 Doc 文件属于_____文件。

5. 文本内容的组织方式分为线性文本和超文本两大类，采用网状结构组织信息，各信息块按照其内容的关联性用指针互相链接起来，使得阅读时可以非常方便地实现快速跳转，这种文本称为_____。

6. 美国 Adobe 公司的 Acrobat 软件，使用_____格式文件将文字、字型、格式、声音和视频等信息封装在一个文件中，实现了纸张印刷和电子出版的统一。

7. 微软公司的 Word 是一个功能丰富、操作方便的文字处理软件，它能够做到"_____"，使得所有的编辑操作其效果立即可以在屏幕上看到，并且在屏幕上看到的效果与打印机的输出结果相同。

8. 文本检索是将文本按一定的方式进行组织、存储、管理，并根据用户的要求查找所需文本的技术和应用，包括关键词检索和_____检索，例如百度搜索引擎就提供这些功能进行网页的检索。

9. 在微软 Word、Media Player 和 Adobe 公司的 Acrobat Reader 这些软件中，不具备文本阅读器功能的是_____。

二、判断题

1. GB 2312 国标字符集由三部分组成：第一部分是字母、数字和各种符号 682 个；第二部分为一级常用汉字 3755 个(按拼音排序)；第三部分为二级常用汉字 3008 个(按偏旁部首排序)。　　　　　　　　　　　　　　　　　　　　　　　　　　　　　　(　)

2. GBK 是我国继 GB 2312 后发布的又一汉字编码标准，它不仅与 GB 2312 标准保持兼容，而且还增加了包括繁体字在内的许多汉字和符号。　　　　　　　　　　　　(　)

3. GB 18030 是一种既保持与 GB 2312、GBK 兼容，又有利于向 UCS/Unicode 过渡的汉字编码标准。　　　　　　　　　　　　　　　　　　　　　　　　　　　　(　)

4. UCS/Unicode 汉字编码与 GB 2312 - 80、GBK 标准以及 GB 18030 标准都兼容。　(　)

5. 采用 GB 2312、GBK 和 GB 18030 三种不同的汉字编码标准时，不少常用的汉字如"中""国"等，它们在计算机中的表示(内码)是相同的。　　　　　　　　　　　(　)

6. 若西文使用标准 ASCII 码，汉字采用 GB 2312 编码，则十六进制代码为 C4 CF　50 75 B3 F6 的一小段简单文本中，含有 3 个汉字。　　　　　　　　　　　　　　　(　)

7. 为了处理汉字方便，汉字与 ASCII 字符必须互相区别。所以在计算机内，以最高位均为 1

的 2 个字节表示一个 GB 2312 汉字。　　　　　　　　　　　　　　　　　　　（　　　）

8. 我国内地发布使用的汉字编码有多种,无论选用哪一种标准,每个汉字均用 2 字节进行
   编码。　　　　　　　　　　　　　　　　　　　　　　　　　　　　　　　　　　　（　　　）

9. 西文字符在计算机中通常采用 ASCII 码表示,每个字节存放 1 个字符。　　　　（　　　）

10. 光学字符识别,即 OCR,是将印刷或打印在纸上的中西文字以图像形式输入计算机并经
    过识别转换为编码表示的一种技术。　　　　　　　　　　　　　　　　　　　　　（　　　）

11. 汉字输入的编码有五笔输入法、拼音输入法等多种,使用不同的方法向计算机输入的同一
    个汉字,它们的内码是不同的。　　　　　　　　　　　　　　　　　　　　　　　（　　　）

12. 丰富格式文本中使用的所有标记及其使用规则称为“标记语言”,Word 和 FrontPage 使用
    的标记语言是相同的。　　　　　　　　　　　　　　　　　　　　　　　　　　　（　　　）

13. 简单文本也叫纯文本,在 Windows 操作系统中的后缀名为. rtf。　　　　　　　（　　　）

14. 绝大多数支持丰富格式文本的文本处理软件都能处理 RTF 格式的文档。　　　（　　　）

15. 使用 Word、FrontPage 等软件都可以制作、编辑和浏览超文本。　　　　　　　（　　　）

16. 网页中的超级链接由链源和链宿组成,链源可以是网页中的文本或图像,链宿可以是本网
    页内部的某个地方,也可以是其他网页。　　　　　　　　　　　　　　　　　　　（　　　）

17. Windows 操作系统中的“帮助”文件(HLP 文件)提供了超文本功能,超文本采用的信息组
    织形式为网状结构。　　　　　　　　　　　　　　　　　　　　　　　　　　　　（　　　）

18. Word 软件是一种功能很强的文字处理软件,可以编辑后缀名为. txt、. htm 和. docx 等多
    种格式的文件。　　　　　　　　　　　　　　　　　　　　　　　　　　　　　　（　　　）

19. 超文本是对传统文本的扩展,除了传统的顺序阅读方式外,还可以通过导航、跳转、回溯等
    操作,实现对文本内容更为方便的访问。　　　　　　　　　　　　　　　　　　　（　　　）

20. 超文本中超链的起点只能是节点中的某个句子,不能是一个单词。　　　　　　（　　　）

21. Adobe Acrobat 是一种流行的数字视频编辑器。　　　　　　　　　　　　　　　（　　　）

22. 常用的文字处理软件如 WPS、Microsoft Word、PDF Writer 等都具有丰富的文本编辑与
    排版功能。　　　　　　　　　　　　　　　　　　　　　　　　　　　　　　　　（　　　）

23. 文本编辑的目的是使文本正确、清晰、美观,从严格意义上讲,添加页眉和页脚操作也属于
    文本编辑操作。　　　　　　　　　　　　　　　　　　　　　　　　　　　　　　（　　　）

24. 我们在图书馆中按书名或作者查找图书是一种关键词检索系统,书名、作者是检索的提问
    词,检索系统会向用户提供相关图书的馆藏情况等。　　　　　　　　　　　　　　（　　　）

25. 与文本编辑不同的是,文本处理是对文本中包含的文字信息的音、形、义等进行分析和
    处理。　　　　　　　　　　　　　　　　　　　　　　　　　　　　　　　　　　（　　　）

三、选择题

1. 为了既能与国际标准 UCS/Unicode 接轨,又能保护现有的中文信息资源,我国政府发布了
   _____汉字编码国家标准,它与以前的汉字编码标准保持向下兼容,并扩充了 UCS/
   Unicode 中的其他字符。
   A. GB 2312　　　　　　B. GB 18030　　　　　C. GBK　　　　　　　D. ASCII

2. IE 浏览器和 Outlook Express 中使用的 UTF-8 和 UTF-16 编码是_____标准的 2 种
   实现。
   A. GB 2312　　　　　　B. GBK　　　　　　　C. UCS/Unicode　　　D. GB 18030

3. 若计算机中连续 2 个字节内容的十六进制形式为 34 和 51,则它们不可能是_____
   A. 2 个西文字符的 ASCII 码　　　　　　B. 1 个汉字的机内码
   C. 1 个 16 位整数　　　　　　　　　　　D. 一条指令

4. 若中文 Windows 环境下西文使用标准 ASCII 码,汉字采用 GB 2312 编码,设有一段文本的内码为 B0E6C9E728507562,则在这段文本中含有_____。
   A. 2 个汉字和 2 个西文字符   B. 4 个汉字和 4 个西文字符
   C. 4 个汉字和 2 个西文字符   D. 2 个汉字和 4 个西文字符

5. 下列有关字符编码标准的叙述中,正确的是_____。
   A. UCS/Unicode 编码实现了全球不同语言文字的统一编码
   B. ASCII、GB 2312、GBK 是我国为适应汉字处理需要而制定的一系列汉字编码标准
   C. UCS/Unicode 编码与 GB 2312 编码保持向下兼容
   D. GB 18030 等同于 Unicode,是我国为了与国际标准 UCS 接轨而发布的汉字编码标准

6. 下列有关我国汉字字符编码的叙述中,错误的是_____。
   A. GB 2312 包括 6000 多个常用汉字,不包括非汉字字符
   B. GB 2312 的所有字符在计算机内都采用 2 个字节来表示
   C. GBK 与 GB 2312 向下兼容,所有与 GB 2312 相同的字符,其编码也保持相同
   D. 我国最新发布的汉字字符集及其编码标准是 GB 18030

7. 下列有关我国汉字编码标准的叙述中,错误的是_____。
   A. GB 18030 编码标准中所包含的汉字数目超过 2 万个
   B. 我国台湾地区使用的汉字编码标准与大陆不同
   C. GB 2312 国标字符集所包含的汉字许多情况下已不够使用
   D. Unicode 是我国发布的多文种字符编码标准

8. 下列汉字输入方法中,需要掌握某种汉字输入编码的是_____。
   A. 联机手写输入   B. 语音识别输入   C. 键盘输入   D. 印刷体识别输入

9. 下列汉字输入方法中,输入速度最快的是_____。
   A. 语音输入
   B. 键盘输入
   C. 把印刷体汉字使用扫描仪输入,并通过软件转换为机内码形式
   D. 联机手写输入

10. 汉字输入编码方法大体分成四类,五笔字型法属于其中的_____类。
    A. 形音编码   B. 字形编码   C. 数字编码   D. 字音编码

11. 国际标准化组织(ISO)将世界各国和地区使用的主要文字符号进行统一编码的方案称为_____。
    A. UCS/Unicode   B. GB2312   C. GBK   D. GB 18030

12. 下列汉字输入方法中,最适合于将书、报、刊物、档案资料中的大量文字输入计算机的方法是_____。
    A. 印刷体汉字识别输入   B. 语音识别输入
    C. 联机手写输入   D. 键盘输入

13. 下列关于简单文本与丰富格式文本的叙述中,错误的是_____。
    A. Windows 操作系统中的"帮助"文件(.hlp 文件)是一种丰富格式文本
    B. 简单文本进行排版处理后以整齐、美观的形式展现给用户,就成了丰富格式文本
    C. 使用微软公司的 Word 软件只能生成 docx 文件,不能生成 txt 文件
    D. 简单文本由表达正文内容的字符的编码组成,它几乎不包含格式信息和结构信息

14. 网页是一种超文本文件,下面有关超文本的叙述中,正确的是_____。
    A. 网页的内容不仅可以是文字,也可以是图形、图像和声音

B. 网页之间的关系是线性的、有顺序的

C. 相互链接的网页不能分布在不同的 Web 服务器中

D. 网页既可以是丰富格式文本，也可以是纯文本

15. 简单文本也叫纯文本，在 Windows 操作系统中其文件后缀名为＿＿＿＿＿。

　　A．.rtf　　　　　　　B．.html　　　　　　C．.docx　　　　　　D．.txt

16. 不同的文本格式有不同的特点和应用，大多数 Web 网页使用的格式是＿＿＿＿＿。

　　A. html 格式　　　　B. docx 格式　　　　C. rtf 格式　　　　D. txt 格式

17. 下面有关超文本的叙述中，错误的是＿＿＿＿＿。

　　A. 超文本结构的文档其文件类型一定是 html 或 htm

　　B. 微软的 Word 和 PowerPoint 软件也能制作超文本文档

　　C. WWW 网页就是典型的超文本结构

　　D. 超文本采用网状结构来组织信息，其中各个部分按照内容的逻辑关系互相链接

18. 下列软件中具备文本编辑排版功能的是＿＿＿＿＿。

　　A. 微软 Word　　　　　　　　　　　B. 微软 Media Player

　　C. 微软 Internet Explorer　　　　　D. Adobe 公司的 Acrobat Reader

19. 在下列电子文档格式中，由 Adobe Systems 公司开发的、几乎所有操作系统都支持的、其标准是开放的，并且可免费使用的是＿＿＿＿＿。

　　A. PDF　　　　　　　B. HTML　　　　　　C. DOCX　　　　　　D. XML

20. 下列丰富格式文本文件中，不能用 Word 文字处理软件打开的是＿＿＿＿＿文件。

　　A. pdf 格式　　　　　B. docx 格式　　　　C. html 格式　　　　D. rtf 格式

21. 下列不属于文字处理软件的是＿＿＿＿＿。

　　A. Word　　　　　　　B. Acrobat　　　　　C. WPS　　　　　　D. Media Player

22. 目前广泛使用的 Adobe Acrobat 软件，它将文字、字型、排版格式、声音和图像等信息封装在一个文件中，既适合网络传输，也适合电子出版，其文件格式是＿＿＿＿＿。

　　A. pdf　　　　　　　B. html　　　　　　　C. txt　　　　　　　D. docx

23. 目前 PDF 文件格式是一种使用十分广泛的电子文档格式。在下列有关 PDF 文件格式的叙述中，错误的是＿＿＿＿＿。

　　A. PDF 是由 Microsoft 公司开发的一种电子文档格式，目前并没有成为国际标准

　　B. 金山软件公司开发的 WPS Office 能将所处理的文件转换成 PDF 格式进行保存

　　C. 撰写、编辑、阅读和管理 PDF 文档，可以使用软件 Adobe Acrobat

　　D. 目前 PDF 文件格式已被批准为我国用于长期保存的电子文档格式的国家标准

24. 在 Word 文档"doc1.docx"中，把文字"图表"设为超链接，指向一个名为"Table1.xlsx"的 Excel 文件，则链宿为＿＿＿＿＿。

　　A. Word 文档的当前页　　　　　　　B. 文件"Table1.xlsx"

　　C. 文字"图表"　　　　　　　　　　D. Word 文档"doc1.docx"

25. 关于 Word 2010 的修订功能，下列叙述中错误的是＿＿＿＿＿。

　　A. 所有修订都只能用同一种比较鲜明的颜色显示

　　B. 修订时可以根据不同的修订者使用不同颜色显示

　　C. 可以突出显示修订内容

　　D. 可以针对某一修订进行接受或拒绝修订

26. 使用计算机进行文本编辑与文本处理是常见的两种操作,下面不属于文本处理操作的是_____。
    A. 文本检索　　　　B. 字数统计　　　　C. 文字输入　　　　D. 文语转换

27. 文本编辑与排版操作的目的是使文本正确、清晰、美观,下列不属于文本编辑排版操作的是_____。
    A. 添加页眉和页脚　　　　　　　　B. 设置字体和字号
    C. 设置行间距,首行缩进　　　　　　D. 对文本进行数据压缩

28. 下面关于文本检索的叙述,其中正确的是_____。
    A. 与关键词检索系统相比,全文检索系统查全率和精度都不高
    B. 文本处理强调的是使用计算机对文本中所含的文字信息进行分析和处理,因而文本检索不属于文本处理
    C. 文本检索系统可以分为两大类,一类是关键词检索系统,另一类是全文检索系统
    D. 文本检索系统返回给用户的查询结果都是用户所希望的结果

29. 以文本编辑和排版为主要功能的软件称为文字处理软件。在下列有关文字处理软件和文件格式的叙述中,错误的是_____。
    A. 免费软件 Adobe Reader 可用于撰写、编辑、阅读和管理 PDF 文档
    B. Windows 系统内嵌的"记事本"程序所编辑处理的文本属于简单文本
    C. Microsoft Word 编辑处理的默认文档格式为 DOC 或 DOCX
    D. 我国金山软件公司开发的 WPS Office 能读写 Microsoft Office 的文件格式

30. 汉字从录入到打印,至少涉及三种编码:汉字输入码、字形码和_____。
    A. BCD 码　　　　B. ASCII 码　　　　C. 机内码　　　　D. 区位码

31. 使用软件 MS Word 时,执行打开文件 C:\ABC. doc 操作,是将_____。
    A. 将内存中的文件输出到显示器
    B. 将内存中的文件读至硬盘并输出到显示器
    C. 硬盘上的文件读至内存,并输出到显示器
    D. 硬盘上的文件读至显示器

32. 在各种数字系统中,汉字的显示与打印均需要有相应的字形库支持。目前汉字的字形主要有两种描述方法,即点阵字形和_____字形。
    A. 仿真　　　　B. 轮廓　　　　C. 矩形　　　　D. 模拟

5.2　图像与图形

一、填空题

1. 数字图像的获取步骤大体分为四步:扫描、分色、取样、量化,其中_____就是对每个点(像素)的不同分量分别测量其亮度值。

2. 数字图像的获取步骤大体分为四步:扫描、分色、取样、量化,其中量化的本质是对每个取样点的分量值进行_____转换,即把模拟量使用数字量表示。

3. 数字图像获取过程实质上是模拟信号的数字化过程,它的处理步骤包括:扫描、_____、_____和量化。

4. 在 TIF、JPEG、GIF 和 WAV 文件格式中,_____不是图像文件格式。

5. 一幅没有经过数据压缩的能表示 65536 种不同颜色的彩色图像,其数据量是 2 MB,假设它的垂直分辨率是 1024,那么它的水平分辨率为_____。

6. 图像数据压缩的一个主要指标是_____,它用来衡量压缩前、后数据量减少的程度。

7. 位平面的数目通常也就是彩色分量的数目。黑白图像或灰度图像只有_____个位平面，彩色图像有 3 个或更多的位平面。

8. 像素深度即像素所有颜色分量的二进位数之和。黑白图像的像素深度为_____。

9. 一幅宽高比为 16：10 的数字图像，假设它的水平分辨率是 1280，能表示 65536 种不同颜色，没有经过数据压缩时，其文件大小大约为_____kB(1 k＝1000)。

10. 一架数码相机，一次可以连续拍摄 65536 色的 1024×1024 的彩色相片 40 张，图像压缩倍数为 4 倍，则它使用的存储器容量是_____MB。

11. 目前市场上流行的图形图像处理软件有 Photo Editor、Photoshop、AutoCAD、ACDSee 32 等，其中不属于图像处理软件的是_____。

12. 根据景物的模型生成其图像的过程称为"绘制"(rendering)，绘制过程计算量很大，需要_____卡提供支持。

13. 具有能描述景物结构、形状与外貌并绘制其图形功能的软件通常称为_____软件，例如 AutoCAD。

二、判断题

1. 数字图像获取设备有扫描仪和数码相机等。　　　　　　　　　　　　　　　　　（　　）

2. GIF 格式的图像是一种在因特网上大量使用的数字媒体，一幅真彩色图像可以转换成质量完全相同的 GIF 格式的图像。　　　　　　　　　　　　　　　　　　　（　　）

3. JPEG 是目前因特网上广泛使用的一种图像文件格式，它可以将许多张图像保存在同一个文件中，显示时按预先规定的时间间隔逐一进行显示，从而形成动画的效果，因而在网页制作中大量使用。　　　　　　　　　　　　　　　　　　　　　　　　　　　（　　）

4. 灰度图像的像素只有一个亮度分量。　　　　　　　　　　　　　　　　　　　（　　）

5. 颜色模型指彩色图像所使用的颜色描述方法，常用的颜色模型有 RGB(红、绿、蓝)模型、CMYK(青、品红、黄、黑)模型等，但这些颜色模型是不可以相互转换的。　　　　（　　）

6. Photoshop 是有名的图像编辑处理软件之一。　　　　　　　　　　　　　　（　　）

7. 若图像大小超过了屏幕分辨率(或窗口)，则屏幕上只显示出图像的一部分，其他多余部分将被截掉而无法看到。　　　　　　　　　　　　　　　　　　　　　　　　　（　　）

8. 计算机游戏中屏幕上显示的往往是假想的景物，为此首先需要在计算机中描述该景物(建模)，然后再把它绘制出来，与此相关的技术称为数字图像处理。　　　　　　　（　　）

9. 计算机只能生成实际存在的具体景物的图像，不能生产虚拟景物的图像。　　（　　）

10. 使用计算机绘图的过程很复杂，需要进行大量计算，这是由软件和硬件(显示卡)合作完成的。　　　　　　　　　　　　　　　　　　　　　　　　　　　　　　　　（　　）

三、选择题

1. 数字图像的获取步骤大体分为四步，以下顺序正确的是_____。
   A. 量化　取样　扫描　分色　　　　　　　B. 分色　扫描　量化　取样
   C. 扫描　分色　量化　取样　　　　　　　D. 扫描　分色　取样　量化

2. 图像获取的过程包括扫描、分色、取样和量化，下面叙述中错误的是_____。
   A. 图像获取的方法很多，但一台计算机只能选用一种
   B. 图像的扫描过程指将画面分成 $m×n$ 个网格，形成 $m×n$ 个取样点
   C. 分色是将彩色图像取样点的颜色分解成 R、G、B 三个基色
   D. 取样是测量每个取样点的每个分量(基色)的亮度值

3. 下列关于图像获取的叙述中，错误的是_____。
   A. 图像的数字化过程大体可分为扫描、分色、取样、量化四个步骤

    B. 尺寸大的彩色图片扫描输入后,其数据量必定大于尺寸小的图片的数据量

    C. 黑白图像或灰度图像不必进行分色处理

    D. 像素是构成图像的基本单位

4. 下列关于图像获取设备的叙述中,错误的是_____。

    A. 扫描仪和数码相机可以通过设置参数,得到不同分辨率的图像

    B. 数码相机是图像输入设备,扫描仪是图形输入设备,两者的成像原理是不相同的

    C. 目前数码相机使用的成像芯片主要有 CMOS 芯片和 CCD 芯片

    D. 大多数图像获取设备的原理基本类似,都是通过光敏器件将光的强弱转换为电流的强弱,然后通过取样、量化等步骤,进而得到数字图像

5. 表示 R、G、B 三个基色的二进位数目分别是 6 位、4 位、6 位,因此可显示颜色的总数是_____种。

    A. 14   B. 256   C. 18384   D. 65536

6. 对于所列文件格式:① BMP　② GIF　③ WMF　④ TIF　⑤ AVI　⑥ 3DS　⑦ MP7 ⑧ VOC　⑨ JPG　⑩ WAV,其中,_____都是目前因特网和 PC 机常用的图像文件格式。

    A. ①②⑨   B. ①②⑦   C. ①②③⑥⑧⑨   D. ①②④⑤⑨

7. 对于图像大小为 1024×768 的一幅数字图像来说,在数据未压缩时其数据量大约为 1.5 MB,则该数字图像的像素深度为_____。

    A. 16 位   B. 24 位   C. 32 位   D. 8 位

8. 静止图像压缩编码的国际标准有多种,下面给出的图像文件类型采用国际标准的是_____。

    A. BMP   B. TIFF   C. GIF   D. JPEG

9. 评价图像压缩编码方法的优劣主要看_____。

    ① 压缩倍数　② 压缩时间　③ 算法的复杂度　④ 重建图像的质量

    A. ①、②、③   B. ①、③、④   C. ②、③、④   D. ①、②、④

10. 下列_____图像文件格式是微软公司提出在 Windows 平台上使用的一种通用图像文件格式,几乎所有的 Windows 应用软件都能支持。

    A. BMP   B. TIF   C. JPG   D. GIF

11. 下列关于数字图像的描述中错误的是_____。

    A. 图像大小也称为图像分辨率

    B. 颜色空间的类型也叫颜色模型

    C. 像素深度决定一幅图像中允许包含的像素的最大数目

    D. 取样图像在计算机中用矩阵来表示,通常矩阵的数目就是彩色分量的数目

12. 下列关于数字图像的说法中正确的是_____。

    A. 对模拟图像进行量化的过程也就是对取样点的每个分量进行 D/A 转换

    B. 黑白图像或灰度图像的每个取样点只有一个亮度值

    C. 一幅彩色图像的数据量计算公式为:图像数据量=图像水平分辨率×图像垂直分辨率/8

    D. 取样图像在计算机中用矩阵来表示,矩阵的行数称为水平分辨率,矩阵的列数称为图像的垂直分辨率

13. 下面关于图像的叙述中错误的是_____。

    A. 图像的压缩方法很多,但是一种计算机型号只能选用一种压缩方法

    B. 图像的扫描过程指将画面分成 $m×n$ 个网格,形成 $m×n$ 个取样点

C. 分色是将彩色图像取样点的颜色分解成三个基色(如 RGB)

D. 取样是测量每个取样点每个分量(基色)的亮度值

14. 下面四种图像文件,是静态的在 Internet 上大量使用的是_____。

  A. swf   B. tif   C. bmp   D. jpg

15. 像素深度为 6 位的单色图像中,不同亮度的像素数目最多为_____个。

  A. 256   B. 64   C. 128   D. 4096

16. 一幅具有真彩色(24 位)、分辨率为 1024×1024 的数字图像,在没有进行数据压缩时,它的数据量大约是_____。

  A. 900 KB   B. 18 MB   C. 4 MB   D. 3 MB

17. 由于采用的压缩编码方式及数据组织方式的不同,图像文件形成了多种不同的文件格式。下列类型的图像文件中,经常在网页中使用并可具有动画效果的是_____。

  A. JPEG   B. GIF   C. BMP   D. TIF

18. 在未进行数据压缩情况下,一幅图像的数据量与下列因素无关的是_____。

  A. 垂直分辨率   B. 像素深度   C. 水平分辨率   D. 图像内容

19. 在下列 PC 机和互联网常用的几种数字图像文件格式中,几乎所有图像处理软件都支持的、通常不进行数据压缩的是_____。

  A. JPEG   B. TIF   C. GIF   D. BMP

20. 在下列 PC 机和互联网常用的几种数字图像文件格式中,能够支持透明背景、具有在屏幕上渐进显示功能的是_____。

  A. GIF   B. TIF   C. BMP   D. JPEG

21. 对图像进行处理的目的不包括_____。

  A. 图像分析   B. 获取原始图像

  C. 图像复原和重建   D. 提高图像的视感质量

22. 通常,图像处理软件的主要功能包括_____。

  ① 图像缩放　② 图像区域选择　③ 图像配音　④ 添加文字　⑤ 图层操作　⑥ 动画制作

  A. ②④⑤⑥   B. ①③④⑤   C. ①②④⑤   D. ①④⑤⑥

23. 下列不属于数字图像应用的是_____。

  A. 计算机断层摄影(CT)   B. 卫星遥感

  C. 绘制机械零件图   D. 可视电话

24. 下列应用软件中主要用于数字图像处理的是_____。

  A. PowerPoint   B. Excel   C. Photoshop   D. Outlook Express

25. 计算机绘制的图像也称为矢量图形,用于绘制矢量图形的软件称为矢量绘图软件。下列软件中,_____不是矢量绘图软件。

  A. AutoCAD   B. SuperMap GIS   C. CorelDraw   D. ACDSee

26. 计算机图形有很多应用,下面具有代表性的是_____。

  A. 设计电路图   B. 可视电话   C. 医疗诊断   D. 指纹识别

27. 使用计算机绘制景物图形的两个主要步骤依次是_____。

  A. 绘制,建模   B. 扫描,取样   C. 取样,A/D 转换   D. 建模,绘制

28. 下列关于计算机图形的应用中,错误的是_____。

  A. 可以用来设计电路图

  B. 计算机只能绘制实际存在的具体景物的图形,不能绘制假想的虚拟景物的图形

  C. 可以用来绘制机械零部件图

D. 可以制作计算机动画

29. 下列有关计算机图形的叙述中错误的是_____。
   A. 在计算机中描述景物形状(称为"建模")的方法有多种
   B. 树木、花草、烟火等景物的形状也可以在计算机中进行描述(建模)
   C. 计算机图形学主要研究使用计算机描述景物并绘制其图像的原理、方法和技术
   D. 利用扫描仪输入计算机的机械零件图是矢量图形

30. 在计算机中通过描述景物的结构、形状与外貌,然后将它绘制成图在屏幕上显示出来,此类图像称为_____。
   A. 点阵图像
   B. 合成图像(矢量图形)
   C. 位图
   D. 扫描图像

31. 在计算机中为景物建模的方法有多种,它与景物的类型有密切关系,例如对树木、花草、烟火、毛发等,需找出它们的生成规律,并使用相应的算法来描述其规律,这种模型称为_____。
   A. 线框模型
   B. 曲面模型
   C. 实体模型
   D. 过程模型

5.3　数字音频及应用

一、填空题

1. 波形声音的数字化需要经历采样、_____和编码三个步骤。

2. 采样频率为 22.05 kHz、量化精度为 16 位、持续时间为两分钟的双声道声音,未压缩时,数据量是_____ MB。(取整数)

3. 声音信号数字化之后,若码率为 176.4 kb/s,声道数为 2,量化位数 16,由此可推算出它的取样频率为_____ kHz。

4. 数字化的数字波形声音,其主要参数有:取样频率、_____、声道数目、比特率(bit rate),以及采用的压缩编码方法等。

5. MP3 音乐采用的声音数据压缩编码的国际标准是_____中的第 3 层算法。

6. PC 机声卡上的音乐合成器能合成音乐,可模仿许多乐器的演奏效果,音乐合成器的功能是将_____消息转化为音乐。

7. TTS 的功能是将_____转换为_____输出。

二、判断题

1. CD 唱片上的高保真音乐属于全频带声音。　　　　　　　　　　　　　　　　　　　(　　)

2. 将音乐数字化时使用的取样频率通常是将语音数字化时使用的取样频率的 5 倍或以上。
   　　　　　　　　　　　　　　　　　　　　　　　　　　　　　　　　　　　　(　　)

3. 人们说话的语音频率范围一般在 300 Hz~3400 Hz 之间,因此语音信号的取样频率大多为 8 kHz。　　　　　　　　　　　　　　　　　　　　　　　　　　　　　　　(　　)

4. 声卡在计算机中用于完成声音的输入与输出,即输入时将声音信号数字化,输出时重建声音信号。　　　　　　　　　　　　　　　　　　　　　　　　　　　　　(　　)

5. 声音是一种波,它由许多不同频率的谐波组成,谐波的频率范围称为声音的带宽。(　　)

6. 输出声音的过程称为声音的播放,即将数字声音转换为模拟声音并将模拟声音经过处理和放大送到扬声器发音。　　　　　　　　　　　　　　　　　　　　　　(　　)

7. MP3 音乐是按 MPEG-1 的第 3 层编码算法进行编码的。　　　　　　　　　　(　　)

8. MPEG-1 声音压缩编码是一种高保真声音数据压缩的国际标准,它分为三个层次,层 1 的编码较简单,层 3 编码较复杂。　　　　　　　　　　　　　　　　　(　　)

9. WMA 文件是由微软公司开发的一种音频流媒体,它可以在互联网上边下载边播放。　　　（　　　）

10. 扩展名为 .mid 和 .wav 的文件都是 PC 机中的音频文件。　　　（　　　）

11. 数字声音是一种在时间上连续的媒体,但与文本相比,数据量不大,对存储和传输的要求并不高。　　　（　　　）

12. 网上的在线音频广播、实时音乐点播等都是采用流媒体技术实现的。　　　（　　　）

13. 一张 CD 盘片上存储的立体声高保真全频带数字音乐约可播放一小时,则其数据量大约是 635 MB。　　　（　　　）

14. 用 MP3 或 MIDI 表示同一首小提琴乐曲时,前者的数据量比后者小得多。　　　（　　　）

15. 语音信号的带宽远不如全频带声音,其取样频率低,数据量小,所以,IP 电话一般不需要进行数据压缩。　　　（　　　）

16. 在移动通信和 IP 电话中,由于信道的带宽较窄,需要采用更有效的语音压缩编码方法。

（　　　）

三、选择题

1. 关于声卡的叙述,下列说法正确的是_____。
   A. 计算机中的声卡只能处理波形声音而不能处理 MIDI 声音
   B. 将声波转换为电信号是声卡的主要功能之一
   C. 声波经过话筒转换后形成数字信号,再输给声卡进行数据压缩
   D. 随着大规模集成电路技术的发展,目前多数 PC 机的声卡已集成在主板上

2. 为了保证对频谱很宽的音乐信号采样时不失真,其取样频率应在_____以上。
   A. 8 kHz　　　　　B. 12 kHz　　　　　C. 16 kHz　　　　　D. 40 kHz

3. 在音频信号的数字化过程中,由于人的说话声音频带较窄(仅为 300～3400 Hz),语音的取样频率一般为_____。
   A. 3400 Hz　　　　B. 300 Hz　　　　　C. 40 kHz　　　　　D. 8 kHz

4. 下列功能中_____不属于声卡的功能。
   A. 将声波转换为电信号　　　　　　　B. 波形声音的重建
   C. MIDI 音乐的合成　　　　　　　　D. MIDI 的输入

5. 依据_____,声卡可以分为 8 位、12 位、16 位等。
   A. 采样频率　　　　B. 量化位数　　　　C. 量化误差　　　　D. 接口总线

6. 在计算机中,音箱一般通过_____与主机相连接。
   A. 图形卡　　　　　B. 显示卡　　　　　C. 声音卡　　　　　D. 视频卡

7. MP3 是一种广泛使用的数字声音格式。下列关于 MP3 的叙述正确的是_____。
   A. 表达同一首乐曲时,MP3 的数据量比 MIDI 声音要少得多
   B. MP3 声音的质量与 CD 唱片声音的质量大致相当
   C. MP3 声音适合在网上实时播放
   D. 同一首乐曲经过数字化后产生的 MP3 文件与 WAV 文件的大小基本相同

8. MP3 音乐采用 MPEG-1 层 3 压缩编码标准,它能以大约_____倍的压缩比降低高保真数字声音的数据量。
   A. 2　　　　　　　B. 5　　　　　　　C. 10　　　　　　　D. 20

9. 对带宽为 300～3400 Hz 的语音,若采样频率为 8 kHz、量化位数为 8 位且为单声道,则未压缩时的码率约为_____。
   A. 64 kb/s　　　　B. 64 kB/s　　　　C. 128 kb/s　　　　D. 128 kB/s

10. 根据不同的应用需求,数字音频采用的编码方法有多种,文件格式也各不相同。在下列的

音频格式中,采用 ISO 制定的 MPEG－1 标准、编码类型为有损压缩的是_____。

    A. M4A   B. WAV   C. WMA   D. MP3

11. 根据不同的应用需求,数字音频采用的编码方法有多种,文件格式也各不相同。在下列的音频格式中,由微软公司开发的、采用未压缩编码方式的是_____。

    A. WAV   B. MP3   C. WMA   D. AAC

12. 假设人的语音信号数字化时取样频率为 16 kHz,量化精度为 16 位,数据压缩比为 2,那么每秒钟数字语音的数据量是_____。

    A. 16 kB   B. 8 kB   C. 2 kB   D. 1 kB

13. 声卡在处理声音信息时,采样频率为 44 kHz,A/D 转换精度为 16 位。若采集 1 秒钟的声音信息,则在不进行压缩编码的情况保存这段声音,需要的存储空间近_____。

    A. 88 kB   B. 176 kB   C. 1.1 MB   D. 0.83 MB

14. 我们从网上下载的 MP3 音乐,采用的声音压缩编码标准是_____。

    A. MPEG－1 层 3   B. MPEG－2 audio

    C. Dolby AC－3   D. MIDI

15. 以下关于全频带声音的压缩编码技术的说法中,错误的是_____。

    A. MPEG－1 层 1 主要用于数字盒式录音磁带

    B. 杜比数字 AC－3 在数字电视、DVD 和家庭影院中广泛使用

    C. MPEG－1 的第 3 层编码最复杂,主要用于数字音频广播(DAB)和 VCD 等

    D. MPEG－2 声音压缩编码支持 5.1 和 7.1 声道的环绕立体声

16. MIDI 是一种计算机合成的音乐,下列关于 MIDI 的叙述,错误的是_____。

    A. 同一首乐曲在计算机中既可以用 MIDI 表示,也可以用波形声音表示

    B. MIDI 声音在计算机中存储时,文件的扩展名为 .mid

    C. MIDI 文件可以用媒体播放器软件进行播放

    D. MIDI 是一种全频带声音压缩编码的国际标准

17. 所谓语音合成,是计算机根据语言学和自然语言理解的知识模仿人的发声自动生成语音的过程。下列有关语音合成(文语转换)的叙述中,错误的是_____。

    A. 文语转换通常首先对文本进行分析,将文字序列转换成一串发音符号

    B. 语音合成需要语音库的支持,其中存储了大量预先录制的语音基元的波形声音

    C. 语音合成目前广泛应用于有声查询、语言学习、自动报警、残疾人服务等领域

    D. 目前计算机合成语音可以与人的口语比美,有些语音合成系统可以合成美妙的歌曲

18. 下面不属于计算机合成语音应用领域的是_____。

    A. 电话语音查询   B. 有声文稿校对   C. 有声 E-mail 服务   D. 声控门

5.4 数字视频及应用

一、填空题

1. 视频卡在将模拟视频信号数字化的同时,视频图像通常需进行彩色空间的转换,即从 YUV 转换为_____,然后与计算机图形卡产生的图像叠加在一起,方可在显示器上显示。

2. 数字摄像头和数字摄像机与计算机的接口,一般采用_____接口或_____接口。

3. 数字有线电视所传输的音频、视频所采用的压缩编码标准是_____。

4. 计算机动画是采用计算机生成可供实时演播的一系列连续画面的一种技术。设电影每秒钟放映 24 帧画面,则现有 2800 帧图像,它们大约可在电影中播放_____分钟。

5. 用 Flash 制作的动画文件较小,便于在因特网上传输,文件后缀为＿＿＿＿＿＿。

6. 与数字摄像机录制的数字视频不同,计算机动画是一种＿＿＿＿＿＿＿的数字视频,可借助动画软件来制作。

7. VCD 能存放大约 60 分钟音视频数据。为了记录数字视频信息,VCD 采用的压缩编码标准是＿＿＿＿＿＿。

8. 根据图像显示方式的不同,可视电话分为＿＿＿＿＿＿图像可视电话和动态图像可视电话。

9. 数字电视接收机(简称 DTV 接收机)大体有三种形式:一种是传统模拟电视接收机的换代产品——数字电视机,第二种是传统模拟电视机外加一个＿＿＿＿＿＿＿,第三种是可以接收数字电视信号的＿＿＿＿＿＿机。

10. 在数字视频应用中,英文缩写 VOD 的中文名称是＿＿＿＿＿＿。

11. 在因特网环境下能做到数字声音(或视频)边下载边播放的媒体分发技术称为"＿＿＿＿＿＿媒体"。

二、判断题

1. 彩色电视信号在远距离传输时,每个像素的颜色不使用 RGB 表示,而是转换为亮度和色度信号(如 YUV)后再进行传输的。　　　　　　　　(　　)

2. 视频信号的数字化比声音要复杂,它以一帧帧画面为单位进行的。　(　　)

3. 数字摄像头和数字摄像机都是在线的数字视频获取设备。　　　　　(　　)

4. ASF 文件是由微软公司开发的一种流媒体,主要用于互联网上视频直播、视频点播和视频会议等。　　　　　　　　　　　　　　　　　(　　)

5. 数字视频的数据压缩率可以达到很高,几十甚至几百倍是很常见的。　(　　)

6. DVD 与 VCD 相比其图像和声音的质量、容量均有了较大提高,DVD 所采用的视频压缩编码标准是 MPEG - 2。　　　　　　　　　　　　　(　　)

7. MPEG - 4 的目标是支持在各种网络条件下交互式的多媒体应用,主要侧重于对多媒体信息内容的访问。　　　　　　　　　　　　　　　　(　　)

8. 目前因特网上视频直播、视频点播、视频会议等常采用微软公司的 AVI 文件格式。(　　)

9. 在 Windows 平台上使用的 AVI 文件中只能存放压缩后的音频数据。　(　　)

三、选择题

1. 下列设备中不属于数字视频获取设备的是＿＿＿＿＿＿。
   A. 数字摄像头　　　B. 数字摄像机　　　C. 视频卡　　　　D. 图形卡

2. 在 PC 机上利用摄像头录制视频时,视频文件的大小与＿＿＿＿＿＿无关。
   A. 镜头视角　　　　　　　　　B. 录制时长
   C. 图像分辨率　　　　　　　　D. 录制速度(每秒帧)

3. 在 PC 中安装视频输入设备就可以获取数字视频。下列有关视频获取设备的叙述中,错误的是＿＿＿＿＿＿。
   A. 视频卡能通过有线电视电缆接收电视信号并进行数字化
   B. 数字摄像头必须通过视频卡与 PC 相连接
   C. 视频卡一般插在 PC 的 PCI 插槽内
   D. 数字摄像机拍摄的数字视频可通过 USB 或 IEEE 1394 接口直接输入计算机

4. 容量为 4.7 GB 的 DVD 光盘片可以持续播放 2 小时的影视节目,由此可推算出使用 MPEG - 2 对视频及其伴音进行压缩编码后,音频和视频数据合在一起的码率大约是＿＿＿＿＿＿。

A. 640 kbps   B. 10.4 Mbps   C. 5.2 Mbps   D. 1 Mbps

5. 在国际标准化组织制订的有关数字视频及伴音压缩编码标准中，VCD影碟采用的压缩编码标准为_____。

A. MPEG-4   B. H.261   C. MPEG-1   D. MPEG-2

6. 在下列类型的图像文件中，能够包含一组图像、显示时能够按照预先规定的时间和顺序反复播放从而产生动画效果的文件类型是_____。

A. GIF   B. SWF   C. BMP   D. JPG

7. 近年来计算机动画发展非常迅速，广泛应用于娱乐、广告、影视、教育和科研等众多领域。下列有关计算机动画的叙述中，错误的是_____。

A. Adobe公司的Flash动画制作软件仅支持位图图像，不支持矢量图形

B. 计算机动画的基础是计算机图形学

C. 计算机动画是一种计算机合成的数字视频

D. 计算机动画软件分为二维动画软件、三维动画软件等类型

8. 下列_____不是用于制作计算机动画的软件。

A. 3D Studio MAX   B. Maya   C. CoolEdit   D. Adobe Flash

9. 下列关于动画制作软件Adobe Flash的说法中，错误的是_____。

A. 与GIF不同，用Flash制作的动画可支持矢量图形，放大缩小都清晰可见

B. Flash软件制作的动画文件后缀名为.swf

C. Flash软件制作的动画可以是三维动画

D. Flash动画在播放过程中用户无法与播放的内容进行交互

10. 下列关于计算机动画的说法中，错误的是_____。

A. 计算机动画可以模拟三维景物的变化过程

B. 计算机动画制作需要经过模拟信号数字化的过程

C. 计算机动画的基础之一是计算机图形学

D. 计算机动画广泛应用于娱乐、教育和科研等方面

11. 下列软件中，不支持可视电话功能的是_____。

A. Outlook Express   B. 微信   C. 网易的POPO   D. 腾讯公司的QQ

12. 网上在线视频播放，采用_____技术可以减轻视频服务器负担。

A. 边下载边播放的流媒体   B. 优化本地操作系统设置

C. 提高本地网络带宽   D. P2P技术实现多点下载

13. 下列关于数字电视特点的说法中，错误的是_____。

A. 频道多，利用率高   B. 图像清晰度好

C. 可开展交互业务   D. 接收端必须安装模数转换器

【微信扫码】
本章参考答案

第6章 信息系统与数据库

6.1 计算机信息系统

一、填空题

1. _____是数据库系统的核心软件,具有对数据定义、操纵和管理的功能。

2. 20世纪70年代,以数据的统一管理和_____为特征的数据库系统成为数据管理的主要形式。

3. 一个完整的数据库系统一般由用户应用程序、计算机支持系统、数据库、_____以及相关人员组成。

4. 英文缩写"DBMS"的中文含义是数据库管理系统,其基本功能有_____、数据操作和数据库管理等。

5. 在大型数据库系统的设计和运行中,专门负责设计、管理和维护数据库的人员或机构称为_____。

二、判断题

1. DBS是帮助用户建立、使用和管理数据库的一种计算机软件。 (   )

2. 数据结构化是数据库系统主要特点之一。 (   )

3. 数据库是指按一定数据模型组织,长期存放在内存中的一组可共享的相关数据的集合。 (   )

4. 计算机信息系统具有数据共享性,是指系统所存储的数据只能为一个用户的多个应用程序所共享,而不能可为多个用户所共享。 (   )

5. 计算机信息系统的特征之一是处理的数据量大,因此必须在内存中设置缓冲区,用以长期保存这些数据。 (   )

6. 计算机信息系统是特指一类以提供信息服务为主要目的的数据密集型、人机交互式的计算机应用系统。 (   )

7. 从用户的观点看,用关系数据模型描述的数据其逻辑结构具有二维表的形式,它由表名、行和列组成。 (   )

三、选择题

1. 在以下所列的计算机信息系统抽象结构层次中,可实现分类查询的表单和展示查询结果的表格窗口_____。
   A. 属于业务逻辑层　　　　　　　　　B. 属于资源管理层
   C. 属于应用表现层　　　　　　　　　D. 不在以上所列层次中

2. 在以下所列的计算机信息系统抽象结构层次中,数据库管理系统和数据库_____。
   A. 属于业务逻辑层　　　　　　　　　B. 属于资源管理层
   C. 属于应用表现层　　　　　　　　　D. 不在以上所列层次中

3. 在以下所列的计算机信息系统抽象结构层次中,系统中为实现相关业务功能(包括流程、规则、策略等)所编制的程序代码_____。
   A. 属于业务逻辑层　　　　　　　　　B. 属于资源管理层

    C. 属于应用表现层   D. 不在以上所列层次中

4. 计算机信息系统中的绝大部分数据是持久的,它们不会随着程序运行结束而消失,而需要长期保留在_____中。

    A. 外存储器   B. 内存储器   C. cache 存储器   D. 主存储器

5. 描述关系模型的三大要素是_____。

    A. 实体、联系和属性   B. 局部模式、全局模式和存储模式

    C. 关系模型、网络模型和层次模型   D. 关系结构、完整性和关系操作

6. 目前在数据库系统中普遍采用的数据模型是_____。

    A. 语义模型   B. 关系模型   C. 网络模型   D. 层次模型

7. 数据库管理系统是_____。

    A. 应用软件   B. 操作系统   C. 系统软件   D. 编译系统

8. 以下关于数据库管理系统(DBMS)的描述中错误的是_____。

    A. DBMS 是一种应用软件

    B. Visual FoxPro 和 SQL Server 都是关系型 DBMS

    C. DBMS 通常在操作系统支持下工作

    D. DBMS 是数据库系统的核心软件

9. 以下所列软件中,不是数据库管理系统软件的是_____。

    A. Access   B. Excel   C. ORACLE   D. SQL Server

10. 在数据库系统中,用户通过_____访问数据库中的数据,数据库管理员也通过它进行数据库的维护工作。

    A. DBMS   B. BIOS   C. OS   D. DBA

11. 按照信息系统的定义,下面所列的应用中不属于管理信息系统的是_____。

    A. 民航订票系统   B. 银行信用卡支付系统

    C. 图书馆信息检索系统   D. 电子邮件系统

12. 计算机信息系统是一类数据密集型的应用系统,下列关于其特点的叙述中,错误的是_____。

    A. 大部分数据需要长期保存   B. 计算机系统用主存储器保留数据

    C. 数据可为多个应用程序共享   D. 数据模式面向部门全局应用

13. 人事档案管理系统属于_____。

    A. 数据库   B. 数据库系统   C. 数据库管理系统   D. 数据库应用系统

14. 若有 SQL 写的已编译处理的某校学生成绩管理程序 A、数据库管理系统软件 DBMS 和 Windows 操作系统,当计算机运行 A 时,这些软件之间的调用关系为(用→表示)_____。

    A. A→DBMS→Windows   B. DBMS→A→Windows

    C. A→Windows→DBMS   D. Windows→A→DBMS

15. 数据库(DB)、数据库系统(DBS)和数据库管理系统(DBMS)三者之间的关系是_____。

    A. DBS 就是 DB,也就是 DBMS   B. DBS 包括 DB 和 DBMS

    C. DB 包括 DBS 和 DBMS   D. DBMS 包括 DB 和 DBS

16. 数据库系统的主要作用是_____。

    A. 实现数据的统一管理   B. 收集数据

    C. 进行数据库的规划、设计和维护等工作   D. 提供数据查询界面

17. 下列关于数据库技术主要特点的叙述中,错误的是_____。
　　A. 可以完全避免数据存储的冗余　　　　B. 可以提高数据的安全性
　　C. 能实现数据的快速查询　　　　　　　D. 数据为多个应用程序和多个用户所共享
18. 以下关于数据库的描述中错误的是_____。
　　A. 数据库中除了存储数据外,还存储了"元数据"
　　B. 数据库是相关数据的集合
　　C. 数据库是按照某种数据模型进行组织的
　　D. 用户通过数据库的存储模式使用数据
19. 以下所列各项中,_____不是计算机信息系统所具有的特点。
　　A. 涉及的数据量很大,有时甚至是海量的
　　B. 除去具有基本数据处理的功能,也可以进行分析和决策支持等服务
　　C. 系统中的数据可为多个应用程序和多个用户所共享
　　D. 数据都是临时的,随着运行程序结束而消失
20. 以下所列特点中,_____不是数据库系统具有的特点。
　　A. 按照数据模式存储数据　　　　　　　B. 数据共享
　　C. 无数据冗余　　　　　　　　　　　　D. 数据具有比较高的独立性
21. 在计算机中使用的"语言"有多种,例如程序设计语言、数据描述语言、数据库语言等。在下列给出的语言中,属于数据库语言的是_____。
　　A. HTML　　　　　B. SQL　　　　　C. Ada　　　　　D. LISP
22. ODBC 是_____,它可以连接一个或多个不同的数据库服务器。
　　A. 中间层与数据库服务器层的标准接口　B. 数据库查询语言标准
　　C. 数据库应用开发工具标准　　　　　　D. 数据库安全标准
23. 所谓"数据库访问",就是用户根据使用要求对存储存数据库中的数据进行操作。它要求_____。
　　A. 用户与数据库必须在同一计算机,被查询的数据存储在同一台计算机的指定数据库中
　　B. 用户与数据库可以不在同一计算机上而通过网络访问数据库,被查询的数据可以存储在多台计算机的多个不同数据库中
　　C. 用户与数据库可以不在同一计算机上而通过网络访问数据库,但被查询的数据必须存储同一台计算机的多个不同数据库中
　　D. 用户与数据库必须在同一计算机上,被查询的数据存储在计算机的多个不同数据库中
24. 以下所列各项中,_____不是计算机信息系统中数据库访问采用的模式。
　　A. B/S　　　　　B. A/D　　　　　C. C/S　　　　　D. C/S/S
25. 在 C/S 模式的网络数据库体系结构中,应用程序都放在_____上。
　　A. Web 服务器　B. Web 浏览器　C. 客户机　　　D. 数据库服务器
26. 在信息系统的 B/S 模式中,ODBC/JDBC 是_____之间的标准接口。
　　A. 客户机与 Web 服务器　　　　　　　B. Web 服务器与数据库服务器
　　C. 浏览器与 Web 服务器　　　　　　　D. 浏览器与数据库服务器
27. 在信息系统的 C/S 模式数据库访问方式中,在客户机和数据库服务器之间在网络上传输的内容是_____。
　　A. SQL 查询命令和查询结果表　　　　　B. SQL 查询命令和所操作的二维表
　　C. 应用程序和所操作的二维表　　　　　D. SQL 查询命令和所有二维表

6.2 关系数据库

一、填空题

1. 有一数据库关系模式 R(A、B、C、D),对应于 R 的一个关系中有三个元组,若从集合数学的观点看,对其进行任意的行和列位置交换操作(如行的排序等),则可以生成＿＿＿＿＿个新的关系(用数值表示)。

2. 在关系模式 SC(SNO,CNO)中,关系名是＿＿＿＿＿。

3. 在关系数据模型中,二维表的列称为属性,二维表的行称为＿＿＿＿＿。

4. 在关系代数中,R∩S 表示 R 和 S 进行＿＿＿＿＿运算。

5. 著名的 ORACLE 数据库管理系统采用的是＿＿＿＿＿数据模型。

6. 在 SQL 中建立视图的语句格式为 Create ＿＿＿＿＿(填语句标识符)。

7. 在学生登记表中,其模式为 S(SNO♯,SNAME,SEX,AGE)。现要查询所有男学生的姓名,则要使用 SQL 的＿＿＿＿＿语句(填 SQL 语句标识符)。

二、判断题

1. 关系模型的逻辑数据结构是二维表,关系模式是二维表的结构的描述,关系是二维表的内容。 (   )

2. 关系数据库系统中的关系模式是静态的,而关系是动态的。 (   )

3. 关系数据模型的存取路径对用户透明,可以简化程序员的编程工作,数据独立性好。 (   )

4. 关系数据模型中,不允许引用不存在的实体(即元组),这种特性称为实体完整性。 (   )

5. 在 E-R 概念模型中,实体集之间只能存在一对一联系或一对多联系。 (   )

6. 在 E-R 模型中,实体集的主键是指能唯一标识实体的属性或属性组。 (   )

7. 在 E-R 模型中,属性只能描述对象的特征。因此,只有实体集有属性,而联系不可以有属性。 (   )

8. 在关系数据模型中,元组属性的位置顺序不能任意交换。 (   )

9. 关系模型中的模式对应文件系统中的文件。 (   )

10. 在数据库系统中,"元数据"属于数据库的一部分,保存在数据库中。 (   )

11. 关系模式的主键是一个能唯一确定该二维表中元组(行)的属性或属性组。 (   )

12. 关系模型是采用树结构表示实体集以及实体集之间联系的数据模型。 (   )

13. 关系数据模型的存取路径对用户透明,其意是指用户编程时不用考虑数据的存取路径。 (   )

14. 在关系数据库中,关系数据模式 R 仅说明关系结构的语法,但并不是每个符合语法的元组都能成为 R 的元组,它还要受到语义的限制。 (   )

15. 学生登记表"学生(学号,姓名,性别,出生日期,系别)"是一个关系数据模型。 (   )

16. 在关系(二维表)中,可以出现相同的元组(行)。 (   )

17. 在关系模型中每个属性对应一个值域,不同的属性可有相同的值域,但必须给出不同的属性名。 (   )

18. 在关系数据库模式中,原子数据是指不可再分的数据。 (   )

19. 从 E-R 模型向关系模型转换时,E-R 图中的每个实体集都被转换成一个与实体集同名的关系模式。 (   )

20. 在用 E-R 方法表示概念结构中,客观对象被表示为属性。 (   )

21. 关系数据模型提供了关系操作的能力,关系操作的特点是:操作的对象是关系,操作的结

果仍为关系,可以再参与其他关系操作。　　　　　　　　　　　　　　　　　(　)

22. 已知学生、课程和成绩三种关系如下:学生(学号,姓名,性别,班级),课程(课程名称,学时,性质),成绩(课程名称,学号,分数)。若打印学生成绩单,包含学号、姓名、课程、分数,应该对这些关系进行并操作。　　　　　　　　　　　　　　　　　　　　(　)

23. 在关系代数中,二维表的每一行称为一个属性,每一列称为一个元组。　　(　)

24. 关系数据库中的"投影操作"是一种一元操作。它作用于一个关系并产生另一个新关系。新关系中的属性(列)是原关系中属性的子集。　　　　　　　　　　　　(　)

25. 在 SQL 数据库实现的应用系统中,视图是一个虚表,在数据字典中只保留其逻辑定义,不作为一个表实际存储数据。　　　　　　　　　　　　　　　　　　　　　　(　)

三、选择题

1. 关系模型使用_____来统一表示实体集以及实体集之间的联系。
   A. 主键　　　　　B. 指针　　　　　C. 二维表　　　　　D. 链表

2. 设有关系模式 R(A,B,C),其中 A 为主键,则以下不能完成的操作是_____。
   A. 从 R 中删除 2 个元组
   B. 修改 R 第 3 个元组的 B 分量值
   C. 把 R 第 1 个元组的 A 分量值修改为 Null
   D. 把 R 第 2 个元组的 B 和 C 分量值修改为 Null

3. 下列联系中属于一对一联系的是_____。
   A. 车间对职工的所属联系　　　　　B. 学生与课程的选课联系
   C. 班长对班级的所属联系　　　　　D. 供应商与工程项目的供货联系

4. 下面关于 E-R 图转换成关系模式的说法中错误的是_____。
   A. 一个实体集一般转换成一个关系模式
   B. 实体集转换成关系模式,二者主键是一致的
   C. 每个联系均可转换成相应的关系模式
   D. 联系的属性必须转换为相应的关系模式

5. 下面关于关系数据模型的描述中错误的是_____。
   A. 关系的操作结果也是关系
   B. 关系数据模型中,实体集、实体集之间的联系均用二维表表示
   C. 关系数据模型的数据存取路径对用户透明
   D. 关系数据模型与关系数据模式是两个相同的概念

6. 下面关于一个关系中任意两个元组值的叙述中正确的是_____。
   A. 可以全同　　　　　　　　　　B. 必须全同
   C. 不允许主键相同　　　　　　　D. 可以主键相同其他属性不同

7. 用 E-R 图可建立 E-R 概念结构模式。E-R 图中表达的主要内容有_____。
   A. 实体集的逻辑结构、实体集的存储结构、联系(含语义类型)
   B. 实体集及主键、实体集的存储结构、联系
   C. 实体集、属性、联系(含语义类型)、主键
   D. 实体集、弱实体集、联系、实体集的存储结构

8. 在关系模式中,对应关系的主键是指_____。
   A. 不能为外键的一组属性　　　　B. 第一个属性或属性组
   C. 能唯一确定元组的一组属性　　D. 可以为空值的一组属性

9. 在关系数据模式中,若属性 A 是关系 R 的主键,则 A 不能接受空值或重值,这是由关系数据模型_____规则保证的。
   A. 实体完整性   B. 引用完整性   C. 用户自定义完整性 D. 默认

10. 多用户数据库系统的目标之一是使它的每一个用户不受其他用户的影响,好像在使用一个只有他独占的数据库一样。为此,数据库系统必须提供_____。
   A. 安全性控制   B. 完整性控制   C. 并发控制   D. 可靠性控制

11. 关系数据模型的基本结构是_____。
   A. 模式   B. 线性表   C. 模块表   D. 二维表

12. 下列有关关系的叙述中错误的是_____。
   A. 每个属性对应一个值域,不同的属性不能有相同的值域
   B. 关系中所有的属性都应是原子数据
   C. 关系中不允许出现相同的元组
   D. 表中属性的顺序可以交换

13. 在关系数据模型中必须满足:每一属性都是_____。
   A. 可以再分的组合项   B. 不可再分的独立项(原子项)
   C. 长度可变的字符项   D. 类型不同的独立项(原子项)

14. 从 E-R 概念结构模式向关系模式转换时,将一个 $m:n$ 的联系转换为关系模式,其关系模式的主键是_____。
   A. m 端实体集的主键   B. n 端实体集的主键
   C. m 和 n 端两个实体集主键的组合   D. 重新分析语义,选取其他属性组合

15. 若关系 A 和 B 的模式不同,其查询的数据需要从这两个关系中获得,则必须使用_____关系运算。
   A. 投影   B. 选择   C. 连接   D. 除法

16. 若关系 R 和 S 模式相同,R 有 10 个元组,S 有 8 个元组,则在下面所列的表示并、交结果关系元组数的四种情况中,不可能出现的情况是_____。
   A. 15、3   B. 18、0   C. 10、8   D. 8、10

17. 设关系模式 R 有 500 个元组,关系模式 S 有 300 个元组,则 R 与 S 作并运算后得到的新的关系模式中的元组个数一定为_____。
   A. 800 个   B. 500 个   C. 300 个   D. 小于等于 800 个

18. 假定有关系 R 与关系 S 进行某种运算后结果为 W,W 中的元组既属于 R,又属于 S,则 W 为 R 和 S _____运算的结果。
   A. 交   B. 差   C. 并   D. 投影

19. 具有相同模式的关系 R 与关系 S 进行"并"操作,其结果由_____编成。
   A. 属于 R,但不属于 S 的元组   B. 属于 R 的元组或属于 S 的元组
   C. 既属于 R 又属于 S 的元组   D. 属于 S,但不属于 R 的元组

20. 若对关系二维表 R 进行"选择"操作,得到新的二维表 S。则 S _____形成的表。
   A. 仅是选择了 R 中若干记录   B. 仅是选择了 R 中若干属性
   C. 是取消了 R 某些记录和某些属性   D. 是改变了 R 某些记录的属性

21. 若需进行关系 R 与关系 S"并"操作,则要求_____。
   A. R 和 S 的元组个数相同   B. R 和 S 模式结构相同
   C. R 和 S 的属性个数相同   D. R 和 S 的元组数相同且属性个数相同

22. 在下列关系数据库二维表操作中，_____操作的结果二维表模式与原二维表模式相同。
    A. 投影　　　　　　　B. 连接　　　　　　　C. 选择　　　　　　　D. 自然连接

23. 以下所列关系操作中,只以单个关系作为运算对象的是_____。
    A. 投影　　　　　　　B. 并　　　　　　　　C. 差　　　　　　　　D. 交

24. 在对关系 R 和关系 S 进行"差"操作时,要求 R 和 S 满足下列要求_____。
    A. R 的元组个数多于 S 的元组个数　　　　B. R 和 S 有相同的模式结构
    C. R 和 S 不能为空关系　　　　　　　　　D. R 不能为空关系,但 S 可以为空关系

25. 下列软件产品都属于数据库管理系统软件的是_____。
    A. FoxPro、SQL Server、FORTRAN　　　　B. SQL Server、Access、Excel
    C. ORACLE、SQL Server、FoxPro　　　　　D. UNIX、Access、SQL Server

26. Microsoft SQL Server 数据库管理系统采用_____数据模型。
    A. 层次　　　　　　　B. 关系　　　　　　　C. 网状　　　　　　　D. 面向对象

27. 某信用卡客户管理系统中,客户模式为:
    Credit_in(C_no 客户号,C_name 客户姓名,limit 信用额度,Credit_balance 累计消费额),
    若查询累计消费额大于 4500 的客户姓名以及剩余额度,其 SQL 语句应为:
    ```
    Select  C_name ,limit-Credit_balance
    From  credit_in
    Where _____;
    ```
    A. limit > 4500　　　　　　　　　　　　B. Credit_balance > 4500
    C. limit-Credit_balance > 4500　　　　　D. Credit_balance-limit > 4500

28. SQL 语言所具有的主要功能包括_____。
    A. 数据定义、数据更新、数据查询、视图
    B. 数据定义、流程控制、数据转移
    C. 关系定义、关系规范化、关系逆规范化
    D. 数据分析、流程定义、流程控制

29. SQL 语言属于_____。
    A. 非过程语言　　　B. 过程语言　　　　C. 程序设计语言　　　D. 宿主语言

30. 关系数据库的 SQL 查询操作一般由三个基本运算组合而成,这三种基本运算不包括
    _____。
    A. 投影　　　　　　　B. 连接　　　　　　　C. 选择　　　　　　　D. 比较

31. 若"学生-选课-课程"数据库中的三个关系是:S(S♯,SNAME,SEX,AGE),SC(S♯,
    C♯,GRADE),C(C♯,CNAME,TEACHER),其中 SEX 为性别,C♯ 为课程号,CNAME
    为课程名,GRADE 为成绩。查找性别为"女"学生的"数据库"课程的成绩,至少要使用关
    系_____。
    A. S 和 SC　　　　　B. SC 和 C　　　　　C. S 和 C　　　　　　D. S、SC 和 C

32. 在关系数据库中,SQL 语言提供的 SELECT 查询语句基本形式为:
    ```
    SELECT  A1,A2,…,An
    FROM    R1,R2,…,Rm
    [WHERE  F]
    ```
    其中 A、R 和 F 分别对应于_____。
    A. 基本表或视图的列名,查询结果表,条件表达式
    B. 条件表达式,基本表或视图的列名,查询结果表的列名

    C. 查询结果表的列名,基本表或视图,条件表达式

    D. 查询结果表的列名,条件表达式,基本表或视图

33. 以下所列名字中,用作关系数据库标准语言的名字是_____。

    A. C++   B. FoxPro   C. JAVA   D. SQL

34. 在数据库领域中,SQL 的中文含义是_____。

    A. 系统查询语言   B. 系统询问标志   C. 结构化查询语言   D. 序列查询语言

35. 在以下所列的内容中,基本 SQL 语言不可以创建的是_____。

    A. 视图   B. 索引   C. 日志文件   D. 基本表

36. 设 S 为学生关系,SC 为学生选课关系,SNO 为学号,CNO 为课程号,执行 SQL 语句:
    SELECT S. * FROM S,SC WHERE S. SNO = SC. SNO AND SC. CNO = 'C2',其查询结果是_____。

    A. 选修课程号为 C2 的学生信息   B. 选修课程名为 C2 的学生名

    C. S 中学号与 SC 中学号相等的信息   D. S 和 SC 中的一个关系

37. 设有学生关系表 S(学号,姓名,性别,出生年月),共有 100 条记录,执行 SQL 语句:
    DELETE FROM S 后,结果为_____。

    A. 删除了 S 表的结构和内容   B. S 表为空表,但其结构被保留

    C. 没有删除条件,语句不执行   D. 仍然为 100 条记录

38. 下列各项中,不属于关系数据库标准语言 SQL 特征的是_____。

    A. 过程语言   B. 可嵌入宿主语言使用

    C. 作为用户与数据库的接口   D. 非过程语言

39. 下列关于 SQL 叙述中,错误的是_____。

    A. SQL 是关系数据库的国际标准语言

    B. SQL 具有数据定义、查询、操纵和控制功能

    C. SQL 可自动实现关系数据库的规范化

    D. SQL 是一种非过程语言

40. 有下列 3 个关系模式:

    学生 S(学号 S#,姓名 SN,性别 SS,年龄 SA)

    课程 C(课程号 C#,课程名 CN)

    学生选课 SC(学生 S#,课程号 C#,成绩 G)

    若用 SELECT 语句查找选修课程名为"信息技术"课程、年龄小于 22 岁的男学生姓名,必须进行关系_____的连接。

    A. S,C,SC   B. SC   C. SC,C   D. S,C

41. 在通常情况下,执行 SQL 查询语句的结果是一个_____。

    A. 记录   B. 表

    C. 元组   D. 数据项

【微信扫码】
本章参考答案